华章IT

HZBOOKS | Information Technology

技术丛书

Mastering Machine Learning with Spark 2.x

Spark机器学习

核心技术与实践

[美] 亚历克斯·特列斯（Alex Tellez）
马克斯·帕普拉（Max Pumperla）
迈克尔·马洛赫拉瓦（Michal Malohlava） 著

邵赛赛 阳卫清 唐明洁 译

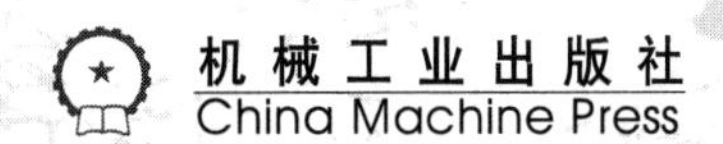

图书在版编目（CIP）数据

Spark 机器学习：核心技术与实践 /（美）亚历克斯·特列斯（Alex Tellez），（美）马克斯·帕普拉（Max Pumperla），（美）迈克尔·马洛赫拉瓦（Michal Malohlava）著；邵赛赛，阳卫清，唐明洁译．—北京：机械工业出版社，2018.5

（大数据技术丛书）

书名原文：Mastering Machine Learning with Spark 2.x

ISBN 978-7-111-59846-6

I. S… II. ① 亚… ② 马… ③ 迈… ④ 邵… ⑤ 阳… ⑥ 唐… III. 机器学习 IV. TP181

中国版本图书馆 CIP 数据核字（2018）第 090318 号

本书版权登记号：图字 01-2017-7522

Spark 机器学习：核心技术与实践

出版发行：机械工业出版社（北京市西城区百万庄大街 22 号 邮政编码：100037）

责任编辑：缪 杰　　责任校对：殷 虹

印 刷：三河市宏图印务有限公司　　版 次：2018 年 6 月第 1 版第 1 次印刷

开 本：186mm×240mm 1/16　　印 张：15.25

书 号：ISBN 978-7-111-59846-6　　定 价：69.00 元

凡购本书，如有缺页、倒页、脱页，由本社发行部调换

客服热线：（010）88379426 88361066　　投稿热线：（010）88379604

购书热线：（010）68326294 88379649 68995259　　读者信箱：hzit@hzbook.com

The Translator's Words 译 者 序

近些年来，随着计算力的提升、集群规模的扩大以及大数据基础软件的普及，人们对于海量数据的存储和处理能力得到了极大的提升，大数据的处理要求不再仅限于简单的数据清理、聚合和转换，更希望能从海量数据中发现模式，预测规律。而人工智能、深度学习热潮的兴起，更是把大数据和机器学习推向了更高的高度。

在这样的背景下，传统的基于单机、小数据的机器学习算法库变得不再合适，人们迫切希望有一个分布式的、可伸缩的、高性能的机器学习库来处理海量数据。为此大量基于分布式框架的机器学习库应运而生，而 Spark MLlib 作为其中最为耀眼的明星受到了极大的关注。为什么 Spark MLlib 会受到如此青睐呢？

首先，Spark MLlib 是基于 Spark 通用计算引擎所构建的，Spark 计算引擎因其更为优异的架构和实现而拥有很好的性能。因此构建在其上的 MLlib 也具备很好的性能表现。

其次，Spark MLlib 充分吸收和借鉴了当今主流的机器学习 API 的设计，它的 API 与 Python scikit-learn 极为相似，因此传统的机器学习工程师可以极低的学习成本将已有经验迁移到 Spark 上来。

再者，Spark 提供了一个完整的生态圈，囊括了各种类型的计算模式。用户可以轻松地使用 Spark 来实现完整的数据处理和机器学习流水线，而无须切换不同的系统。

当然，Spark 和 Spark MLlib 还有很多其他的优点，这就是它为什么能够成为现今主流大数据机器学习库的原因所在。

本书作为 Spark MLlib 的书籍从实践的角度介绍了各种机器学习算法，其中第 2 章和第 3 章介绍了分类算法，第 4 ～ 6 章介绍了自然语言处理的相关技术，第 7 章介绍了图算法相关的知识，第 8 章则集合了前面所有的算法介绍了一个端到端的机器学习处理实例。

本书与其他常见机器学习书籍的最大不同点在于，本书并没有对算法原理进行详细的介绍，同时也没有过多涉及 Spark 和 Spark MLlib 实现 /API。本书希望读者对算法基础和 Spark

使用有一个基本的了解。相反，本书每一章对于每一种算法都辅以一个具体而实际的例子，从利用二分类算法来分类希格斯玻色子到使用自然语言处理技术来区分电影评论中的正负面情绪。更为难能可贵的是 1 本书同时介绍了模型部署和模型评分的实际场景和问题，而不仅仅局限于模型训练。最后本书以 Lending Club 借贷预测的实际例子来展示从数据整理到建模再到部署的整个过程。

算法和技术的更新日新月异，译者并不期待书中所介绍的东西不会过时，但是译者更希望读者能从本书中了解到数据科学和机器学习的方法论，这将会更有帮助。

本书由本人和两位同事阳卫清、唐明洁共同翻译而成。在翻译期间译者付出了大量的时间和精力。同时，感谢家人的支持和帮助，没有她们在背后的支持，本书的翻译是不可能实现的。

译者水平有限，翻译之中难免疏漏，有任何的意见和建议请及时反馈，以便译者及时修正和改进。为此译者在 GitHub 上创建了一个网页 https://github.com/jerryshao/Mastering-Machine-Learning-with-Spark，读者可以通过创建 issues 来对任何问题进行反馈。

邵赛赛

2018 年 1 月 12 日于上海

About the Authors 关于作者

Alex Tellez是一名终身的数据黑客/爱好者，对数据科学及其在商业问题上的应用充满了激情。他在多个行业拥有丰富的经验，包括银行业、医疗保健、在线约会、人力资源和在线游戏。Alex还在各种人工智能/机器学习会议上进行过多次演讲，同时也在大学讲授关于神经网络的课程。闲暇时间，Alex喜欢和家人在一起，骑自行车，并利用机器学习来满足他对法国葡萄酒的好奇心！

首先，我要感谢Michal与我一起编写本书。同样作为资深的机器学习（Machine Learning，以下简称ML）爱好者、自行车爱好者、跑者和父亲，在一年来共同努力的过程中，我们对彼此有了更深的了解。换句话说，没有Michal的支持和鼓励，本书是不可能完成的。

接下来，我要感谢我的妈妈、爸爸和哥哥Andres，从我出生第一天直到现在的每一步，你们都陪伴在我的周围。毋庸置疑，我的哥哥仍会是我的英雄，是我永远仰望的人，是我的指路灯。当然，还要感谢我美丽的妻子Denise和女儿Miya，在每个夜晚和周末给予我写作上的关心和支持。我无法描述你们对我而言意味着多少，你们是我保持持续创作的灵感和动力。对我的女儿Miya，我的希望是，有一天当你拿起这本书时，会意识到你的老爸并不像看起来那么傻。

最后，我也要感谢你——读者，感谢你对这个令人兴奋的领域以及难以置信的技术感兴趣。无论你是一名经验丰富的ML专家，还是希望立足的新人，你都会找到适合自己的内容，我希望你能像Michal和我一样，从本书中获得很多。

Max Pumperla是一名数据科学家和工程师，专注于深度学习及其应用。他目前在Skymind担任深度学习工程师，并且是aetros.com的联合创始人。Max是几个Python软件包的作者和维护者，包括elephas，一个使用Spark的分布式深度学习库。他的开源足迹包括对许多流行的机器学习库的贡献，如keras、deeplearning4j和hyperopt。他拥有汉堡大学的代数几何博士学位。

Michal Malohlava 是 Sparkling Water 的创建者、极客和开发者，Java、Linux、编程语言爱好者，拥有 10 年以上的软件开发经验。他于 2012 年在布拉格的查尔斯大学获得博士学位，并在普渡大学攻读博士后。

在学习期间，他关注利用模型驱动方法和领域特定语言构建分布式、嵌入式、实时和模块化系统，参与了各种系统的设计和开发，包括 SOFA 和分形组件系统以及 jPapabench 控制系统。

现在，他的主要兴趣是大数据计算。他参与了高级大数据计算平台 H2O 的开发，并将其嵌入到 Spark 引擎中作为 Sparkling Water 项目发布。

我要感谢我的妻子 Claire，感谢她对于我的爱和鼓励。

Preface 前　言

大数据是几年前我们开始探索用 Spark 进行机器学习时的初衷。我们希望建立的机器学习程序能够充分利用大量数据训练模型，但一开始这并不容易。Spark 仍在演进阶段，还没有包含强大的机器学习库，而且我们也在试图弄清楚建立一个机器学习程序到底意味着什么。

慢慢地，我们开始探索 Spark 生态系统的各个角落，追随它的演进。对我们来说，最关键的是需要一个强大的机器学习库，能够提供像 R 和 Python 库那样的功能。这对我们来说比较容易，因为当时我们正积极参与 H2O 机器学习库和它的一个叫作 Sparkling Water 的分支的开发，这个分支能够让 Spark 应用程序使用 H2O 库。然而，模型训练只是机器学习的冰山一角，我们还不得不弄清楚如何把 Sparkling Water 连接到 Spark RDD、DataFrame 以及 DataSet，怎样用 Spark 连接和读取不同的数据源，以及怎样把模型导出到其他的应用程序加以使用。

在这个过程中，Spark 自身也在演进。Spark 最初是一个纯粹的 Scala 项目，后来开始提供 Python 接口，之后提供 R 接口。Spark API 也在这个漫长的过程中从提供底层的 RDD 接口发展到高阶的 DataSet 接口（一组类 SQL 的接口）。而且，Spark 也采纳了源自 Python scikit-learn 库的机器学习流水线的概念。所有这些改进使得 Spark 成为一个非常好的数据转换和处理工具。

基于这些经验，我们决定撰写本书，同世界分享我们得到的知识，意图很简单：用示例来展示建立 Spark 机器学习应用的方方面面，不仅展示如何使用最新的 Spark 功能，而且也展示 Spark 底层接口。我们所发现的关于 Spark、机器学习应用开发流程和源代码组织方面很多小的技巧和捷径也会在本书中分享给读者，让大家免于犯同样的错误。

本书的示例使用 Scala 作为主要的实现语言。使用 Python 还是 Scala 是一个艰难的抉择，但是最终 Scala 胜出。使用 Scala 有两个主要的原因：它提供了最为完整的 Spark 接口，而且得益于 JVM 带来的性能优势，在生产环境中部署的大部分应用都使用 Scala。最后，本书的示例源代码都可以在网上下载。

希望你能够享受本书带来的阅读乐趣，并且希望它能够帮助你遨游 Spark 的世界，帮助你开发机器学习应用。

本书主要内容

第 1 章带领读者进入机器学习和大数据的世界，介绍它们的历史，以及包括 Apache Spark 和 H2O 在内的当代工具。

第 2 章专注于二项模型的训练和评估。

第 3 章尝试根据健身房中人体传感器所收集的数据推测人的活动。

第 4 章介绍使用 Spark 处理自然语言问题，展示其对电影评论进行情感分析的能力。

第 5 章详细讨论了当代自然语言处理技术。

第 6 章介绍频繁模式挖掘的基础知识，Spark MLlib 中相关的三个算法，以及把算法部署为 Spark Streaming 应用。

第 7 章介绍图和图分析的基本概念，解释 Spark GraphX 的核心功能，以及一些图算法，如 PageRank。

第 8 章把之前章节介绍的技巧组合为一个完整的示例，包括数据处理、模型搜索和训练，以及把模型部署为一个 Spark Streaming 应用。

所需的环境

本书提供的代码示例基于 Apache Spark 2.1 及 Scala API，使用 Sparkling Water 库来访问 H2O 机器学习库。在每一章中，我们会展示如何使用 spark-shell 启动 Spark，以及如何下载运行代码所需要的数据。

简而言之，运行本书提供的代码所需的基础环境包括：

- Java 8
- Spark 2.1

面向的读者

如果你是一名开发者，有着机器学习和统计背景，但是受限于现有的、慢速的、基于小规模数据的机器学习工具，这本书适合你！在本书中，你会使用 Spark 创建可扩展的机器学习应用，用来支撑现代数据驱动商业。我们假定你已经了解机器学习的基本概念和算法，能够运行 Spark（在集群或者本地运行），而且对 Spark 的各种基本库有一些基础的了解。

下载示例代码和彩图

本书的代码包在 GitHub（https://GitHub.com/PacktPublishing/Mastering-Machine-Learning-with-Spark-2.x）上也可以找到。来自其他书籍的代码和视频也可以在 https://github.com/PacktPublishing/ 上找到。去看看吧！

本书提供一个 PDF 文件，它以彩图的格式包含了本书中所使用到的屏幕截图和图表。这些彩图可以帮助读者更好地理解输出中发生的变化。该 PDF 文件可以从 https://www.packtpub.com/sites/default/files/downloads/MasteringMachineLearningwithSpark2.x_ColorImages.pdf 下载到。

目　录 *Contents*

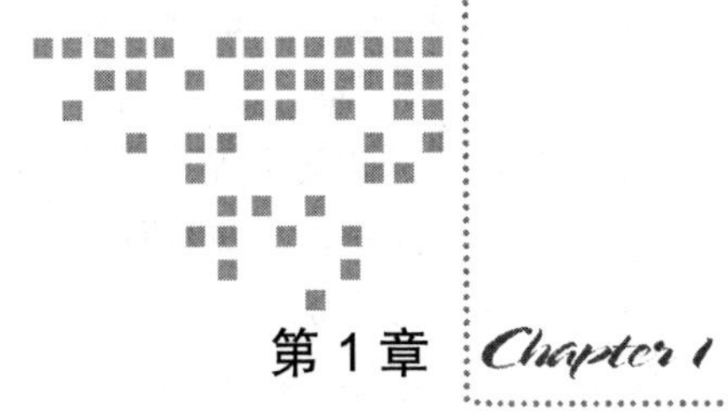

第1章 Chapter 1

大规模机器学习和Spark入门

“信息是21世纪的石油，而数据分析则是内燃机。”

——Peter Sondergaard，Gartner Research

据估计，到2018年全世界的公司在大数据有关的项目上花费将达到1140亿美元，相比2013年大约增长300%（https://www.capgemini-consulting.com/resource-file-access/resource/pdf/big_data_pov_03-02-15.pdf）。支出增长很大的一部分归因于大量数据的创建和通过使用Hadoop这样的分布式文件系统带来的存储数据的能力。

然而，收集数据只是战役的一半；另一半涉及数据的提取、转换，以及利用现代计算机的计算能力使用各种数学方法处理数据，以更深入地理解数据和数据的模式，从中提取有用的信息以做出相关决策。过去数年里，增长的计算能力，容易得到的可伸缩云服务（如亚马逊AWS、微软Azure以及Heroku），以及许多有助于管理、控制和扩展的基础架构，帮助应用构建的工具和开发库的出现，大大加速了整个数据处理流的发展。计算能力的增长也使得处理更大规模的数据和使用之前无法应用的算法成为可能。各种计算密集的统计和机器学习算法开始被用来从数据中提取有用的信息。

第一个被广泛采用的技术之一是Hadoop。Hadoop通过把中间结果存储在硬盘上来支持MapReduce计算，可是仍然缺乏合适的大数据工具来进行信息提取。不过，Hadoop只是一个开始，随着计算机内存越来越大，新的内存计算框架开始出现，这些框架也开始对数据分析和建模提供基本的支持，比如SystemML、Spark的SparkML，以及Flink的FlinkML。这些框架也仅仅是大数据这个持续演进的生态系统的冰山一角，因为数据量总是在增长，所以要求着新的大数据算法和处理方法。比方说，**物联网**（IoT）代表了一个新的领域：来自各种数据源（如家庭安全系统、Alexa Echo、生命监视器）的海量流数据不仅带来了数据挖掘的无限潜能，也对新的数据处理和建模方法提出了要求。

在本章中，我们将从头开始探讨如下主题：

- 数据科学家的基本工作任务
- 分布式系统中的大数据计算
- 大数据生态系统
- Spark 及其机器学习支持

1.1 数据科学

对数据科学这个词给出一个一致认可的定义，就像品尝红酒然后在朋友之间分辨其口感一样，每个人都不一样。每个人都会有他自己的定义，没有谁的*更准确*。然而就其本质而言，数据科学是向数据提问的艺术：问聪明的问题，得到聪明的有用的回答。不幸的是，反过来也是成立的：问笨的问题将得到糟糕的回答！因此，认真构造你的问题是从数据中提取出有价值洞见的关键。因为这个原因，公司现在都雇佣*数据科学家*来帮助构建这些问题。图 1-1 是谷歌趋势（Google Trends）给出的大数据和数据科学的搜索次数及变化趋势。

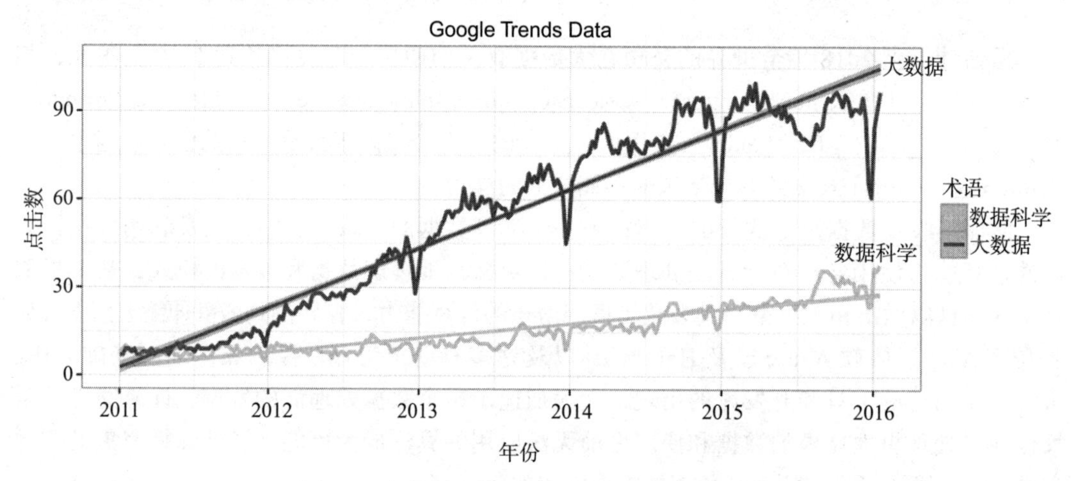

图 1-1 大数据和数据科学持续增长的谷歌趋势

1.2 数据科学家：21 世纪最炫酷的职业

要给出一个典型数据科学家的古板肖像是很容易的：T 恤衫、宽松的运动裤、边框厚厚的眼镜，在 IntelliJ 里调试大段的代码……大致如此。不过，除了外表之外，数据科学家的特征还有哪些？图 1-2 是我们最喜欢的海报之一，它描述了这个角色。

现代数据科学家

数据科学家——21 世纪最炫酷的职业，需要各学科的复合技能，包括数学、统计学、计算机科学、沟通力以及商业技能。找到一位数据科学家是不容易的，找到一位伯乐也同样困难。为此这里提供了一个表格来描述什么是真正的数据科学家。

数学和统计学

- ☆机器学习
- ☆统计建模
- ☆实验设计
- ☆贝叶斯推断
- ☆监督学习：决策树、随机森林、逻辑回归
- ☆非监督学习：聚类、降维
- ☆优化：梯度下降及其变种

编程和数据库

- ☆计算机科学基础
- ☆脚本语言，如 Python
- ☆统计计算包，如 R
- ☆数据库：SQL 和 NoSQL
- ☆关系代数
- ☆并行数据库和并行查询处理
- ☆MapReduce 概念
- ☆Hadoop 和 Hive/Pig
- ☆自定义 reducers
- ☆xaaS 经验，如 AWS

领域知识和软技能

- ☆对于业务的激情
- ☆对于数据的好奇
- ☆无权威影响力
- ☆骇客精神
- ☆问题解决者
- ☆有策略、前瞻性和创造力，有创新性和合作精神

沟通力和视野

- ☆能与资深经理合作
- ☆讲故事的能力
- ☆将数据视野转换为决策和行动
- ☆可视化艺术设计
- ☆R 包如 ggplot 或是 lattice
- ☆任何可视化工具的知识，如 Flare、D3.js、Tableau

图 1-2　什么是数据科学家

数学、统计学和计算机科学的一般知识都列出了，但是常常在职业数据科学家中见到的一个困难是对业务问题的理解。这又回到向数据提问的问题上来，这一点怎么强调也不为过：一个数据科学家只有理解了业务问题，理解了数据的局限性，才能够向数据问出更多聪明的问题；没有这些根本的理解，即使是最聪明的算法也无法在一个脆弱的基础上得出可靠的结论。

1.2.1　数据科学家的一天

对你们中间的一些人来说，这个事实可能会让你惊讶——数据科学家不只是喝着浓缩咖啡忙于阅读学术论文、研究新工具和建模直到凌晨；事实上，这些只占数据科学家相当少的一部分时间。数据科学家将一天中的绝大部分时间都花在各种会议里，以更好地理解业务问题，分析数据的局限性（打起精神，这本书会给你无数特征工程（feature engineering）和特征提取（feature extraction）的任务），以及如何能够把结果最好地呈现给非数据科学家们。这是个繁杂的过程，最好的数据科学家也需要能够乐在其中，因为这样才能更好地理解需求和衡量成功。事实上，要从头到尾描述这个过程，我们完全能够写一本新书！

那么，向数据提问到底涉及哪些方面呢？有时，只是把数据存到关系型数据库里，运行一些 SQL 查询语句："购买这个产品的几百万消费者同时购买哪些其他产品？找出最多的前三种。"有时问题会更复杂，如："分析一个电影评论是正面的还是负面的？"这本书主要关注后一种复杂问题。对这些复杂问题的回答是大数据项目对业务真正产生影响的地方，同时我们也看到新技术的快速涌现，让这些问题的回答更加简单，功能加更丰富。

一些试图帮助回答数据问题的最流行的开源框架包括 R、Python、Julia 和 Octave，所有这些框架在处理小规模（小于 100 GB）数据集时表现良好。在这里我们对数据规模（大数据与小数据）给出一个清晰的界定。在工作中一个总的原则是这样的：

如果你能够用 Excel 来打开你的数据集，那么你处理的是小规模数据。

1.2.2 大数据处理

如果要处理的数据集太大放不进单个计算机的内存，那么必须分布到一个集群的多个节点上，该怎么处理？比方说，难道不能仅仅通过修改扩展一下原来的 R 代码，来适应多个计算节点的情况？要是事情能这么简单就好了。把单机算法扩展到多台机器的困难原因有很多。设想如下一个简单的例子，一个文件包含了一系列名字：

```
B
D
X
A
D
A
```

我们想算出文件中每个名字出现的次数。如果这个文件能够装进单机，你可以通过 Unix 命令组合 sort 和 uniq 来解决：

```
bash> sort file | uniq -c
```

输出如下：

```
2 A
1 B
1 D
1 X
```

然而，如果文件很大需要分布到多台机器上，就有必要采用一种稍微不同的策略，比如拆分文件，使每个分片都能够装入内存，再对每个分片分别进行计算，最后将结果汇总。因此，即使是简单的任务，像这个统计名字出现次数的例子，在分布式环境中也会变得复杂。

1.2.3 分布式环境下的机器学习算法

机器学习算法把简单任务组合为复杂模式，在分布式环境下变得更为复杂。以一个简单的决策树算法为例。这个算法创建一个二叉树来拟合训练数据和最小化预测错误。要构造这个二叉树，必须决定树有哪些分支，这样每个数据点都能够分派到一个分支上（别担心，本书后面会讨论这个算法的机制及其一些很有用的参数）。我们用一个简单的示例来阐述这个算法，如图 1-3 所示[⊖]：

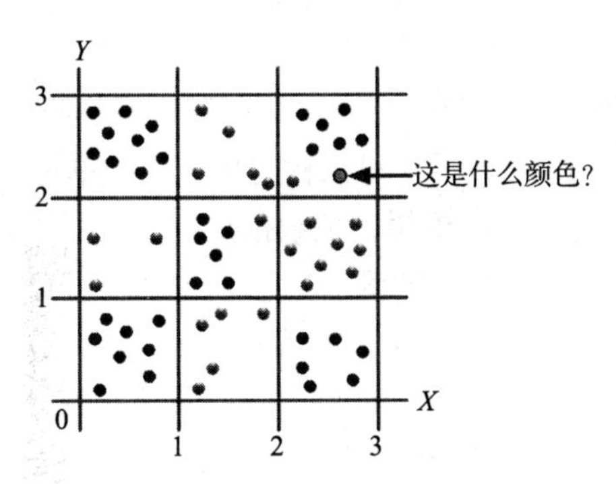

图 1-3　二维空间上的红色和蓝色数据点示例

考虑图 1-3 所描述的情况：一个二维平面上分布着一些数据点，着色为红色和蓝色。决策树的目标是学习和概括数据的特征，帮助判断新数据点的颜色。在这个例子里，我们可以很容易地看出来这些数据点大致遵循一种国际象棋棋盘的模式。但是算法必须靠自己计算出结构来。它从找到一个最佳的能把红点和蓝点划分开的水平线或者竖直线开始，将这条线存储在决策树的根节点里，然后递归地在分块中执行这个步骤，直到分块中只有一个数据点时算法结束，如图 1-4 所示。

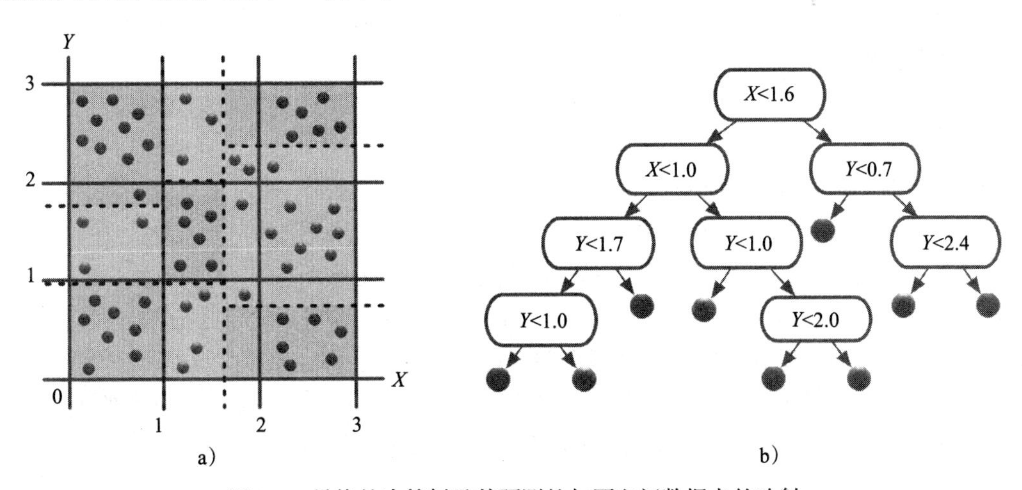

图 1-4　最终的决策树及其预测的与原空间数据点的映射

⊖ 读者可根据前言中的彩图下载方式查看本书中的彩图。——编辑注

1.2.4 将数据拆分到多台机器

现在假设数据点非常多，单机内存容纳不下，因此必须把数据分片，每台机器都只包含一部分数据点。这样解决了内存问题，但这也意味着现在需要把计算分布到一个集群的机器上。这是和单机计算的第一个不同点。如果数据能够装进一个单机的内存，对数据做决策会比较容易，因为算法能够同时访问所有数据，但是在分布式算法的情况下，这一点就不再成立了，算法就访问数据而言必须足够“聪明”。既然我们的目标是构造一个决策树来预测平面上新数据点的颜色，因此需要设法构造出一个和单机上一样的树。

最原始的解决方案是构造一个简单树，把数据点按照机器边界分片。不过很显然不好，因为数据点分布完全没有考虑到数据点的颜色。

另一种解法是在 X 轴和 Y 轴方向上尝试所有的分片可能，找到把颜色区分开的最佳划分，也就是说，能够把数据点分为两组，每组中一种颜色尽可能多而另一种颜色尽可能少。设想算法正在测试按照 X=1.6 这条线来分割数据。这意味着算法需要询问集群中的每一台机器，得到每台机器按照这条线分片的结果，然后汇总决定这条线是不是合适。当它找到了一个最佳的分片方法，它也需要把这个决定通知集群里所有的机器，这样每台机器才能够知道自己本地每个数据点现在的分片情况。

和单机情况相比，这个分布式决策树构造算法更复杂，而且需要一种分布式计算方式。如今，随着集群的普及和对大数据集分析需求的增长，这已经是一个基本需求了。

即便是这样两个简单的例子也可以说明，对于大数据集，合适的分布式计算框架是必需的，具体包括：

- 分布式存储，即如果单个节点容纳不下所有的数据，需要一种方式来把数据分布到多台机器上处理；
- 一个计算范式（paradigm），用于处理和转换分布式数据，使用数学（和统计学）算法和工作流；
- 支持持久化和重用定义好的工作流和模型；
- 支持在生产环境中部署统计模型。

简言之，我们需要一个框架来支持常见的数据科学任务。有人会觉得这不是必需的，因为数据科学家更喜欢用一些已有的工具，比如 R、Weka，或者 Python scikit。但是，这些工具并不是为大规模分布式数据处理和并行计算设计的。即便 R 和 Python 有一些库提供了分布式和并行计算的有限支持，但这些库都受到一个根本性的限制，那就是它们的基础平台，也即 R 和 Python 根本不是为这种大规模数据处理和计算而设计的。

1.2.5 从 Hadoop MapReduce 到 Spark

随着数据量的增长，单机工具已不再能够满足工业界的需求，这就给新的数据处理方法和工具提供了机会，尤其是 Hadoop MapReduce。Hadoop MapReduce 是基于 Google 的一篇论文《MapReduce: Simplified Data Processing on Large Clusters》(https://research.google.com/archive/mapreduce.html)提出的想法。另一方面，MapReduce是一个通用框架，没有为创建机器学习工作流提供库或者任何显式支持。经典MapReduce实现的另一个局限是在计算过程中有很多磁盘I/O操作，没有充分利用大内存带来的益处。

你已经看到了，虽然已经有了几个机器学习工具和分布式平台，但没有哪个能充分满足在分布式环境下进行大数据机器学习的需求。这为Apache Spark打开了大门。

进屋来吧，Apache Spark!

Spark在2010年创建于UC Berkeley AMP(Algorithms(算法)，Machines(机器)，People(人))实验室，在创建时就考虑了速度、易用性和高级分析功能。Spark和其他分布式框架如Hadoop的一个关键区别在于数据集可以缓存在内存里，这让它很适合用作机器学习，因为机器学习天然需要迭代计算(对此后面有更多介绍)，而且数据科学家总是需要对同一块数据进行多次访问。

Spark能够以多种方式运行，包括：

- **本地模式**：在一个单独的主机上运行单个Java虚拟机(JVM)；
- **独立Spark集群**：在多台主机上运行多个JVM；
- **通过资源管理器(如Yarn/Mesos)**：应用部署由资源管理器管理。资源管理器负责控制节点的分配、应用、分发和部署。

1.2.6 什么是Databricks

如果你了解Spark项目，你很可能也听说过一个叫作Databricks的公司，不过也许不知道Databricks和Spark具体是什么关系。概要说来，Apache Spark项目的创建者创建了Databricks公司，贡献了超过75%的Spark代码。除了是推动Spark开发的巨大力量之外，Databricks也为开发人员、管理人员、培训人员和数据分析师等提供Spark认证。不过Spark代码库并不仅仅是由Databricks贡献的，IBM、Cloudera和微软也积极参与了Apache Spark的开发。

顺便说来，Databricks也在欧洲和美国组织Spark峰会，这是一个顶级的Spark会议，也是一个了解Spark最新开发进展和他人是如何在各自的生态里使用Spark的好地方。

在本书中，我们会推荐一些链接。这些我们每天在读的内容大多提供了很好的见解，同时我们也会介绍新版本Spark的重要变化。最好的资源之一是Databricks的blog(https://databricks.com/blog)，它总会有重要的内容更新，记得常去看看。

你也可能会发现过去的Spark峰会演讲(http://slideshare.net/databricks)对你有帮助。

1.2.7 Spark 包含的内容

好了，现在假设你已经下载了最新版本的 Spark（具体哪个版本取决于你打算以哪种方式运行 Spark），而且已经运行了经典的“Hello，World!”程序了……接下来呢?

Spark 带有 5 个库（见图 1-5），这些库既能够单独使用，也能一起工作，这取决于具体需要解决的问题。在本书中，我们打算在同一个应用程序中使用各种不同的库，这样能够使读者尽可能广泛地接触 Spark 平台，对每一个库的功能（和局限）有更好的理解。这 5 个库是：

- **内核**：Spark 的核心基础设施，提供了表示和存储数据的原始数据类型，称为 RDD（Resilient Distributed Dataset，**弹性分布式数据集**），操作数据的任务和作业。
- **SQL**：在 RDD 基础上提供的用户友好的 API，引入了 DataFrame 和 SQL 来操作存储的数据。
- **MLlib（Machine Learning Library，机器学习库）**：这是 Spark 自身内置的机器学习算法库，可以在 Spark 应用程序中直接使用。
- **GraphX**：供图和图相关计算使用。在后续章节中我们将深入探讨。
- **流（Streaming）**：支持来自多种数据源的实时数据流，如 Kafka、Twitter、Flume、TCP 套接字，等等。本书中创建的许多程序将会使用 MLlib 和 Streaming 库。

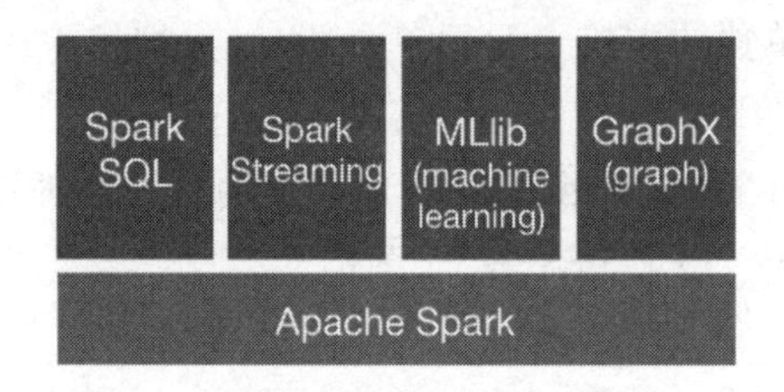

图 1-5 Spark 平台

Spark 平台也支持第三方库扩展。现在已经有很多的第三方库，如支持读取 CSV 或 Avro 格式的文件，与 Redshift 集成的，以及封装了 H2O 机器学习库的 Sparkling Water。

1.3 H2O.ai 简介

H2O 是一个开源机器学习平台，在 Spark 上运行得非常好。事实上它是第一批被 Spark 认证的第三方扩展包。

Sparkling Water（H2O + Spark）把 H2O 平台整合进 Spark，因此同时具有 H2O 的机器学习能力和 Spark 的全部功能，也就是说，用户可以在 Spark RDD/DataFrame 上运行 H2O 算法，既可以出于实验目的，也可以用于部署。之所以成为可能，是因为 H2O 和 Spark 共享 JVM，因此在两个平台之间，数据可以无缝传输。H2O 以 H2O frame 的格式存储数据，是 Spark RDD/DataFrame 经过列压缩后的数据集表示形式。本书的很多地方都会引用 Spark MLlib 和 H2O 平台的算法来展示怎样通过同时使用两者来就一个给定的任务得到最好的结果。

Sparkling Water 的功能简要包括：

- 在 Spark 工作流中使用 H2O 算法；
- 在 Spark 和 H2O 数据结构之间做数据转换；
- 使用 Spark RDD/DataFrame 作为 H2O 算法输入；
- 使用 H2O frame 作为 MLlib 算法输入（在我们以后做特征工程时会很方便）；
- 在 Spark 上透明执行 Sparkling Water 程序（比如，我们可以在 Spark Streaming 内运行 Sparkling Water 程序）；
- 使用 H2O 用户界面来浏览 Spark 数据。

Sparkling Water 的设计

Sparkling Water 设计为一个普通的 Spark 程序运行。因此，它作为一个程序提交给 Spark，在 Spark 执行器中启动。随后 H2O 启动它的各种服务，包括一个键值（K/V）存储器（key-value store）和一个内存管理器，并把它们组织成一个云，其拓扑和底层的 Spark 集群拓扑一致。

如前所述，Sparkling Water 支持在不同类型的 RDD/DataFrame 和 H2O frame 之间来回转换。在把 hex frame 转换为 RDD 时，数据并没有做复制，而是在 hex frame 外做了一层包装，提供一个类似 RDD 的 API，且支持此 API 的是里面的 hex frame。而把 RDD/DataFrame 转换为 H2O frame 则需要做数据复制，因为需要把数据从 Spark 转换进 H2O 自身的存储。不过，存储在 H2O frame 中的数据高度压缩，不再需要保持在 RDD 中，如图 1-6 所示。

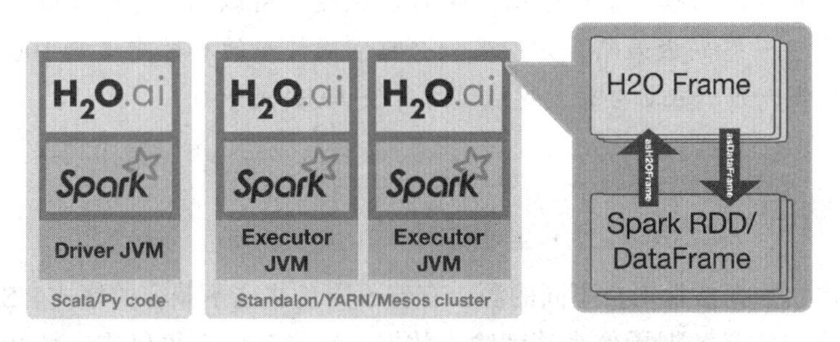

图 1-6　Sparkling Water 和 Spark 之间的数据共享

1.4 H2O 和 Spark MLlib 的区别

如前所述，MLlib 是一个用 Spark 构建的库，包含流行的机器学习算法。一点也不奇怪，H2O 和 MLlib 有很多共同的算法，但是在实现和功能上有所区别。H2O 提供了一个非常方便的功能，即允许用户可视化数据和执行特征工程任务，这一点我们在后续章节中会深入讨论。其数据可视化是基于一个 Web 友好的图形界面（GUI），可以在 code shell 和一个类似记事本的环境之间无缝切换。图 1-7 是一个被称为 Flow H2O 记事本示例，你很快就会熟悉：

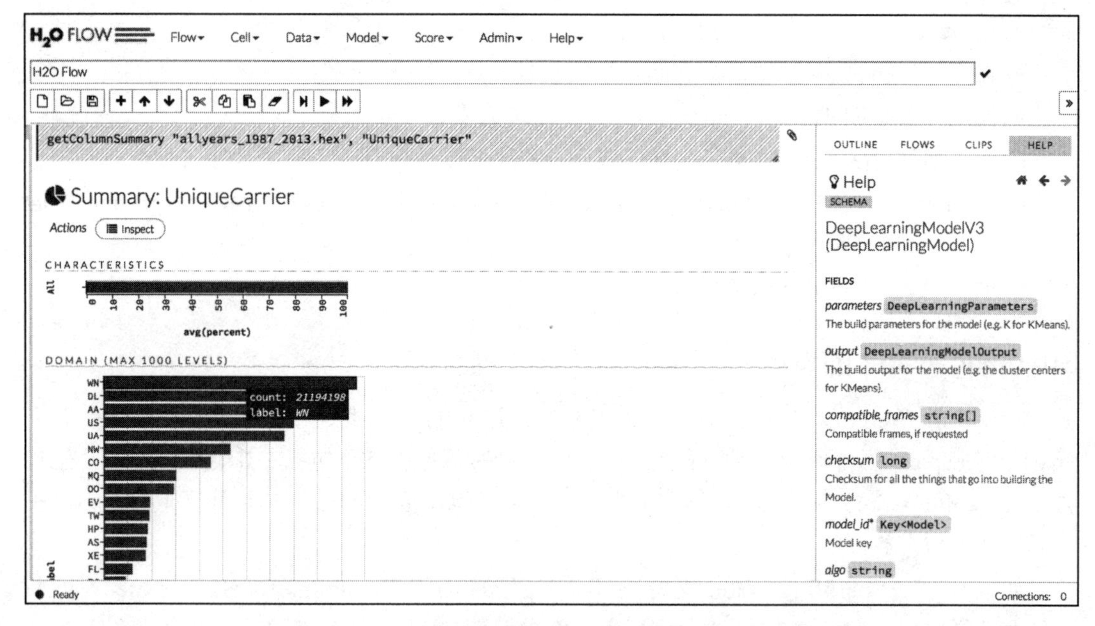

图 1-7　H2O 记事本示例

H2O 提供的另一个非常好的功能是允许数据科学家使用网格搜索很多算法自带的超参数。网格搜索是一种为了简化模型配置，优化算法所有超参数的方式。想知道哪个超参数需要修改和如何修改通常是困难的，而网格搜索允许我们同时试验很多超参数，测量其输出，然后根据质量需求选择最好的模型。H2O 网格搜索可以和模型交叉验证及多种停止条件进行组合，产生一些高级策略，如：从一个超空间许多的参数中选择 1000 个随机参数，找到一个最佳模型，可以在 2 分钟内完成训练并使 AUC 大于 0.7。

1.5 数据整理

问题域的原始数据常常来自不同的源，有着不同且往往不兼容的格式。Spark 编程模型的美在于它拥有自定义数据操作来处理输入数据，转换为一个可供将来特征工程和模型构建使用的普通格式的能力。这个过程通常称为数据整理，也是很多数据科学项目成功的关键所在。在此我们只做一个简短介绍，因为展示数据整理强大之处的最好的（也是必要的）方式是通过示例，所以振作精神，在本书中我们有很多的实战来强化这些重要的处理过程。

1.6　数据科学：一个迭代过程

大数据项目的处理流程通常是迭代的，即反复测试新的想法、新的功能，调整各种超参数等，保持一种快速失败（fast fail）的想法。这些项目的最终结果通常是一个模型，能够回答提出的问题。注意我们并没有说要精确回答。如今很多大数据科学家碰到一个陷阱，他们的模型不能泛化来适应新的数据，也就是说他们过度拟合了已有数据，导致模型在处理新数据时表现糟糕。精确性是极度任务相关的，通常取决于业务的需要，加上对模型输出的成本收益敏感度分析。然而，常用的精确性衡量手段还是有的，我们将会在本书中论及，你可以比较不同的模型来看到模型的修改是如何影响结果的。

注： H2O经常组织见面交流，在美国和欧洲邀请大家见面。每次会面或会议的幻灯片都发布在了SlideShare（http://www.slideshare.com/0xdata）和YouTube上，不仅为机器学习和统计学，而且为分布式系统和计算提供了很好的信息来源。比如，一个很有趣的演讲描述了“数据科学家这份工作的十大陷阱”（http://www.slideshare.net/0xdata/h2o-world-top-10-data-science-pitfallsmark-landry）。

1.7　小结

本章中，我们简单地介绍了数据科学家的生活及其包含的内容和经常面对的一些挑战。从数据整合和特征提取/创建，到模型构建和部署，我们认为Apache Spark是响应这些挑战的理想工具。我们特意把本章写得很短很浅显，因为我们认为通过范例和不同的用户案例更能最大化用户的收获，而不是就一个数据科学主题给出抽象冗长的描述。在本书的剩余部分，我们主要通过前种途径，并加以一些最佳实践的提示。对想要更深入学习的读者，我们提供了推荐阅读材料。记住，在你着手开始你的下一个大数据项目之前，务必预先准确定义问题域，这样你才能问出聪明的问题，而且（希望）能得到好的回答。

KDnuggets（http://www.kdnuggets.com）是一个关于数据科学方方面面的极好的站点，其中一篇文章（http://www.kdnuggets.com/2015/09/one-language-datascientist-must-master.html）讲述了所有的数据科学家要成功就必须掌握的语言。

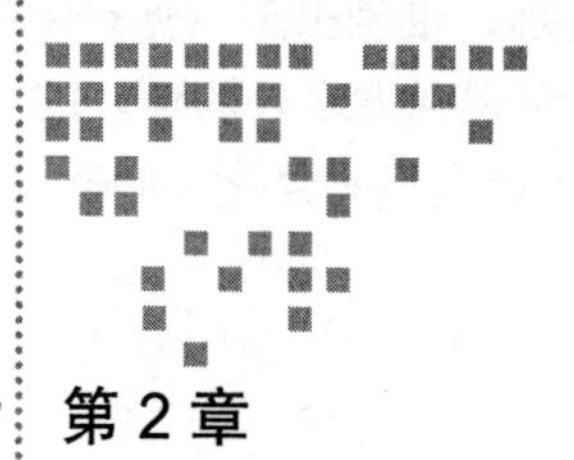

Chapter 2 第2章

探索暗物质：希格斯玻色子

真还是假？正面还是负面？通过没通过？用户点没点击那个广告？如果你问过或是碰到过这样的问题，那么你对二分类（binary classification）这个概念就已经很熟悉了。

究其本质而言，二分类（也称为二项分类（binomial classification））尝试把一个集合中的元素按照某种分类规则归为两个完全不同的类别。在这里，这个规则可能是某个机器学习算法。本章将会展示如何在 Spark 和大数据的语境下处理这个问题，解释并验证：

- Spark MLlib 的二分类模型，包括决策树、随机森林和梯度提升机
- H2O 的二分类支持
- 超参空间中搜索最佳模型
- 二项模型评估指标

2.1 I 型错误与 II 型错误

二分类试图把数据点划分为两组，因此它在直觉上很好理解。这听起来很简单，但是我们要有衡量划分质量的概念。进一步说，二分类问题的一个特性是，通常一组标记和另一组标记在数量上是很不成比例的。这意味着就某个标记的数据而言，数据集可能是不平衡的，需要数据科学家认真地解读。

例如，设想我们试图在 1500 万人口中检测某种罕见疾病是否存在。我们发现，若使用其中的一个大子集，如 1000 万人，那么其中只有 1 万人确实携带这种疾病。如果不把这个巨大的不成比例的情况纳入考虑，一个朴素的学习算法会因为在这个子集中仅仅只有 0.1% 的感染率，而认为在剩下的 500 万人口中“没有人携带这种疾病”。事实上，如果剩下的

500 万人口中有着相同的感染率 0.1%，而由于这个朴素算法认为无人感染这种疾病，就会有 5000 人得不到正确的诊断。这能不能接受？在这种情况下，二分类带来的错误所付出的代价是需要考虑的重要因素，这和提出的问题有关。

既然这种类型的问题只有两种输出结果，我们可以为可能的错误种类画一个 2D 展示图。拿上述检测疾病的例子来说，我们可以按如图 2-1 所示的方式考虑分类规则。

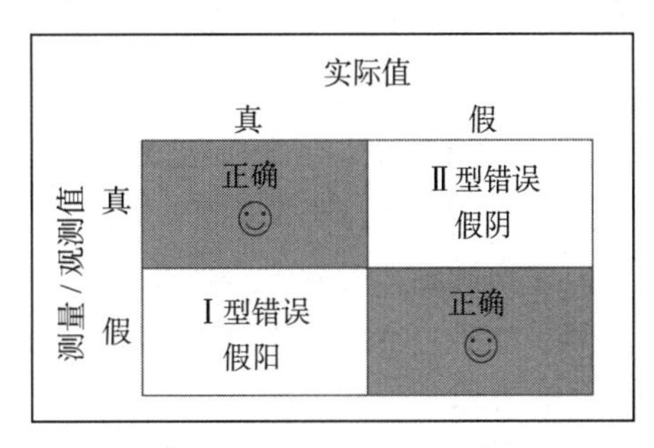

图 2-1　预测值和实际值之间的关系

图 2-1 中灰色区域表示我们正确预测某个个体疾病的携带情况，白色区域表示错误预测。这些错误预测可以归为两类，称作 **Ⅰ型错误**和 **Ⅱ型错误**：

- **Ⅰ型错误**：我们拒绝零假设（即个体没有携带疾病），而事实上该个体携带了疾病；
- **Ⅱ型错误**：我们预测个体携带疾病，而实际上该个体并没有携带。

显然，两种错误都是不好的，但是实践中，一些错误要比其他错误更可接受。

考虑这样一个情景，我们的模型中Ⅱ型错误比Ⅰ型错误要多得多；此时，模型预测的携带疾病人数要比实际情况多——这种保守方案可能比认为疾病不存在的Ⅰ型错误要更能让人接受。数据问题的目标之一就是衡量每种错误类型的代价，这是数据科学家必须考虑的。在我们构建完成第一个二分类模型，预测希格斯玻色子是否存在之后，我们会再次讨论这个主题，以及其他一些模型质量评估指标。

2.1.1　寻找希格斯玻色子

2012 年 7 月 4 日，瑞士日内瓦 CERN 实验室的科学家们展示了一种粒子的强证据，他们相信这就是希格斯玻色子（也称为上帝粒子）。为什么这个发现意义如此重大呢？大众物理学家、作家 Michio Kaku 写道：

“在量子物理领域，是希格斯这样的粒子点燃了宇宙大爆炸的火花。也就是说，我们周围看到的一切，包括星系、恒星、行星以及我们自己，其存在都要感谢希格斯玻色子。”

以非专业的话来说，希格斯玻色子给予了物质以质量，给地球是如何形成的提供了一种可能的解释。因而，它在主流媒体上非常流行。

2.1.2　LHC 和数据的创建

为了检测希格斯玻色子的存在，科学家们在瑞士与法国边界附近的日内瓦建造了有史以来最大的人造机器，称为**大型强子对撞机**（Large Hadron Collider，LHC）。LHC 是一个环状隧道，在地下一百米，周长 27 公里（相当于伦敦地铁环线的总长度）。

通过这个隧道，亚原子粒子在磁场的帮助下以接近光速的速度相向发射，当达到一定的速度后，粒子进入一个碰撞通道，探测器在这里监视和记录碰撞情况。百万乘以百万数量级的碰撞和次级碰撞会在这里发生，而检测到希格斯玻色子的希望就在碰撞所产生的粒子碎片里。

2.1.3 希格斯玻色子背后的理论

相当长一段时间里，物理学家已经知道一些基本粒子拥有质量，但是这和标准模型底层的数学相冲突，因为标准模型认为这些粒子应该是没有质量的。20 世纪 60 年代，Peter Higgs 和他的同事挑战了这一巨大的理论困境，他们着手研究大爆炸后宇宙的情况。在那时，大家普遍认为粒子应该被想成一种量子果冻（quantum jelly）中的波动，而不是互相碰撞的小球体。希格斯认为在大爆炸后的早期阶段，所有的粒子果冻（particle jelly）都是松软的，有着像水一样的稠度；但是随着宇宙开始冷却，其中一种最初被称为希格斯场（Higgs field）的粒子果冻开始凝结并变得稠密。随后，其他的粒子果冻在和希格斯场相互作用时，由于惯性被它吸引过去。按照牛顿的理论，所有具有惯性的粒子都具有质量。这个机制解释了构成标准模型的粒子是如何获得质量的，虽然它们在诞生时没有质量。每个粒子获得的质量和它受到希格斯场引力的大小成正比。

提示： 这篇文章 https://plus.maths.org/content/particle-hunting-lhc-higgs-boson 为好奇的读者提供了更多信息。

2.1.4 测量希格斯玻色子

测试这个理论要回到粒子果冻波动最原始的概念上，尤其是希格斯果冻，它既能波动又能够在实验中和有名的希格斯玻色子相类比。那么科学家是如何用 LHC 来检测这个波动的呢？

为了检测碰撞和碰撞后的结果，科学家安装了像 3D 数字摄像仪那样的探测器来测量碰撞后新粒子的轨迹。这些轨迹的特征，也就是它们在磁场中的运动曲线，被用来推测产生这些新粒子的原粒子的不同属性。一个可测量的极其重要的属性是电荷，普遍认为希格斯粒子大约在 120 ～ 125 GeV 之间。也就是说，如果探测器探测到了碰撞后带电粒子处于这个范围内，这就表示这种粒子可能和希格斯玻色子有关。

2.1.5 数据集

2012 年，在他们把发现公布给科学界之后，研究者公开了他们从 LHC 实验中获得的数据。他们观测到并识别出了一种和希格斯玻色子有关的信号。不过，除了有用的数据之外，有很多背景噪点导致了数据集的不平衡。我们作为数据科学家的任务是构建一个机器学习模型，准确地把希格斯玻色子从背景噪点中识别出来。你应该已经在想这个问题是如何表述的，是如何和二分类相关联的（是希格斯玻色子还是背景噪点）？

注：你可以从 https://archive.ics.uci.edu/ml/datasets/HIGGS 上下载数据集，或者用本章代码 bin 目录下的 getdata.sh 脚本来下载。

文件有 2.6 GB（解压后），包含 1100 万个样本数据，标记为 0- 背景噪点和 1- 希格斯玻色子。首先你需要解压这个文件，然后把数据加载进 Spark 进行分析处理。这个数据集由 29 个域组成：

- 域 1：类别标记（1= 希格斯玻色子信号，2= 背景噪点）；
- 域 2 ～ 22：碰撞探测器探测到的 21 种“底层”特征；
- 域 23 ～ 29：粒子物理学家人工推导出的 7 种“上层”特征，帮助进行粒子归类（希格斯玻色子或背景噪点）。

本章最后我们会讨论一个**深度神经网络**（Deep Neural Network，DNN）的例子，它通过对输入数据进行多层非线性变换来尝试学习这些人工推导出的特征。

就本章的目的而言，我们只处理一部分数据，即前 10 万行，不过我们展示的代码对整个数据集也是适用的。

2.2　启动 Spark 与加载数据

现在是时候启动 Spark 集群了，它不但有 Spark 的全部功能，同时还可以使用 H2O 算法库并可视化数据。首先从 http://spark.apache.org/downloads.html 上下载 Spark 2.1 发行版，并准备运行环境。例如，假定你从 Spark 下载页面下载了 spark-2.1.1-bin-hadoop2.6.tgz，可以用如下的方式准备环境：

```
tar -xvf spark-2.1.1-bin-hadoop2.6.tgz
export SPARK_HOME="$(pwd)/spark-2.1.1-bin-hadoop2.6
```

准备好环境以后，我们可以启动交互式 Spark shell，它包含 Sparkling Water 和本书所构建的包：

```
export SPARKLING_WATER_VERSION="2.1.12"
export SPARK_PACKAGES=\
"ai.h2o:sparkling-water-core_2.11:${SPARKLING_WATER_VERSION},\
ai.h2o:sparkling-water-repl_2.11:${SPARKLING_WATER_VERSION},\
ai.h2o:sparkling-water-ml_2.11:${SPARKLING_WATER_VERSION},\
com.packtpub:mastering-ml-w-spark-utils:1.0.0"
$SPARK_HOME/bin/spark-shell \
            --master 'local[*]' \
            --driver-memory 4g \
            --executor-memory 4g \
            --packages "$SPARK_PACKAGES"
```

注：H2O.ai 总是随着 Spark 项目最新发布的版本来匹配 Sparkling Water 的版本。本书使用的是 Spark 2.1.1 发行版和 Sparkling Water 2.1.12。你可以在如下地址找到对应你所使

用的 Spark 版本的最新 Sparkling Water 版本：http://h2o.ai/download/。

本例所示的 Spark Shell 会下载和使用 Sparkling Water2.1.12 版本的 Spark 包。Maven 能够识别出这些包的依赖：在这里 ai.h2o 表示组织 ID，sparkling-water-core 表示 Sparkling Water 的实现（针对 Scala 2.11，因为 Scala 二进制不兼容），而 2.1.12 表示包的版本号。另外，我们还使用了本书自带的包，里面包含了一些很方便的工具。

所有已经发布的 Sparkling Water 版本列表可以在 Maven 中央仓库找到：http://search.maven.org。

这个命令以本地模式启动 Spark，即 Spark 集群以单一节点运行在你的计算机上。如果启动成功，应该能看到如图 2-2 所示的标准 Spark shell 输出：

```
Spark context Web UI available at http://192.168.1.65:4040
Spark context available as 'sc' (master = local[*], app id = local-1500785309326).
Spark session available as 'spark'.
Welcome to
      ____              __
     / __/__  ___ _____/ /__
    _\ \/ _ \/ _ `/ __/  '_/
   /___/ .__/\_,_/_/ /_/\_\   version 2.1.1
      /_/

Using Scala version 2.11.8 (Java HotSpot(TM) 64-Bit Server VM, Java 1.7.0_60)
Type in expressions to have them evaluated.
Type :help for more information.

scala> 
```

图 2-2　注意 shell 在启动时如何显示你所使用的 Spark 版本号

提示：本书所提供的源代码包含了每章启动 Spark 环境的脚本；对于本章，你可以在 chapter2/bin 目录下找到它。

Spark shell 是一个基础的 Scala 控制台程序，接受 Scala 代码并交互式地执行。下一步是准备计算环境，导入示例程序需要的包：

```
import org.apache.spark.mllib
import org.apache.spark.mllib.regression.LabeledPoint
import org.apache.spark.mllib.linalg._
import org.apache.spark.mllib.linalg.distributed.RowMatrix
import org.apache.spark.mllib.util.MLUtils
import org.apache.spark.mllib.evaluation._
import org.apache.spark.mllib.tree._
import org.apache.spark.mllib.tree.model._
import org.apache.spark.rdd._
```

首先导入已经下载的 .csv 文件，快速计算一下我们的子数据集有多少数据。请注意，这里的代码要求数据文件夹“data”位于当前进程的工作路径或指定路径下：

```
val rawData =
sc.textFile(s"${sys.env.get("DATADIR").getOrElse("data")}/higgs100k.csv")
println(s"Number of rows: ${rawData.count}")
```

输出如下：

```
Number of rows: 100000
```

可以看到命令 sc.textFile(...) 的执行几乎没有花任何时间就立刻返回了，而 rawData.count 则占据了主要的执行时间。这一点确切展示了 Spark **转换**（transformation）和**执行**（action）之间的区别。依照 Spark 的设计，它采取了**延迟计算**的策略——当一个转换被调用时，Spark 只是把它直接记录到**执行图 / 计划**中。这一点对大数据领域非常合适，因为用户可以累积起很多的转换而无需等待。另一方面，执行会评估执行图——Spark 会实例化每一个记录的转换，把它应用到前一个转换的输出结果上。这一概念也让 Spark 可以在执行之前分析和优化执行图，比如，Spark 可以重新调整转换的顺序，或者如果发现转换之间互相独立，则可以并行执行。

现在，我们定义了一个转换，用于将数据加载到 Spark RDD[String] 中，这个数据结构包含了输入数据文件的所有行。先看一下前两行：

```
rawData.take(2)
```

```
Rows
1.000000000000000000e+00,8.692932128906250000e-01,-6.350818276405334473e-01,2.2569026
485731393098831177e-01,-1.092063903808593750e+00,0.000000000000000000e+00,1.374992132
138904333114624023e+00,-1.578198313713073730e+00,-1.046985387802124023e+00,0.00000000
101961374282836914e+00,1.353760004043579102e+00,9.795631170272827148e-01,9.7807615995
766783475875854492e-01
1.000000000000000000e+00,9.075421094894409180e-01,3.291472792625427246e-01,3.59411865
575249195098876953e-01,-1.588229775428771973e+00,2.173076152801513672e+00,8.125811815
999939501285552979e-01,-1.261431813240051270e+00,7.321561574935913086e-01,0.000000000
000000000000000000e+00,3.022198975086212158e-01,8.330481648445129395e-01,9.8569965362
983425855636596680e-01
```

这两行包含从文件中加载进来的原始数据。你可以看到每行包括一个响应列，它的值为 0 或者 1（每行的第一个值），还包含其他实数数值的列。不过，这些行仍然是字符串形式，需要解析和转换为数值。因此，基于我们所了解到的输入数据的格式，可以定义一个简单的解析器把每一行根据逗号分隔为数值：

```
val data = rawData.map(line => line.split(',').map(_.toDouble))
```

现在可以提取出响应列（数据集的第一列）及其余输入特征：

```
val response: RDD[Int] = data.map(row => row(0).toInt)
val features: RDD[Vector] = data.map(line => Vectors.dense(line.slice(1,
line.size)))
```

经过这次转换，我们有两个 RDD：

- 一个表示为响应列；
- 另一个表示为数值的稠密向量，包含各个输入特征。

接下来，需要更为详细地检查输入特征，做一些基本的数据分析：

```
val featuresMatrix = new RowMatrix(features)
val featuresSummary = featuresMatrix.computeColumnSummaryStatistics()
```

这两行把向量转换为一个分布式的 RowMatrix，这会赋予我们一些简单的统计能力（如计算平均值、方差等）。

```
import org.apache.spark.utils.Tabulizer._
println(s"Higgs Features Mean Values = ${table(featuresSummary.mean, 8)}")
```

输出如下：

```
Higgs Features Mean Values =
+-----+------+------+-----+------+-----+------+-----+
|0.990|-0.004|-0.002| 0.995|-0.008|0.987|-0.003|0.000|
|0.998| 0.991|-0.001| 0.004| 1.004|0.993| 0.002|0.001|
|1.006| 0.986|-0.008|-0.004| 0.993|1.033| 1.023|1.050|
|1.010| 0.973| 1.032| 0.959|     -|    -|     -|    -|
+-----+------+------+-----+------+-----+------+-----+
```

接下来这段代码：

```
println(s"Higgs Features Variance Values =
${table(featuresSummary.variance, 8)}")
```

它的输出如下：

```
Higgs Features Variance Values =
+-----+-----+-----+-----+-----+-----+-----+-----+
|0.316|1.010|1.012|0.354|1.014|0.224|1.017|1.017|
|1.056|0.248|1.010|1.014|1.101|0.238|1.017|1.011|
|1.431|0.255|1.018|1.014|1.951|0.426|0.138|0.027|
|0.159|0.274|0.132|0.098|    -|    -|    -|    -|
+-----+-----+-----+-----+-----+-----+-----+-----+
```

在接下来的步骤中，我们会更详细地检查这些列。我们可以从每一列非零数值的数量来判断数据是稠密还是稀疏的。稠密数据绝大部分都不是 0，稀疏数据则相反。数据中非零数据的数量和全部数据的比率表示数据的稀疏度。稀疏度可以成为我们选择计算方法的一个依据，因为对稀疏数据来说，遍历非零数据更高效：

```
val nonZeros = featuresSummary.numNonzeros
println(s"Non-zero values count per column: ${table(nonZeros, cols = 8,
format = "%.0f")}")
```

输出结果如下：

```
Non-zero values count per column:
+------+------+------+------+------+------+------+------+
|100000|100000|100000|100000|100000|100000|100000|100000|
| 50907|100000|100000|100000| 50023|100000|100000|100000|
| 43176|100000|100000|100000| 34973|100000|100000|100000|
|100000|100000|100000|100000|     -|     -|     -|     -|
+------+------+------+------+------+------+------+------+
```

不过，这只给出了所有列的非零元素数量，我们对此并不那么感兴趣。我们更想知道哪些列包含了一些零元素：

```
val numRows = featuresMatrix.numRows
 val numCols = featuresMatrix.numCols
 val colsWithZeros = nonZeros
   .toArray
   .zipWithIndex
   .filter { case (rows, idx) => rows != numRows }
 println(s"Columns with zeros:\n${table(Seq("#zeros", "column"),
colsWithZeros, Map.empty[Int, String])}")
```

这里我们为原先向量中的每个非零值增加了一个对应的下标，然后过滤掉所有和原先矩阵行数相等的值，可以得到：

```
Columns with zeros:

+-------+------+
| #zeros|column|
+-------+------+
|50907.0|     8|
|50023.0|    12|
|43176.0|    16|
|34973.0|    20|
+-------+------+
```

我们可以看到，列 8、12、16 和 20 包含一些零值，但是并没有多到可以认为是一个稀疏矩阵的地步。为了进一步验证我们的观察，可以计算一下矩阵的整体稀疏度（注意：这个矩阵并不包含响应列）：

```
val sparsity = nonZeros.toArray.sum / (numRows * numCols)
println(f"Data sparsity: ${sparsity}%.2f")
```

输出如下：

```
Data sparsity: 0.92
```

这个数字验证了我们之前的想法：输入矩阵是稠密矩阵。

现在该是详细研究一下响应列的时候了。第一步，我们需要验证响应列只包含 0 和 1 两个数值，这可以通过计算响应数组中唯一值的数量实现：

```
val responseValues = response.distinct.collect
 println(s"Response values: ${responseValues.mkString(", ")}")
```

```
Response values: 0, 1
```

下一步是检查响应向量中标记的分布情况。可以直接通过 Spark 计算其比例：

```
val responseDistribution = response.map(v => (v,1)).countByKey
 println(s"Response distribution:\n${table(responseDistribution)}")
```

它的结果是：

```
Response distribution:

+-----+-----+
|    0|    1|
+-----+-----+
|47166|52834|
+-----+-----+
```

这里简单地把每一行转换为一个元组，包含行值和表示该行出现了一次的数字 1。使用包含键值对的 RDD，Spark 的 countByKey 方法可以按照键值聚合这些对，计算出键的个数。结果让人有些惊讶，数据集显示包含希格斯玻色子的值要稍微多一些，不过，我们仍然可以认为响应是相当均衡的。

我们也可以通过 H2O 库来可视化标记的分布情况。首先需要启动 H2O 服务，由 H2OContext 表示：

```
import org.apache.spark.h2o._
val h2oContext = H2OContext.getOrCreate(sc)
```

上述代码初始化 H2O 库，然后在 Spark 集群的每个节点上启动 H2O 服务。它同时提供一个叫作 Flow 的交互式环境，对数据浏览和建模很有帮助。在控制台窗口，h2oContext 打印出了 UI 链接：

```
h2oContext: org.apache.spark.h2o.H2OContext =
Sparkling Water Context:
 * H2O name: sparkling-water-user-303296214
 * number of executors: 1
 * list of used executors:
  (executorId, host, port)
  ------------------------
  (driver,192.168.1.65,54321)
  ------------------------
  Open H2O Flow in browser: http://192.168.1.65:54321 (CMD + click in Mac
OSX)
```

现在可以直接打开 Flow UI 的地址开始浏览数据了，不过还需要把 Spark 数据作为一个 H2O frame 发布出去，称为 response：

```
val h2oResponse = h2oContext.asH2OFrame(response, "response")
```

提示： 如果你导入了 H2OContext 所涉及的隐式转换，那么你可以基于赋值语句左侧类型的定义来做隐式转换。

例如：

```
import h2oContext.implicits._
val h2oResponse: H2OFrame = response
```

现在是时候打开 Flow UI 了。你可以通过 H2OContext 打印出的 URL 直接访问，也可以通过在 Spark shell 中输入 h2oContext.openFlow 来打开 UI（见图 2-3）。

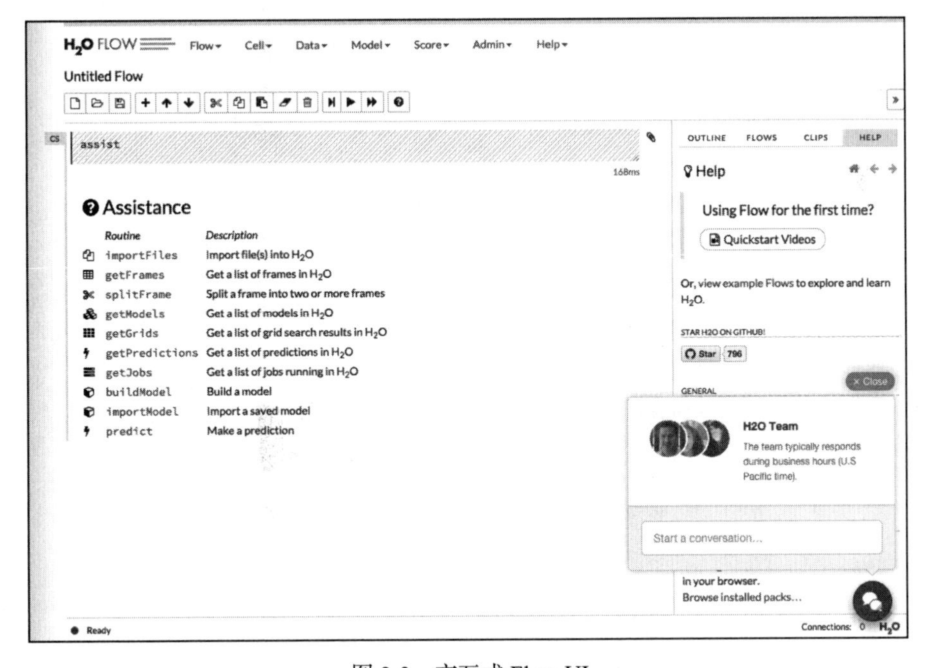

图 2-3　交互式 Flow UI

Flow UI 允许交互式地处理已存储的数据。让我们在高亮单元格中输入 getFrame，来看看 Flow 中暴露了哪些数据（见图 2-4）：

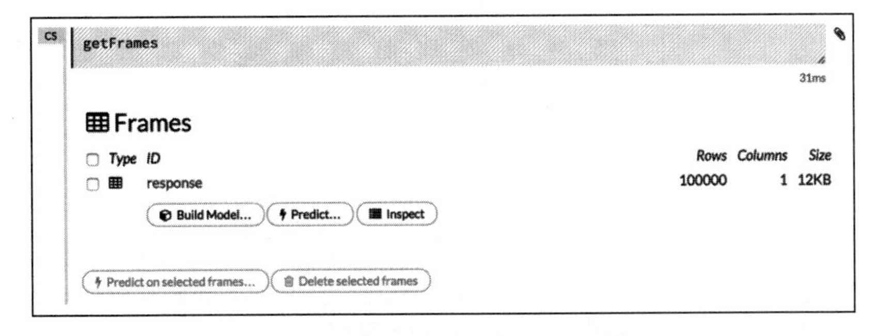

图 2-4　得到已有的 H2O frame 列表

点击 response 域或者输入 getColumnSummary 中的“response”和“values”，我们可以得到响应列值分布情况的一个可视化表示（见图 2-5），可以看到有一些轻微的不平衡。

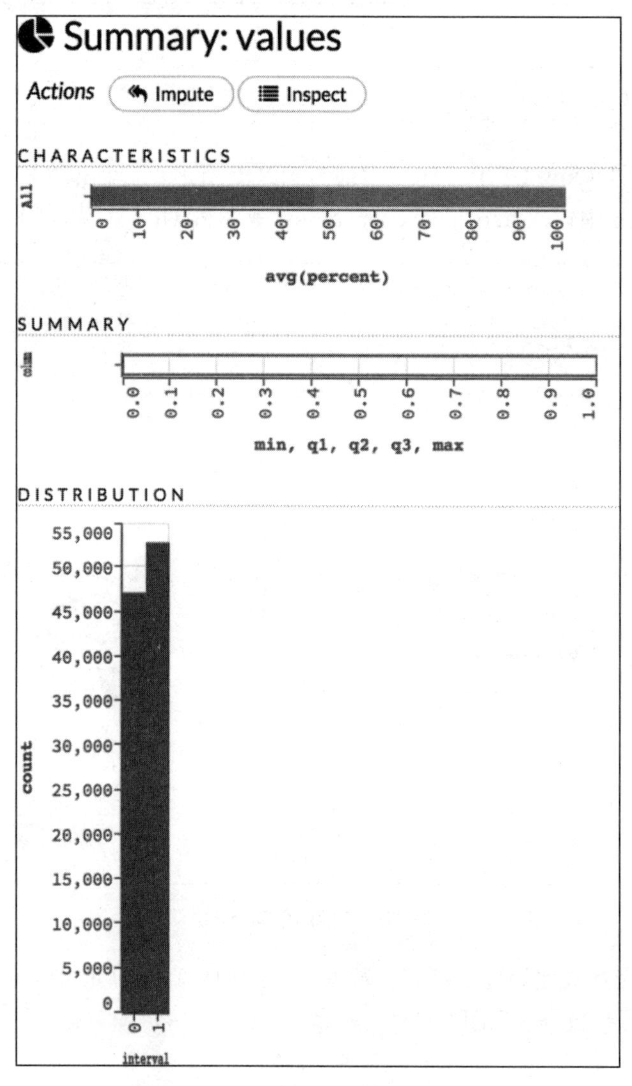

图 2-5 “response”列的统计属性

2.2.1 标记点向量

在使用 Spark MLlib 运行任何监督学习算法之前，必须把数据集转换为标记点向量，把特征映射到一个给定的标记 / 响应；标记存储为 double 类型，这样在做分类和回归任务时使用起来更为方便。对所有的二分类问题来说，标记应该存储为 0 或者 1，这一点我们在之前已经验证过了，在这里对我们的例子来说仍然成立。

```
val higgs = response.zip(features).map {
case (response, features) =>
LabeledPoint(response, features) }

higgs.setName("higgs").cache()
```

一个标记点向量的例子如下：

```
(1.0, [0.123, 0.456, 0.567, 0.678, ..., 0.789])
```

在这个例子中，方括号之内的都是特征，方括号之外的单个值为标记。注意我们还没有告诉 Spark 是要做一个二分类任务而不是一个回归任务，这会在接下来处理。

注： 在这个示例中，所有的输入特征只包含数值，但是在很多情况下，数据包含类别值（categorical value）或字符串。所有的非数值类型都必须首先转换为数值类型，本书稍后会有涉及。

数据缓存

很多机器学习算法天然是需要迭代的，会对数据反复访问。而存储在 Spark RDD 中的数据默认都是易失的，因为 RDD 只是记录需要执行的数据转换操作，并不真正存储数据，这意味着每个执行都将调用 RDD 中记录的转换操作，对数据进行反复计算。

为此，Spark 提供了一种方式来持久化数据，以适应我们需要迭代访问数据的需求。Spark 也提供了几种 StorageLevels，允许以多种选择来存储数据：

- NONE：完全不做缓存；
- MEMORY_ONLY：只在内存中缓存 RDD 数据；
- DISK_ONLY：把缓存的 RDD 数据写入硬盘，释放内存；
- MEMORY_AND_DISK：在内存中缓存 RDD 数据，如果内存不够，写入硬盘；
- OFF_HEAP：不使用 JVM 堆内存，而是使用堆外内存缓存 RDD 数据。

更进一步，Spark 给予用户以两种不同格式缓存数据的能力：*原始数据*（如 MEMORY_ONLY），或*序列化后的数据*（如 MEMORY_ONLY_SER），后者将序列化后的 RDD 内容直接存储在内存中。具体使用哪种取决于任务需要和资源情况。一个经验法则是如果你处理的数据集小于 10G，缓存原始数据要比缓存序列化后的数据好。当跨过 10G 这个边界后，缓存原始数据对内存的消耗要比序列化后的数据多得多。

你可以显式要求 Spark 进行缓存，通过对 RDD 调用 cache() 方法，或者直接调用 persist 方法，把需要持久化的方式作为参数传入：persist（StorageLevels.MEMORY_ONLY_SER）。需要知道的是，RDD 只允许对 StorageLevel 设置一次。

对于缓存什么内容以及如何进行缓存，这是 Spark 魔法的一部分；但是黄金法则是，当需要多次访问 RDD 数据时应使用缓存，缓存策略取决于程序对速度和存储空间的选择。博文 http://sujee.net/2015/01/22/understanding-spark-caching/#.VpU1nJMrLdc 深入探讨了比这里的叙述要多得多的细节。

缓存的 RDD 也能够通过 H2O Flow UI 访问，在框中输入 getRDDs（见图 2-6）：

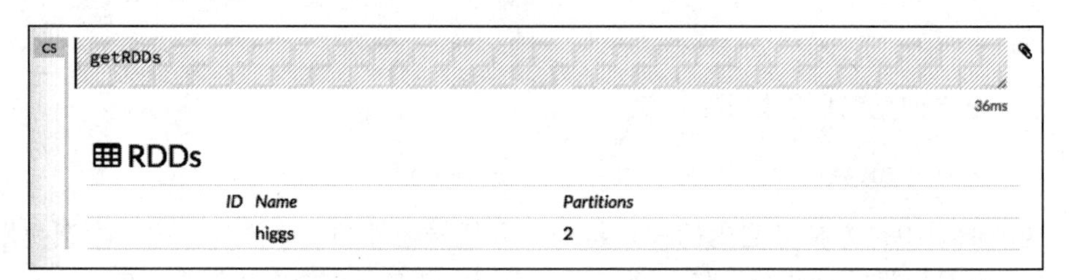

图 2-6　从 Flow UI 中得到缓存的 RDD 信息

2.2.2　创建训练和测试集合

和绝大多数监督学习任务一样，我们需要对数据集做一个划分，一部分用于训练模型，另一部分留出来用于测试模型泛化到新数据的能力。对本例来说，我们把数据分为 80/20，不过划分为多少块以及每块占多大比例并没有硬性规定：

```
// Create Train & Test Splits
val trainTestSplits = higgs.randomSplit(Array(0.8, 0.2))
val (trainingData, testData) = (trainTestSplits(0), trainTestSplits(1))
```

通过对数据集进行 80/20 划分，得到一个拥有 880 万个样本的随机数据集作为我们的训练集，剩余的 220 万个样本作为测试集。我们也可以很容易重新进行 80/20 随机划分，得到一个同样是 880 万但数据不同的训练集。这种对原始数据集的硬性划分会引入取样偏误（sampling bias），即我们的模型试图拟合训练数据集，但是训练数据可能并不能代表“真实情况”。在这里，我们有 1100 万原始数据，这种偏误不像一个大小为 100 行的原始数据集那么明显。在模型验证中，我们常称此为**留出法**（holdout method）。

你也可以通过 H2O Flow 来划分数据：

1）把数据发布为 H2O frame：

```
val higgsHF = h2oContext.asH2OFrame(higgs.toDF, "higgsHF")
```

2）在 Flow UI 中使用命令 SplitFrame 划分数据（见图 2-7）；

3）把结果重新转换为 RDD。

相比 Spark 的延迟计算来说，H2O 的计算模型则比较急切：splitFrame 的调用会立刻触发数据的处理，创建出两个可以直接访问的新 frame。

关于交叉验证

在数据集较小的情况下，数据科学家常常采用一种叫作交叉验证的技术，Spark 对此也提供支持。CrossValidator 类首先把数据集划分为 N 份（用户指定）：每份数据会被作为训练集使用 N-1 次，作为模型验证使用 1 次。举例来说，假如我们指定使用 **5 次交叉验证**，

CrossValidator 会创建 5 组数据（训练和测试），使用其中 4/5 作为训练集，剩下的 1/5 作为测试集，如图 2-8 所示。

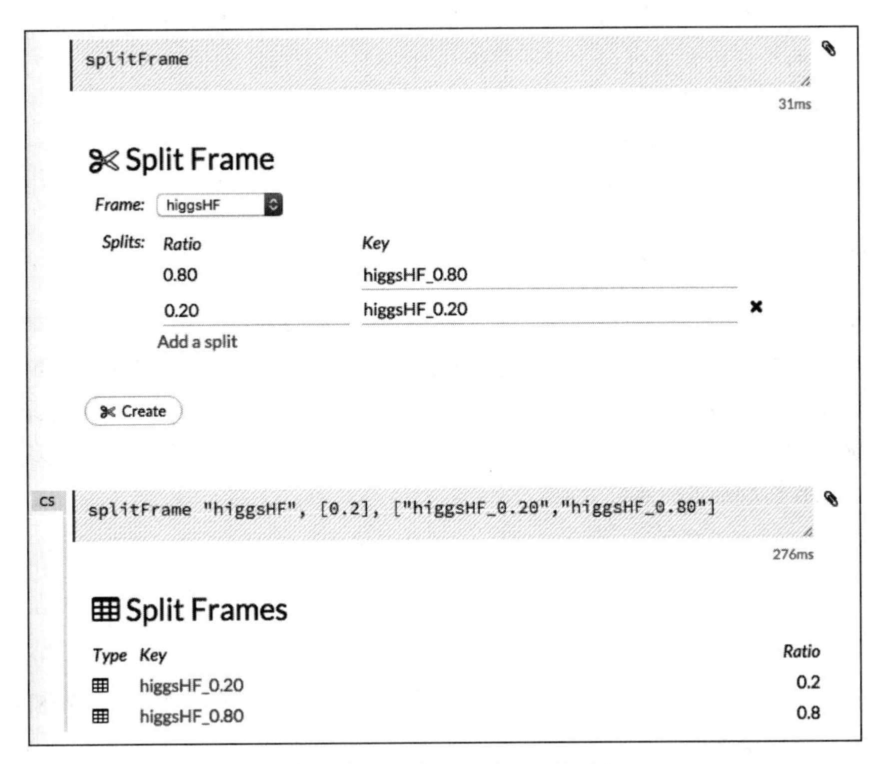

图 2-7　划分数据集为百分比 80 和 20 的两个 H2O frame

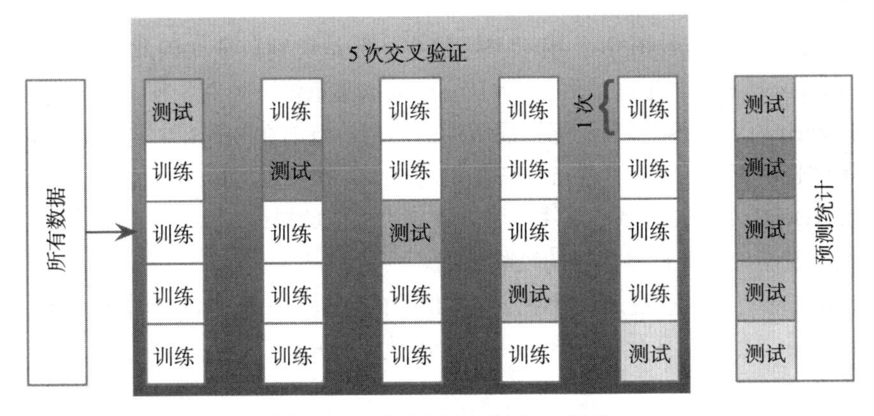

图 2-8　5 次交叉验证的概念模式

其想法是，当我们基于 80/20 创建训练 / 测试集时，其内在的取样偏误可以通过这种方式来解决；我们能够看到算法在处理这样不同的、随机取样的数据集时的表现。一个模型如果泛化能力不够好，它的准确性（例如以总的错误来衡量）会大为降低，并出现极度迥异的错误率，提醒我们需要重新考虑模型。

关于应该使用多少次交叉验证并没有一个特定的规则，它和要解决的问题高度相关，如使用的数据的种类、样本数据的数量等。在一些场景下，采用一种极端的交叉验证，即 N 等于数据点的数量也是合理的。此时，测试集只包含一行数据，这种方法称为**留出一个**（Leave-One-Out，LOO）验证，对计算资源的需求很大。

通常来说，在构建模型时，建议使用某种交叉验证（一般推荐 5 次或 10 次交叉验证）来验证模型的质量，特别是数据集比较小的情况下。

2.2.3 第一个模型：决策树

把希格斯玻色子从背景噪点中区分开来的第一个尝试是使用决策树。我们有意避开讨论这个算法的背景知识，因为关于这个算法已经有很多很好的材料可供阅读（http://www.saedsayad.com/decision_tree.htm，http://spark.apache.org/docs/latest/mllib-decision-tree.html）。相反，我们会关注相关的超参数，以及如何使用一些特定的标准 / 错误来评估模型的有效性。让我们从基本的参数开始：

```
val numClasses = 2
val categoricalFeaturesInfo = Map[Int, Int]()
val impurity = "gini"
val maxDepth = 5
val maxBins = 10
```

这里我们显式告诉 Spark 想要构造一个决策树分类器以区分两种类别。先来仔细看一下决策树中一些超参数的含义。

- numClasses：我们需要分为多少种类？在这个例子中，我们想区分希格斯玻色子和背景噪点，因此有四种类型：
  - categoricalFeaturesInfo：用于声明哪些特征是类别特征，因此不能当作数值处理（邮政编码是一个很好的例子）。在这个数据集里没有类别特征。
  - impurity（不纯性）：节点标记同质性的度量。目前在 Spark 中，就分类而言有两种不纯性的度量：基尼（Gini）和熵（Entropy），对回归而言则有方差（variance）。
  - maxDepth：算法的停止条件，用以限制所构造的树的深度。一般来说，深度越大，结果越精确，但是过拟合的风险越大。
  - maxBins：树在做划分时所考虑的“值”的数量。一般来说，增加“值”的数量允许树考虑更多的变化，但同时也会增加计算时间。

基尼与熵

为了决定使用哪个不纯性度量，首先我们来讨论一些基础知识，从**信息增益**的概念开始。

究其本质而言，信息增益正如其名字所表示的：在两种状态之间转移时所获得的信息的增益。更准确地说，一个事件的增益是事件发生前后信息量的变化。信息的一个常见度量是**熵**，定义如下：

$$熵=\sum_j -p_j \log_2 p_j$$

其中 p_j 是一个节点上标记 j 的频率。

在熟悉了信息增益和熵的概念之后，我们介绍**基尼指数**（和基尼系数没有关系）。

在给定的节点上，对于一个随机选择的元素，如果按照该节点标记的分布随机给予其一个标记，则被错误归类的可能性即为基尼指数，定义如下：

$$基尼指数=1-\sum_j p_j^2$$

和熵的公式相比，由于基尼指数的计算少了对数运算，因此速度应该会快一点，这可能就是很多机器学习算法库（包括 MLlib）把它作为默认选项的原因。

但是，这是否意味着对我们的决策树来说，基尼指数是作为数据划分的一个**更好**的度量呢？我们发现就单个决策树算法来说，不纯性度量的选择对性能的影响非常小。其原因正如 Tan 等人在《Introduction to Data Mining》一书中所描述的：

“……这是因为不纯性度量之间是相当一致的……。事实上，相比不纯性度量的选择，剪枝策略的选择对最终的树影响更大。”

现在是时候在训练数据上训练我们的决策树分类器了：

```
val dtreeModel = DecisionTree.trainClassifier(
trainingData,
numClasses,
categoricalFeaturesInfo,
impurity,
maxDepth,
maxBins)

// Show the tree
println("Decision Tree Model:\n" + dtreeModel.toDebugString)
```

这应该会产生一个看起来如下所示的输出结果（因为数据划分的随机性，你的结果可能会稍微不一样）：

```
DecisionTreeModel classifier of depth 5 with 63 nodes
  If (feature 25 <= 1.0579049587249756)
   If (feature 25 <= 0.6132826209068298)
    If (feature 27 <= 0.8709201216697693)
     If (feature 5 <= 0.8882235884666443)
      If (feature 26 <= 0.7871721386909485)
       Predict: 0.0
      Else (feature 26 > 0.7871721386909485)
       Predict: 1.0
     Else (feature 5 > 0.8882235884666443)
      If (feature 27 <= 0.7900190353393555)
       Predict: 1.0
      Else (feature 27 > 0.7900190353393555)
       Predict: 1.0
    Else (feature 27 > 0.8709201216697693)
     If (feature 22 <= 1.0433123111724854)
```

```
      If (feature 24 <= 1.0797673463821411)
       Predict: 0.0
      Else (feature 24 > 1.0797673463821411)
       Predict: 0.0
     Else (feature 22 > 1.0433123111724854)
      If (feature 5 <= 1.535428524017334)
       Predict: 0.0
      Else (feature 5 > 1.535428524017334)
       Predict: 1.0
   Else (feature 25 > 0.6132826209068298)
    If (feature 26 <= 0.7871721386909485)
     If (feature 5 <= 0.8882235884666443)
      If (feature 25 <= 0.8765085935592651)
       Predict: 0.0
      Else (feature 25 > 0.8765085935592651)
       Predict: 0.0
     Else (feature 5 > 0.8882235884666443)
      If (feature 27 <= 0.7900190353393555)
       Predict: 1.0
      Else (feature 27 > 0.7900190353393555)
       Predict: 0.0
```

输出显示该决策树深5层，有63个节点，组成一个层状决策谓词。我们解释一下前5个决策。它读起来是这样的："如果特征25的值小于等于1.055 9并小于等于0.615 58，且特征27的值小于等于0.873 10，且特征5的值小于等于0.896 83，而且最终特征22的值小于等于0.766 88，那么预测值为1.0(希格斯玻色子)。但是，这5个条件必须按照顺序判断，预测才能成立。"注意如果最后一个条件不成立（即特征22的值大于0.766 88），但是前4个条件成立，那么预测值从1变成0，表示是背景噪点。

现在，我们在测试集上对模型进行测试，打印出预测错误：

```
val treeLabelAndPreds = testData.map { point =>
   val prediction = dtreeModel.predict(point.features)
   (point.label.toInt, prediction.toInt)
 }

 val treeTestErr = treeLabelAndPreds.filter(r => r._1 !=
r._2).count.toDouble / testData.count()
 println(f"Tree Model: Test Error = ${treeTestErr}%.3f")
```

输出如下：

```
Tree Model: Test Error = 0.337
```

在运行了一段时间后，模型会对测试集的数据进行评分，计算出我们在前述代码中定义的错误率。同样，你得到的错误率会和这里显示的稍有不同，但是正如这里所显示的，我们简单的决策树模型的错误率大约是33%。然而正如你知道的，有多种类型的错误，所以值得细看一下这些错误类型。我们从构造一个混淆矩阵开始：

```
val cm = treeLabelAndPreds.combineByKey(
  createCombiner = (label: Int) => if (label == 0) (1,0) else (0,1),
  mergeValue = (v:(Int,Int), label:Int) => if (label == 0) (v._1 +1, v._2)
else (v._1, v._2 + 1),
```

```
  mergeCombiners = (v1:(Int,Int), v2:(Int,Int)) => (v1._1 + v2._1, v1._2 +
v2._2)).collect
```

这段代码使用了 Spark 的一个高级方法 combineByKey，把每个键值（K，V）对映射为一个值，代表输出按照键的分组。在这里，键值（K，V）对代表实际值 K 和预测值 V。我们通过创建一个组合器（参数 createCombiner）把每个预测值映射为一个元组，如果预测值为 0，映射为（1，0）；否则，映射为（0，1）。然后我们需要定义组合器如何接受新值，以及如何合并到一起。最后，这个方法生成的结果是：

```
cm: Array[(Int, (Int, Int))] = Array((0,(5402,4131)), (1,(2724,7846)))
```

结果数组包含两个元组：一个对应于实际值 0，另一个对应于实际值 1。每个元组包含预测值为 0 和 1 的数量。这样，得到一个漂亮的混淆矩阵所需要的信息就容易提取出来了。

```
val (tn, tp, fn, fp) = (cm(0)._2._1, cm(1)._2._2, cm(1)._2._1, cm(0)._2._2)
println(f"""Confusion Matrix
  |   ${0}%5d ${1}%5d  ${"Err"}%10s
  |0  ${tn}%5d ${fp}%5d ${tn+fp}%5d ${fp.toDouble/(tn+fp)}%5.4f
  |1  ${fn}%5d ${tp}%5d ${fn+tp}%5d ${fn.toDouble/(fn+tp)}%5.4f
  |   ${tn+fn}%5d ${fp+tp}%5d ${tn+fp+fn+tp}%5d
${(fp+fn).toDouble/(tn+fp+fn+tp)}%5.4f
  |""".stripMargin)
```

这段代码提取所有的真阴（true negative）和真阳（true positive），以及错误的预测。输出矩阵基于图 2-9 的模型。

```
Confusion Matrix
     0     1       Err
0  5494  4090  9584 0.4268
1  2655  7762 10417 0.2549
   8149 11852 20001 0.3372
```

	预测 0	预测 1	总共	分类错误
实际 0	真阴（**TN**）	假阳（**FP**）	$TN+FP$	$\frac{FP}{TN+EP}$
实际 1	假阳（**FN**）	真阳（**TP**）	$FN+TP$	$\frac{FN}{(FN+TP)}$
总共	$TN+FN$	$FP+TP$		$\frac{FN+FP}{TN+FP+FN+TP}$

图 2-9　混淆矩阵度量

注： 在前述代码中，我们使用了 Scala 中一个强大的功能，称为字符串插值（string interpolation）：println（f"..."）。通过组合字符串和实际的 Scala 变量，使构造想要的输出变得容易。Scala 支持多种不同的字符串“插值”，但是最常用的是 s 和 f。s 插值允

许引用任何 Scala 变量甚至代码：s"True negative : ${tn}"。而 f 插值则是类型安全的，这意味着用户需要指定输出的变量类型：f"True negative : ${tn}%5d"- 这里以数值类型引用变量 tn，要求以 5 位数字格式输出。

回到本章的第一个例子，我们可以看到模型在预测真正的希格斯玻色子上犯了最多的错误。在这里，所有表示检测到了希格斯玻色子的数据点被错误地归类为非希格斯玻色子。然而，总的错误率还是挺低的。这个例子很好地展示了对于一个响应不均衡的数据集来说，总体错误率有时候是有误导性的。

接下来，我们考虑另一个用于评判分类模型的度量，称为 AUC（Area Under the Curve，**ROC 曲线下面积**，见图 2-10）。ROC（Receiver Operating Characteristic，受试者工作特征）曲线则是**真阳率**（True Positive Rate）与**假阳率**（False Positive Rate）的图形化表示。

- **真阳率（TPR）**：真阳的总数量除以真阳和假阴数之和。换句话说，就是真正的希格斯玻色子信号数量（真实标记为 1）和所有预测为希格斯玻色子的信号数量（我们的模型预测标记为 1）的比率，这是图形的 *Y* 轴。
- **假阳率（FPR）**：假阳的总数量除以假阳和真阴数之和，作为图形的 *X* 轴。
- 更多度量请参考图 2-11。

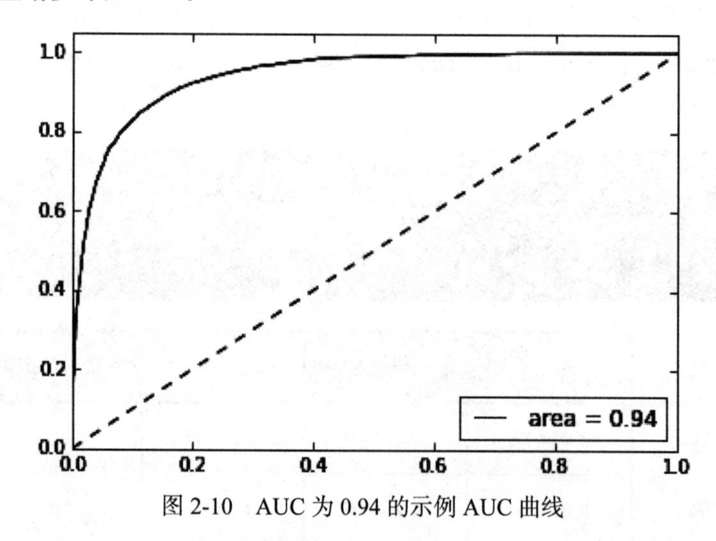

图 2-10　AUC 为 0.94 的示例 AUC 曲线

ROC 曲线刻画了在一个给定的决策阈值（决策阈值即我们决定一个标记是 0 还是 1 的分界点）下我们的模型 TPR 对 FPR 的权衡取舍。因此，ROC 曲线下方的面积可以被认为是模型平均准确度，1.0 表示完美分类，0.5 则是扔硬币的结果（意味着我们的模型在猜 1 或者 0 的时候是 50 对 50），而低于 0.5 表示扔硬币也会比我们的模型要更准确！这是一个非常有用的度量，我们很快就会看到它被用来比较不同超参数的微调，以及比较不同的模型。现在我们写一个函数来计算决策树模型的 AUC，以便将来和其他模型做比较：

比率	公式
准确率	$\frac{TP+TN}{TN+FP+FN+TP}$
分类错误	$\frac{FN+FP}{TN+FP+FN+TP}$
真阳率（召回率或敏感度）	$\frac{TP}{FN+TP}$
假阳率	$\frac{FP}{TN+FP}$
特异性	$\frac{TN}{TN+TP}$
精确率	$\frac{TP}{FP+TP}$
流行性	$\frac{TP+FN}{TN+FP+FN+TP}$

图 2-11　从混淆矩阵中得出的度量

```
type Predictor = {
  def predict(features: Vector): Double
}

def computeMetrics(model: Predictor, data: RDD[LabeledPoint]):
BinaryClassificationMetrics = {
    val predAndLabels = data.map(newData =>
(model.predict(newData.features), newData.label))
      new BinaryClassificationMetrics(predAndLabels)
}

val treeMetrics = computeMetrics(dtreeModel, testData)
println(f"Tree Model: AUC on Test Data =
${treeMetrics.areaUnderROC()}%.3f")
```

输出如下：

```
Tree Model: AUC on Test Data = 0.659
```

注： Spark MLlib 中诸多模型并没有共享一个共同的接口定义，因而在前段代码里，我们不得不自己定义 Predictor 类型来使用 predict 方法，然后在方法 computeMetrics 中使用 Scala 的结构化类型。在本书接下来的章节中，我们会展示 Spark ML 包，它基于统一的以流水线为基础的 API。

你对这个主题有兴趣，想找一些好的阅读材料吗？没有十全十美的圣经，不过富有声望的斯坦福 Trevor Hastie 教授的《 The Elements of Statistical Learning 》是一本极好的书。这本书无论对于初学者还是高级专业人员，都提供了机器学习方面很多有用的“金砖”，因而受到极高的推崇。

注：特别需要记住的是每次运行的结果都会稍有不同，因为 Spark 的决策树实现内部使用了随机森林算法，如果随机数生成器的种子没有给定的话，其结果是不确定的。问题在于 Spark DecisionTree 的 MLlib API 不允许传入参数指定随机数种子。

2.2.4 下一个模型：集合树

如**随机森林**（Random Forest，RF）或**梯度提升机**（Gradient Boosted Machine，GBM，也称为梯度提升树，Gradient Boosted Trees）这样的算法，是基于集合树模型的两个很好的例子。这两个算法在 MLlib 中都有实现，你可以把集合树想象成一个代表基础模型集合的超级模型（uber-model）。理解集合树背后逻辑的好办法是想象一下如下的类比：

“假设你是一个著名橄榄球俱乐部的首席教练，你听说了关于一个来自巴西的天才运动员的种种传闻。抢在其他俱乐部之前签下这名年轻球员可能是很有利的，但是你的日程实在太紧了，因此你派了 10 个助理教练去评估这位球员。每位助理教练按照他 / 她的教练哲学来给这位球员进行评分；也许一位教练想衡量这位球员 40 码跑的速度，而另一位教练则认为身高和臂长更重要。不管每位助理教练是如何评判“运动潜能”的，你作为首席教练，只想知道是应该现在和这位球员签合同还是再等等。因此你的助理教练团飞往巴西，每位教练进行评估；最后你到达了，走到每位助理教练面前问，‘我们是应该现在签下这位球员还是等等’？基于一个简单的规则如少数服从多数，你可以做出决定。就一个分类任务来说，这就是一个例子，显示了一个集合树背后是如何工作的。”

你可以把每位助理教练想成一棵决策树，因而你拥有一个 10 棵树的集合（对应 10 个助理教练）。每位教练如何评估球员是具体而独特的，这一点对树集合也成立；对创建的 10 棵树中的每一棵，在每个节点特征都是随机选取的（所以叫随机森林，森林是因为有很多树）。给这些基本树引入随机性是为了防止过拟合。虽然 RF 和 GBM 都是基于树集合的，它们训练数据的方式却稍有不同，值得一提。

GBM 每一个时刻只能训练一棵树，因为需要最小化 loss 函数（如 log-loss、方差等），通常比 RF 需要更长的训练时间，因为 RF 可以并行训练多棵树。

然而在训练 GBM 时，我们建议树的深度浅一些，这样构建起来会快一些。

- 比起 GBM 来说，RF 通常不太会过拟合。因此我们可以在 RF 中增加更多的树而不容易出现过拟合。
- 对 RF 进行超参数调整要比 GBM 更容易。Bernard 等人在论文《Influence of Hyperparameters on Random Forest Accuracy》中，通过实验展示了对 RF 模型的准确性来说，每个节点随机选择的特征数量 K 的值，其影响是关键性的（https://hal.archives-ouvertes.fr/hal-00436358/document）。而 GBM 正相反，有多得多的超参数需要考虑，如 loss 函数、学习速率、迭代次数等。

就像数据科学中大多数“哪个更好”的问题一样，选择 RF 还是 GBM 答案是开放性的，与任务和数据集高度相关。

1. 随机森林模型

现在，让我们尝试使用 10 棵决策树来构建一个随机森林。

```
val numClasses = 2
val categoricalFeaturesInfo = Map[Int, Int]()
val numTrees = 10
val featureSubsetStrategy = "auto"
val impurity = "gini"
val maxDepth = 5
val maxBins = 10
val seed = 42


val rfModel = RandomForest.trainClassifier(trainingData, numClasses,
categoricalFeaturesInfo,
  numTrees, featureSubsetStrategy, impurity, maxDepth, maxBins, seed)
```

如同单个决策树模型一样，我们从声明超参数开始。在决策树示例中，很多超参数你应该已经熟悉了。这段代码中，我们从创建一个拥有 10 棵树的随机森林开始，解决一个二分类问题。其中一个关键的不同点是特征子集的选择策略。

featureSubsetStrategy 对象给出在每个节点做划分时，用作候选特征的数量。可以是一个小数（如 0.5），或者是一个基于数据集特征数量的函数。设置为 auto 则允许算法替你选择，不过一个通常的软性规则是使用特征数量的平方根。

现在既然已经训练好了模型，用它在留出集上进行评分，计算总体错误：

```
def computeError(model: Predictor, data: RDD[LabeledPoint]): Double = {
  val labelAndPreds = data.map { point =>
    val prediction = model.predict(point.features)
    (point.label, prediction)
  }
  labelAndPreds.filter(r => r._1 != r._2).count.toDouble/data.count
}
val rfTestErr = computeError(rfModel, testData)
println(f"RF Model: Test Error = ${rfTestErr}%.3f")
```

输出如下：

```
RF Model: Test Error = 0.349
```

同时使用已经定义好的函数 computeMetrics 计算 AUC：

```
val rfMetrics = computeMetrics(rfModel, testData)
println(f"RF Model: AUC on Test Data = ${rfMetrics.areaUnderROC}%.3f")
```

```
RF Model: AUC on Test Data = 0.644
```

我们的随机森林（在这里硬编码了一些超参数）就总体模型错误和 AUC 而言，比单个决策树的表现好得多。下一节中，我们将介绍网格搜索的概念，以及如何尝试不同的超参数值 / 组合，测量其对模型表现的影响。

注： 再一次强调，多次运行的结果会稍有不同。不过，和决策树相比，得到确定性的结果是有可能的，可以把随机数种子作为参数传入方法 RandomForest.trainClassifier 中。

网格搜索

与 MLlib 和 H2O 中的绝大部分算法一样，有很多的超参数可以选择，可能会对模型的表现产生很大的影响。由于不同的参数组合是无穷多的，有没有一个明智的办法，可以找出哪些组合看起来比其他的更有前途呢？感谢上帝，答案是肯定的，就是网格搜索，它是机器学习的术语，表示使用不同的超参数组合运行很多模型。

我们尝试对 RF 算法进行一个简单的网格搜索。这里，使用定义好的超参空间中的每个组合来多次创建 RF 模型：

```
val rfGrid =
    for (
    gridNumTrees <- Array(15, 20);
    gridImpurity <- Array("entropy", "gini");
    gridDepth <- Array(20, 30);
    gridBins <- Array(20, 50))
        yield {
    val gridModel = RandomForest.trainClassifier(trainingData, 2, Map[Int,
Int](), gridNumTrees, "auto", gridImpurity, gridDepth, gridBins)
    val gridAUC = computeMetrics(gridModel, testData).areaUnderROC
    val gridErr = computeError(gridModel, testData)
    ((gridNumTrees, gridImpurity, gridDepth, gridBins), gridAUC, gridErr)
  }
```

这段代码包含一个 for 循环，尝试一些不同的组合，包括树的数量、不纯性类型、树深度、bin 大小（即尝试的值的数量），然后对基于这些超参数的排列组合创建的每一个模型，用留出集对其进行评分，计算 AUC 和总体错误率。我们总共得到了 2×2×2×2=16 个模型。当然，你的模型会和我们这里的稍微有一点不同，不过输出应该类似于这样：

```
RF Model: Grid results:

+--------------------------+-----+-----+
|trees, impurity, depth, bins|  AUC|error|
+--------------------------+-----+-----+
|       (15,entropy,20,20)|0.697|0.302|
|       (15,entropy,20,50)|0.698|0.301|
|       (15,entropy,30,20)|0.692|0.306|
|       (15,entropy,30,50)|0.689|0.309|
|          (15,gini,20,20)|0.691|0.308|
|          (15,gini,20,50)|0.693|0.306|
|          (15,gini,30,20)|0.687|0.312|
|          (15,gini,30,50)|0.692|0.306|
|       (20,entropy,20,20)|0.694|0.303|
|       (20,entropy,20,50)|0.701|0.297|
```

```
|        (20,entropy,30,20)|0.696|0.301|
|        (20,entropy,30,50)|0.693|0.304|
|           (20,gini,20,20)|0.694|0.303|
|           (20,gini,20,50)|0.701|0.296|
|           (20,gini,30,20)|0.689|0.308|
|           (20,gini,30,50)|0.694|0.303|
+--------------------------+-----+-----+
```

输出的第一个结果：

```
|(15,entropy,20,20)|0.697|0.302|
```

我们可以这样解读：15 棵决策树的组合，使用熵作为不纯性度量，每个树深度为 20，bin 值为 20，所得到的 AUC 是 0.697。注意结果的显示顺序和你最初定义它们的顺序是一致的。对使用 RF 的网格搜索，我们可以很容易得到一个产生最高 AUC 的超参数组合：

```
val rfParamsMaxAUC = rfGrid.maxBy(g => g._2)
println(f"RF Model: Parameters ${rfParamsMaxAUC._1}%s producing max AUC =
${rfParamsMaxAUC._2}%.3f (error = ${rfParamsMaxAUC._3}%.3f)")
```

输出如下：

```
RF Model: Parameters (20,gini,20,50) producing max AUC = 0.701 (error = 0.296)
```

2. 梯度提升机

目前为止，我们能够做到的最好 AUC 是一个具有 15 棵决策树的 RF 模型，其 AUC 为 0.698。现在采用同样的步骤来运行单个梯度提升机，采用硬编码的超参数，然后对这些超参数做一个网格搜索，看看能不能得到更高的 AUC。

回想一下 GBM。它和 RF 稍有不同，有天然的迭代特性，不断尝试减小我们预先定义好的整体 loss 函数。MLlib 1.6.0 的版本中，有 3 个不同的损失函数可供选择：

- 对数损失函数（log-loss）：使用这个 loss 函数做分类任务。注意 Spark GBM 只支持二分类。如果你想用 GBM 做多元分类，请用 H2O 的实现，在下一章中我们会提及。
- 方差（squared-error）：适用于回归任务。它是目前回归任务的默认 loss 函数。
- 绝对误差（absolute-error）：同样适用于回归任务。这个函数度量预测值和实际值之间的绝对差异，它对极端值的控制要比方差好得多。

对我们的二分类任务，使用 log-loss 函数，构造一个 10 棵树的 GBM 模型：

```
import org.apache.spark.mllib.tree.GradientBoostedTrees
 import org.apache.spark.mllib.tree.configuration.BoostingStrategy
 import org.apache.spark.mllib.tree.configuration.Algo

 val gbmStrategy = BoostingStrategy.defaultParams(Algo.Classification)
 gbmStrategy.setNumIterations(10)
 gbmStrategy.setLearningRate(0.1)
 gbmStrategy.treeStrategy.setNumClasses(2)
 gbmStrategy.treeStrategy.setMaxDepth(10)
gbmStrategy.treeStrategy.setCategoricalFeaturesInfo(java.util.Collections.e
```

```
mptyMap[Integer, Integer])

 val gbmModel = GradientBoostedTrees.train(trainingData, gbmStrategy)
```

注意在构建模型之前我们必须首先声明 BoostingStrategy。原因是 MLlib 无法事先知道我们要解决的问题的类型是分类还是回归？因此这个策略声明告诉 Spark 我们在解决一个二分类问题，然后使用我们声明的超参数来构建模型。

这是一些在训练 GBM 时需要记住的超参数：

- numIterations：按照定义，GBM 逐一构造树，来最小化我们声明的损失函数。这个超参数控制构建的树的数量；小心不要构建太多，因为测试时的性能会不够理想。
- loss：声明使用哪个损失函数的地方，取决于问题种类和数据集的情况。
- learningRate：优化学习速度。越小的值（<0.1）意味着学习越慢，泛化效果越好。但是，这同时也需要更多的迭代次数因而会导致更长的计算时间。

我们在留出集上评估一下这个模型，计算 AUC：

```
val gbmTestErr = computeError(gbmModel, testData)
println(f"GBM Model: Test Error = ${gbmTestErr}%.3f")
val gbmMetrics = computeMetrics(dtreeModel, testData)
println(f"GBM Model: AUC on Test Data = ${gbmMetrics.areaUnderROC()}%.3f")
```

输出如下：

```
GBM Model: Test Error = 0.305
GBM Model: AUC on Test Data = 0.659
```

最后一步，对一些超参数进行网格搜索，和之前的 RF 网格搜索示例一样，输出各种组合和对应的错误以及 AUC 值：

```
val gbmGrid =
for (
  gridNumIterations <- Array(5, 10, 50);
  gridDepth <- Array(2, 3, 5, 7);
  gridLearningRate <- Array(0.1, 0.01))
yield {
  gbmStrategy.numIterations = gridNumIterations
  gbmStrategy.treeStrategy.maxDepth = gridDepth
  gbmStrategy.learningRate = gridLearningRate

  val gridModel = GradientBoostedTrees.train(trainingData, gbmStrategy)
  val gridAUC = computeMetrics(gridModel, testData).areaUnderROC
  val gridErr = computeError(gridModel, testData)
  ((gridNumIterations, gridDepth, gridLearningRate), gridAUC, gridErr)
}
```

打印出按照 AUC 排序的前 10 行：

```
println(
s"""GBM Model: Grid results:
      |${table(Seq("iterations, depth, learningRate", "AUC", "error"),
```

```
gbmGrid.sortBy(-_._2).take(10), format = Map(1 -> "%.3f", 2 -> "%.3f"))}
""".stripMargin)
```

输出如下：

```
GBM Model: Grid results:

+-----------------------------+-----+-----+
|iterations, depth, learningRate|  AUC|error|
+-----------------------------+-----+-----+
|                  (50,7,0.1)|0.718|0.281|
|                  (50,5,0.1)|0.715|0.284|
|                  (10,7,0.1)|0.703|0.296|
|                  (50,3,0.1)|0.701|0.297|
|                 (50,7,0.01)|0.696|0.303|
|                   (5,7,0.1)|0.696|0.303|
|                  (10,5,0.1)|0.692|0.307|
|                  (50,2,0.1)|0.690|0.308|
|                 (10,7,0.01)|0.687|0.311|
|                  (5,7,0.01)|0.686|0.312|
+-----------------------------+-----+-----+
```

容易得出最大 AUC 所对应的模型：

```
val gbmParamsMaxAUC = gbmGrid.maxBy(g => g._2)
println(f"GBM Model: Parameters ${gbmParamsMaxAUC._1}%s producing max AUC =
${gbmParamsMaxAUC._2}%.3f (error = ${gbmParamsMaxAUC._3}%.3f)")
```

输出如下：

```
GBM Model: Parameters (50,7,0.1) producing max AUC = 0.718 (error = 0.281)
```

2.2.5　最后一个模型：H2O 深度学习

迄今为止我们都使用了 Spark MLlib 来构建不同的模型，不过也可以使用 H2O 算法来构建。所以让我们来试试 H2O 算法吧！

首先，把训练和测试数据集转换到 H2O，为二分类问题创建一个 DNN（Deep Neural Network，深度神经网络）。再次说明，因为 Spark 和 H2O 共享同一个 JVM，所以在 Spark RDD 和 H2O hex frames 之间互传数据很方便。

目前为止，我们运行的所有模型都使用了 MLlib，现在让我们转向 H2O，使用同样的训练和测试集来构建一个 DNN。这意味着我们需要把数据发送到 H2O 集群上：

```
val trainingHF = h2oContext.asH2OFrame(trainingData.toDF, "trainingHF")
val testHF = h2oContext.asH2OFrame(testData.toDF, "testHF")
```

为了验证我们确实成功迁移了训练和测试 RDD（转换为 DataFrame），我们可以在 Flow UI 中执行 getFrames 命令（所有的命令通过 Shift+Enter 执行）。注意现在你可以在 Flow UI 中看到有两个 H2O frame，称为 trainingHF 和 testHF，如图 2-12 所示。

我们可以很容易地浏览这些 frame，查看它们的结构。输入 getFrameSummary “trainingHF” 或直接点击 frame 名字（见图 2-13）。

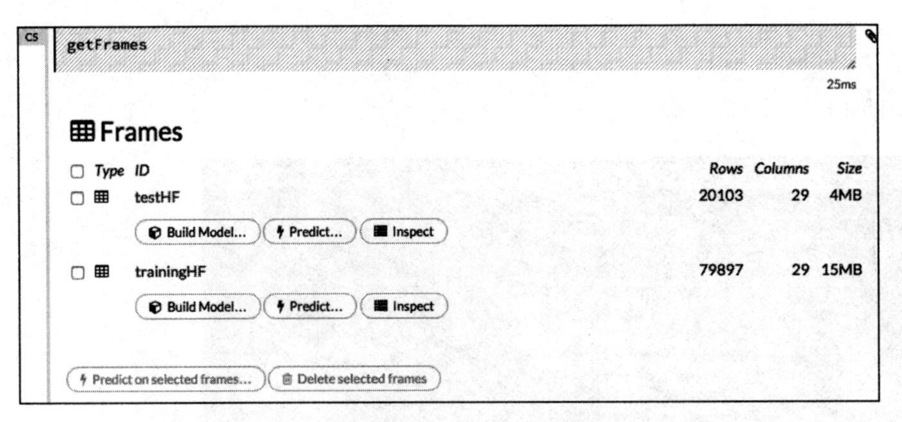

图 2-12 Flow UI 中执行 "getFrames" 看到的 H2O frame

trainingHF

Actions: View Data　Split...　Build Model...　Predict　Download　Export　Delete

Rows	Columns	Compressed Size
79897	29	15MB

▾ COLUMN SUMMARIES

label	type	Missing	Zeros	+Inf	-Inf	min	max	mean	sigma	cardinality	Actions
label	int	0	37633	0	0	0	1.0	0.5290	0.4992	·	Convert to enum
features0	real	0	0	0	0	0.2747	6.4383	0.9910	0.5616	·	·
features1	real	0	0	0	0	-2.4350	2.4339	-0.0045	1.0044	·	·
features2	real	0	0	0	0	-1.7425	1.7432	-0.0007	1.0062	·	·
features3	real	0	0	0	0	0.0013	7.0741	0.9967	0.5955	·	·
features4	real	0	0	0	0	-1.7439	1.7432	-0.0108	1.0076	·	·
features5	real	0	0	0	0	0.1400	6.2243	0.9875	0.4721	·	·
features6	real	0	0	0	0	-2.9628	2.9697	-0.0020	1.0089	·	·
features7	real	0	0	0	0	-1.7412	1.7415	0.0048	1.0083	·	·
features8	real	0	39296	0	0	0	2.1731	0.9960	1.0270	·	·
features9	real	0	0	0	0	0.1890	7.6272	0.9919	0.4971	·	·
features10	real	0	0	0	0	-2.9131	2.9132	-0.0001	1.0070	·	·
features11	real	0	0	0	0	-1.7424	1.7432	0.0015	1.0066	·	·
features12	real	0	39979	0	0	0	2.2149	1.0020	1.0486	·	·
features13	real	0	0	0	0	0.2636	8.5099	0.9937	0.4880	·	·
features14	real	0	0	0	0	-2.7297	2.7300	0.0018	1.0085	·	·
features15	real	0	0	0	0	-1.7421	1.7429	0.0002	1.0057	·	·
features16	real	0	45400	0	0	0	2.5482	1.0052	1.1958	·	·
features17	real	0	0	0	0	0.3654	7.5120	0.9855	0.5037	·	·
features18	real	0	0	0	0	-2.4973	2.4980	-0.0089	1.0106	·	·

Previous 20 Columns　Next 20 Columns

▸ CHUNK COMPRESSION SUMMARY

▸ FRAME DISTRIBUTION SUMMARY

图 2-13 训练数据 frame 结构

这张图展示了训练数据 frame 的结构，有 80 491 行 29 列；列名称为 feature0，feature1，……，包含了实数数值，以及第一列标记列，为整型数值。

由于我们想做的是二分类，因此需要把“标记”列从整型转换为类别类型。可以通过在 UI 中简单地点击操作 Convert to enum 来完成，或者在 Spark 控制台中执行如下命令：

```
trainingHF.replace(0, trainingHF.vecs()(0).toCategoricalVec).remove()
trainingHF.update()

testHF.replace(0, testHF.vecs()(0).toCategoricalVec).remove()
testHF.update()
```

这段代码把第一个向量替换为转换后的向量，并把原有向量从内存中移除。然后，update 调用把改变后的数据传播到整个分布式共享存储，这样修改后的数据对集群中的所有节点可见。

2.2.6　构建一个 3 层 DNN

H2O 提供了一种稍微不同的方式来构建模型，不过，所有的 H2O 模型都是统一的。共有 3 个基本模块：

- **模型参数**：定义输入和算法特定的参数；
- **模型构造器**：接受模型参数，创建模型；
- **模型**：包含模型定义，不过同时也包含一些关于模型构建的技术信息，如评分次数，每次迭代的错误率等。

在构建模型之前，创建深度学习算法需要的参数为：

```
import _root_.hex.deeplearning._
import DeepLearningParameters.Activation

val dlParams = new DeepLearningParameters()
dlParams._train = trainingHF._key
dlParams._valid = testHF._key
dlParams._response_column = "label"
dlParams._epochs = 1
dlParams._activation = Activation.RectifierWithDropout
dlParams._hidden = Array[Int](500, 500, 500)
```

我们来浏览一下这些参数，解释刚刚初始化的值：

- train 和 valid：指定训练和测试集。注意这些数据事实上是 H2O frame。
- response_column：指定我们所使用的标记是预先定义好的每个 frame 中第一列（下标从 0 开始）。
- epochs：一个极其重要的参数，指定网络应该传递多少次训练数据；一般来说，epochs 值越高的模型训练能够使网络学习到更多新的特征，产生更好的模型。然而，相应的警告是，这些长时间训练出来的网络可能受到过拟合的困扰，在新数据上泛化效果可能会不够好。
- activation：这是会被应用在输入数据上的各种非线性函数。在 H2O 中总共有 3 种主要的激活函数可供选择：
- Rectifier：有时也称为**线性整流函数**（Rectified Linear Unit，ReLU），这是一个下限

为 0 但是线性趋于正无穷的函数（见图 2-14）。以生物学术语来说，它和真实的神经元激活更为接近。目前，因其在诸如图像识别和速度方面的表现，是 H2O 的默认激活函数。

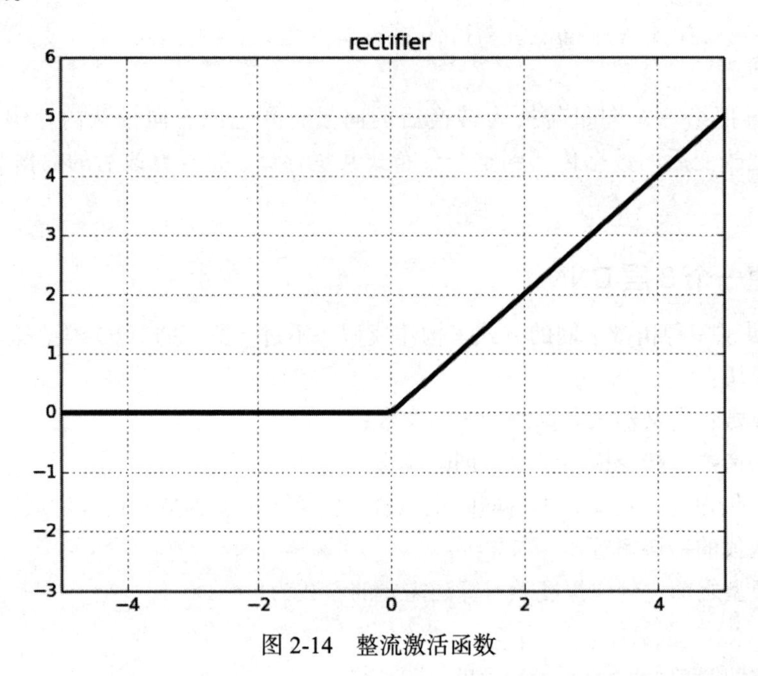

图 2-14　整流激活函数

- tanh：一个修改过的对数函数，介于 −1 和 1 之间，不过通过原点（0，0）。因其关于原点的对称性，收敛通常要快一些（见图 2-15）。

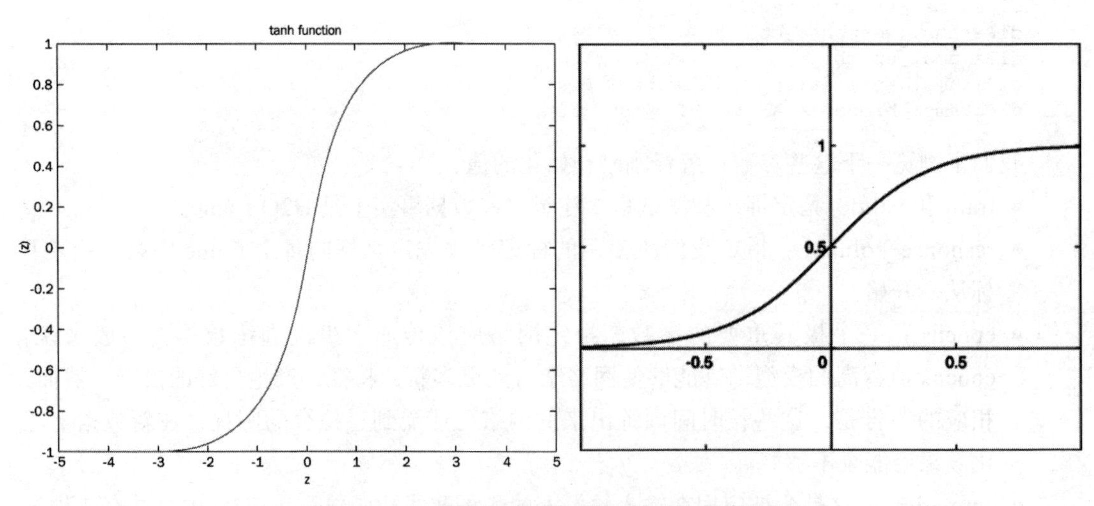

图 2-15　tanh 激活函数和对数函数（注意其差异）

- Maxout：每个神经元根据这个函数选择来自 k 个通道的最大值。

● hidden：另一个极其重要的超参数。在这里指定两件事：

（1）层数（通过逗号分隔来创建更多层数）。注意在 GUI 中，默认参数是两层隐含网络，每层 200 个隐含神经元。

（2）每层神经元数量。和机器学习的绝大多数算法一样，应该取值多少没有硬性的规定，通常最好的办法是通过实验。不过，下一章我们会提到一些额外的调优参数，对你思考这个参数有所帮助：L1 和 L2 正则化，以及 dropout。

1. 加入更多层

向网络中加入更多层的原因来自我们对人体视觉皮层是如何工作的理解。这是大脑后部的一块区域，专门用于负责识别物体 / 模式 / 数字等，由多个复杂的神经元层组成。这些神经元负责编码视觉信息，根据已有的知识来进行归类。

毫不奇怪，一个网络需要多少层神经元才能生成好的输出结果，并没有硬性的规定，我们推荐你通过实验来获得最佳参数。

2. 建立模型并检视结果

现在你已经对我们要运行的模型和相关超参数有了一些理解，是时候继续训练和探索我们的网络了：

```
val dl = new DeepLearning(dlParams)
val dlModel = dl.trainModel.get
```

这段代码创建了 DeepLearning 模型构造器并且启动。默认情况下，trainModel 的启动是异步的（即从不阻塞，立刻返回一个作业），但是可以通过调用 get 方法来实现等待，直到计算结束。你可以在 UI 上查看作业进度，甚至通过在 Flow UI 中输入 getJobs 来查看没有完成的作业（见图 2-16）。

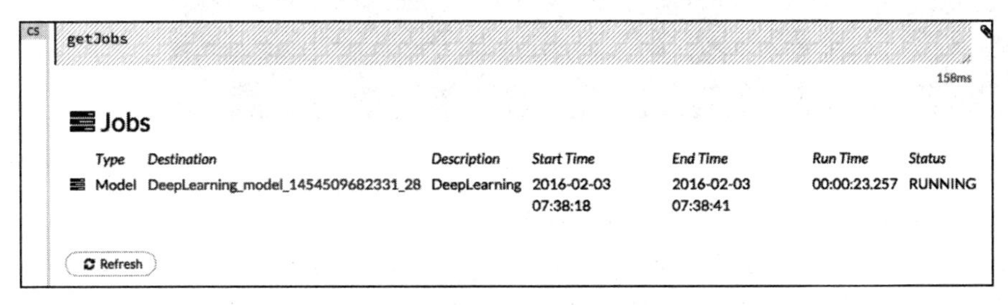

图 2-16　命令 getJobs 提供了执行任务列表和它们的状态

计算的结果是一个深度学习模型，可以直接从 Spark shell 中浏览模型的详细信息：

```
println(s"DL Model: ${dlModel}")
```

也可以直接调用模型的 score 方法来获得测试数据的一个预测 frame：

```
val testPredictions = dlModel.score(testHF)
```

```
testPredictions: water.fvec.Frame =
Frame _95829d4e695316377f96db3edf0441ee (19912 rows and 3 cols):
         predict                   p0                   p1
    min            0.11323123896925524  0.017864442175851737
   mean             0.4856033079851807    0.5143966920148184
 stddev             0.1404849885490033  0.14048498854900326
    max             0.9821355578241482    0.8867687610307448
missing                            0.0                  0.0
      0        1    0.3908680007591152    0.6091319992408847
      1        1    0.3339873797352686    0.6660126202647314
      2        1    0.2958578897481016    0.7041421102518984
      3        1    0.295298194780815 5   0.7047018052191846
      4        0    0.7523906949762337  0.24760930502376632
      5        1    0.53559438105240...
```

列表包含 3 列：

- predict：基于默认阈值的预测值；
- p0：选择类别 0 的概率；
- p1：选择类别 1 的概率。

我们也能得到测试数据的模型指标：

```
import water.app.ModelMetricsSupport._
val dlMetrics = binomialMM(dlModel, testHF)
```

```
Model Metrics Type: Binomial
 Description: N/A
 model id: DeepLearning_model_1503814158569_1
 frame id: testHF
 MSE: 0.2219416
 RMSE: 0.4711068
 AUC: 0.70392555
 logloss: 0.6326101
 mean_per_class_error: 0.40489882
 default threshold: 0.44453179836273193
 CM: Confusion Matrix (Row labels: Actual class; Column labels: Predicted class):
            0      1   Error         Rate
     0   2374   7210  0.7523   7,210 / 9,584
     1    599   9818  0.0575    599 / 10,417
Totals   2973  17028  0.3904   7,809 / 20,001
```

输出直接显示了 AUC 和准确度（对应的错误率）。请注意该模型在预测希格斯玻色子上做得非常好；另一方面，它假阳率非常之高。

最后，我们看一下如何通过 GUI 来构建一个类似的模型，不过这次，我们将从模型中去掉物理学家人工推导出的特征，并在内层使用更多的神经元：

1）选择 TrainingHF 所要使用的模型。

如你所看到的，H2O 和 MLlib 有很多同样的算法，不过有不同的功能层次。这里我们会选择 Deep Learning，并反选最后 8 个手工推导出的特征（见图 2-17）。

2）构建 DNN，去除人工推导的特征。

这里我们手动选择忽略特征 21 ～ 27，这些代表了物理学家人工推导出的值（见图 2-18）。我们希望网络能学习出这些特征！同时注意如果你希望的话，在这里可以执行 *k* 次交叉验证。

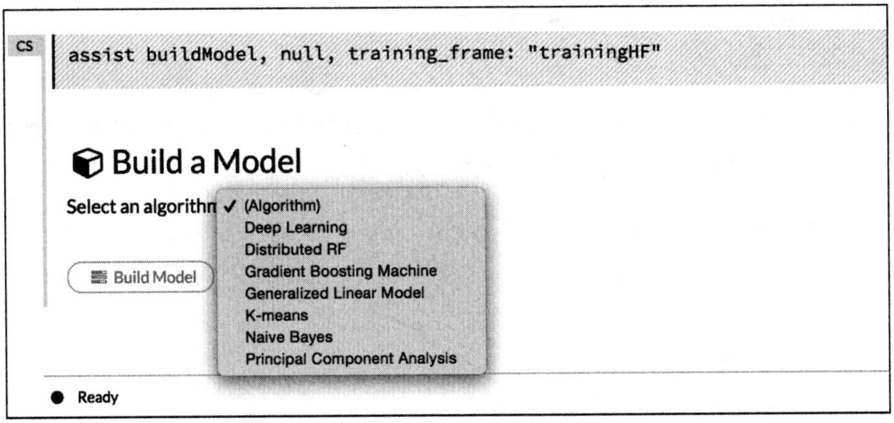

图 2-17　选择模型算法

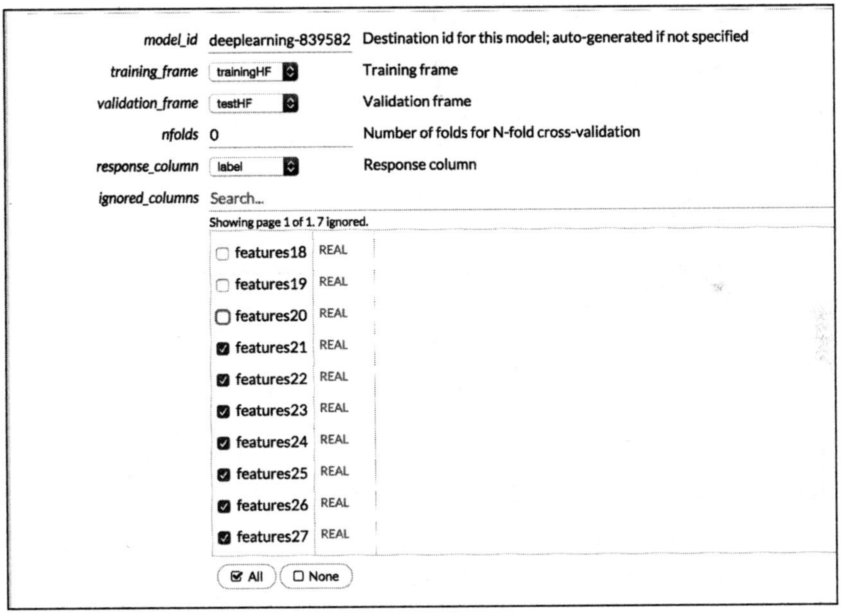

图 2-18　选择输入特征

3）指定网络拓扑。

正如你所看到的，我们将构建一个 3 层 DNN，使用 rectifier 激活函数，每层包含 1024 个隐含神经元，运行 100 个 epochs（见图 2-19）。

4）探索模型结果。

运行这个模型之后（需要花费一些时间），我们可以点击 View 按钮来探索训练集和测试集的 AUC（见图 2-20）：

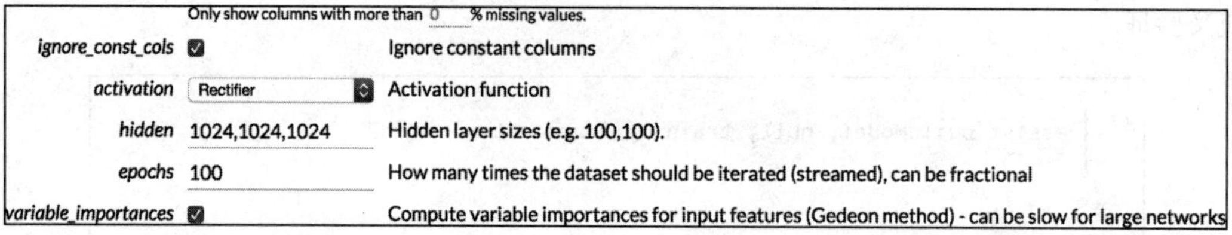

图 2-19　配置网络拓扑（使用 3 层，每层 1024 个神经元）

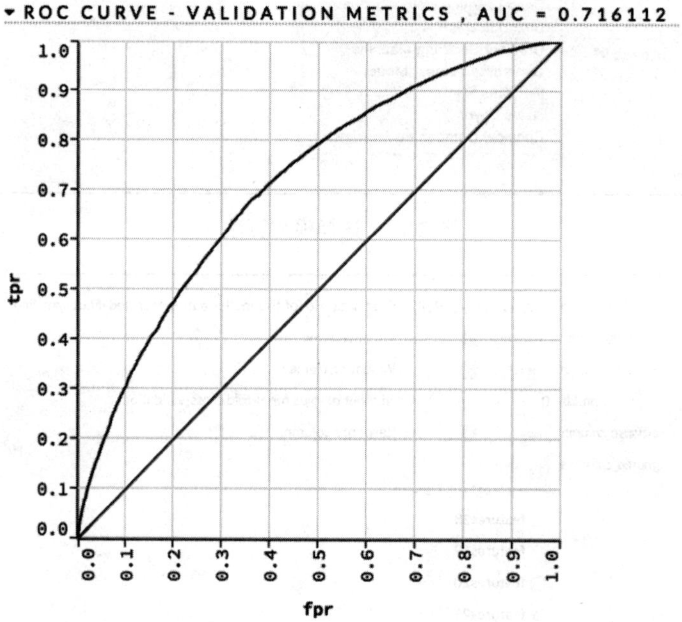

图 2-20　验证数据的 AUC 曲线

在 AUC 曲线上的某个部分点击鼠标进行拖拽，可以放大曲线的特定部分，而且 H2O 会给出选中区域在不同阈值上关于准确度和精度的统计信息摘要（见图 2-21）：

同时，还有一个 Plain Old Java Object（POJO）预览的按钮，我们会在接下来的章节中讨论，这个按钮可以让你设定如何把模型部署到生产环境中。

好的。我们已经构造了一打模型了，是时候来探索这些结果，看看哪个模型就总体错误率和 AUC 评估而言给出了最好的结果。有趣的是，当我们在办公室和很多顶级 Kaggle 选手会面和交谈时，常常创建这种结果展示表格（见表 2-1）。这种表格是一种记录如下内容的很好的方式：①什么可以工作什么不工作；②作为回顾所有尝试过的模型的一种文档。

那么，我们会选择哪个模型呢？在这里，我们最喜欢 GBM 模型，因为它给出了第二高的 AUC 值和最低的错误率。但是，这种决定总是由建模目标驱动的，在这个示例中，我们非常在意模型在找到希格斯玻色子上的准确度；而在别的场景中，选择合适的模型可能会被多种因素所影响，比如找到和构造最佳模型所需要的时间。

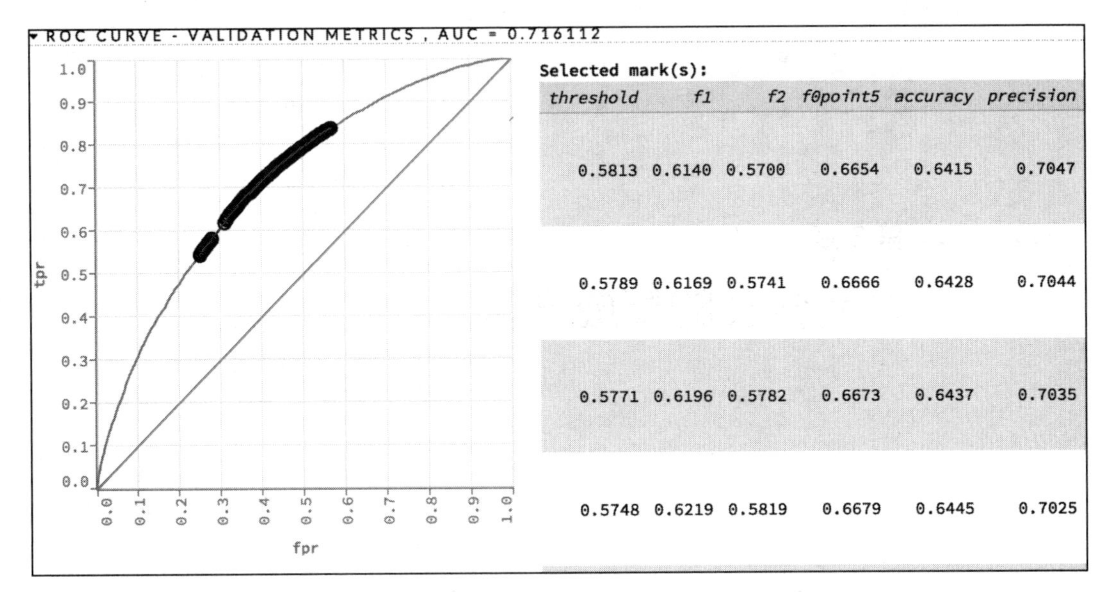

图 2-21　可以方便地浏览 ROC 曲线来找到最佳阈值

表 2-1　结果展示表格

模型	错误	AUC
决策树	0.332	0.665
网格搜索：随机森林	0.294	0.704
网格搜索：GBM	**0.287**	**0.712**
深度学习之所有特征	0.376	0.705
深度学习之特征子集	0.301	0.716

2.3　小结

本章讨论的全部是二分类问题：真还是假，对我们的例子来说，即信号是代表希格斯玻色子还是背景噪点？我们探索了 4 种不同的算法：**单个决策树**、**随机森林**、**梯度提升机**，以及 DNN。就这个例子而言，DNN 是王者，因为它可以继续训练更长的时间（增加 epochs 的值）和增加更多的层（http://papers.nips.cc/paper/5351-searching-for-higgs-boson-decay-modeswith-deep-learning.pdf）。

除了探索 4 种算法和对很多超参数进行网格搜索外，还探索了一些重要的模型指标以帮助更好地区分不同的模型，理解多好才是好的定义方式。本章的目标是让你接触多个不同的算法，在 Spark 和 H2O 中探索以解决二分类问题。在下一章中，我们将探索多元分类，以及如何创建模型集合（有时也称作超级学习器）来给我们的实际例子构造一个好的解决方案。

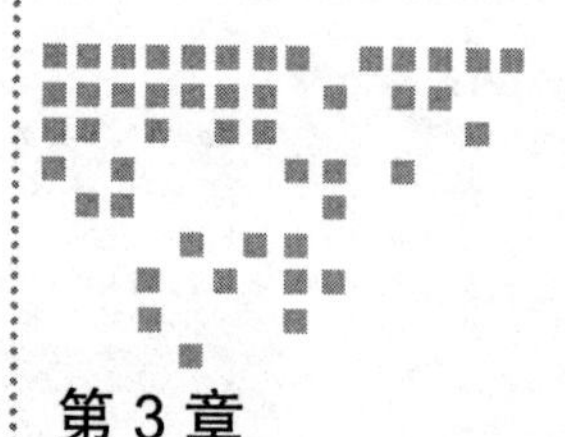

Chapter 3 第3章

多元分类的集成方法

当今的世界早已和很多设备连接在一起。这些设备收集人们的行为数据，比如，我们的手机就像装在口袋里的小间谍，追踪着我们的步数、出行路线或者饮食习惯。甚至我们现在佩戴的手表都能够追踪一切：从步数到每时每刻的心跳。

在所有这些情境下，这些仪器尝试根据收集到的数据来猜测用户的行为，以提供用户一天的活动汇总。从机器学习的角度来看，此任务可以被看成是一个分类问题：在收集到的数据中检测模式，然后赋予它们不同的类别（即游泳、跑步或睡觉）。不过更重要的是，这仍然是一个监督学习问题，即意味着如果想要训练一个模型，需要提供已经标注好的观察数据。

多元分类有时也被称为多项分类。在本章中，我们将使用UCI数据库提供的一个感应器数据集，来聚焦多元分类建模问题的综合方法。

注： 注意不要把多元分类和多标签分类混淆起来。一个样本的多个标签可以从多标签分类中预测出来，例如，一篇博客可以标记为多个标签，因为它可以包括多个主题；然而对多元分类来说，我们必须从 N 个（$N > 2$）可能的标签中选择一个。

在本章中读者将学习如下主题：

- 为多元分类准备数据，包括处理缺失数据；
- 使用Spark RF算法进行多元分类；
- 使用多种度量评估Spark分类模型的质量；
- 构建H2O基于树的分类模型并探索其质量。

3.1 数据

在本章中，我们将使用 Irvine 大学发布在机器学习仓库上的**活动监视数据集**（Physical Activity Monitoring Data Set，PAMAP2）：https://archive.ics.uci.edu/ml/datasets/PAMAP2+Physical+Activity+Monitoring。全部的数据包括 52 个输入特征和 3 850 505 个事件，描述了 18 种不同的活动（如走路、自行车、跑步、看电视）。数据由一个心率监测器和分布在手腕、胸和支配侧脚踝的三个惯性测量单元所记录。每个事件由一个活动标签标注，表示地面实况和时间戳。数据集包含缺失数据，用 NaN 表示。再者，传感器产生的一些列被标记为无效（详见图 3-1 的数据集描述）。

PAMAP2 身体活动监视数据集

下载：数据文件夹，数据集描述

数据集特征	多元，时间序列	实例数量	3850505	领域	计算机
属性特征	实数	属性数量	52	捐赠时间	2012-08-06
关联任务	分类	缺失值?	是	网页点击量	30797

图 3-1 Irvine 大学发布于机器学习仓库的数据集属性

此数据集是活动识别的一个完美示例：我们想训练一个健壮的模型，能够根据传感器传来的数据推测出所进行的活动。

此外，此数据集分布在多个文件中，每个文件代表了单个主题的测量数据。这是现实生活中来自多个数据源的数据的真实写照，因此我们需要使用 Spark 从文件夹读取并合并多个文件，来创建训练或测试数据集。

下面几行是数据的一个例子。有一些重要的点值得一提：

- 单个数值以空格符分隔；
- 每行的第一个数值代表一个时间戳，第二个数值代表 activityId。

```
199.38 0 NaN 34.1875 1.54285 7.86975 5.88674 1.57679 7.65264 5.84959
-0.0855996 ... 1 0 0 0
199.39 11 NaN 34.1875 1.46513 7.94554 5.80834 1.5336 7.81914 5.92477
-0.0907069 ...  1 0 0 0
199.4 11 NaN 34.1875 1.41585 7.82933 5.5001 1.56628 8.03042 6.01488
-0.0399161 ...  1 0 0 0
```

activityId 用一个数值表示，因此我们需要一个转换表把 ID 转换为对应的活动标签。下载的数据集提供了这个转换表，显示如表 3-1 所示：

表 3-1 转换表

1 躺	2 坐
3 站	4 步行
5 跑步	6 骑车
7 越野行走	9 看电视

（续）

10 计算机工作	11 驾车
12 上楼	13 下楼
16 吸尘器清扫	17 熨烫
18 叠衣	19 打扫房间
20 踢足球	24 跳绳
0 其他（瞬时活动）	—

示例行中包含一个“其他活动”，两个“开车”活动。

第三列包含心率测量数据，其余列的数据来自三个惯性测量单元：列 4 ～ 20 来自手腕传感器，21 ～ 37 来自胸部传感器，38 ～ 54 来自脚踝传感器。每个传感器测量 17 种不同的值，包括温度、3D 加速度、陀螺仪和磁场数据，以及方位。不过，方位列在这个数据集中被标记为无效数据。

数据包包含两个文件夹：protocol 和 optional，其中 optional 数据来自一些做了额外活动的人。在本章中，我们只使用 optional 文件夹中的数据。

3.2 模型目标

在这个例子中，我们将基于活动信息建立一个模型，对不可见数据进行分类，并标注为对应的活动。

3.2.1 挑战

对于传感器数据来说，有很多种方法来探索和构造模型。在本章中我们主要聚焦在分类问题上；不过，仍有一些方面需要深入探讨，尤其是以下几个方面：

- 训练数据集包含一个按时间排序的事件流，但是在这我们不考虑时间因素。只把数据看成是一块完整的信息。
- 测试数据集也是如此。单个的活动事件是在进行某个活动的过程中抓取下来的事件流中的一部分，如果带着实际的上下文来考虑的话，进行分类可能会更容易一些。

尽管如此，目前我们将忽略时间维度，在传感器数据上使用分类方法探索能够用于区分活动的可能的模式。

3.2.2 机器学习工作流程

为了构建一个初始模型，我们的工作流程包括以下几步：

1）数据加载和预处理，通常称为提取 – 转换 – 加载（extract-transform-load，ETL）：

- 加载
- 解析

- 处理缺失值

2）把数据规整为算法需要的格式：

- 模型训练
- 模型评估
- 模型部署

1. 启动 Spark shell

第一步是准备使用 Spark 进行数据分析所需的环境。和前面章节一样，我们需要启动 Spark shell，只不过这次的命令行稍微复杂一些：

```
export SPARKLING_WATER_VERSION="2.1.12"
export SPARK_PACKAGES=\
"ai.h2o:sparkling-water-core_2.11:${SPARKLING_WATER_VERSION},\
ai.h2o:sparkling-water-repl_2.11:${SPARKLING_WATER_VERSION},\
ai.h2o:sparkling-water-ml_2.11:${SPARKLING_WATER_VERSION},\
com.packtpub:mastering-ml-w-spark-utils:1.0.0"

$SPARK_HOME/bin/spark-shell \
        --master 'local[*]' \
        --driver-memory 8g \
        --executor-memory 8g \
        --conf spark.executor.extraJavaOptions=-XX:MaxPermSize=384M
\
        --conf spark.driver.extraJavaOptions=-XX:MaxPermSize=384M \
        --packages "$SPARK_PACKAGES"
```

这里我们申请了更多的内存，因为加载的数据规模要大一些。我们也需要增加 PermGen 的值——JVM 内存中用于存储加载的类信息的部分（只在使用 Java 7 的时候才需要）。

注： 对 Spark 应用进行内存设置是启动 Spark 过程中的重要部分。在我们所使用的 local [*] 简单场景下，Spark driver 和 executor 没有什么差别。不过，对于部署在一个独立的或是 YARN 上的 Spark 集群来说，对 driver 和 executor 端内存的配置应该反映数据的大小和所进行的转换。

此外，如我们在前面章节讨论过的，你可以通过设置合理的缓存策略和缓存目标（如磁盘、堆外内存）来减轻内存压力。

---

2. 探索数据

首先第一步是加载数据。在多个文件的情况下，SparkContext 的 wholeTextFiles 提供了我们想要的功能。它把每个文件读取为一个单独的记录，作为一个键值对返回，键包含文件位置，值包含文件内容。我们可以直接使用通配符模式 data/subject* 来表示输入文件，不仅适用于从本地文件系统中加载文件，而且也可以从 HDFS 上加载文件。

```
val path = s"${sys.env.get("DATADIR").getOrElse("data")}/subject*"
val dataFiles = sc.wholeTextFiles(path)
println(s"Number of input files: ${dataFiles.count}")
```

因为列名不是输入数据的一部分，所以需要定义一个单独的变量来存放列名：

```
val allColumnNames = Array(
  "timestamp", "activityId", "hr") ++ Array(
  "hand", "chest", "ankle").flatMap(sensor =>
    Array(
      "temp",
      "accel1X", "accel1Y", "accel1Z",
      "accel2X", "accel2Y", "accel2Z",
      "gyroX", "gyroY", "gyroZ",
      "magnetX", "magnetY", "magnetZ",
      "orientX", "orientY", "orientZ").
    map(name => s"${sensor}_${name}"))
```

首先我们简单地定义了前三列的名字，其次是三个位置传感器相关的列名。此外，我们也准备了一个列下标列表，这些列对模型没有用处，包括时间戳和方位数据：

```
val ignoredColumns =
  Array(0,
    3 + 13, 3 + 14, 3 + 15, 3 + 16,
    20 + 13, 20 + 14, 20 + 15, 20 + 16,
    37 + 13, 37 + 14, 37 + 15, 37 + 16)
```

下一步是处理文件内容，创建用作数据探索和建模输入的 RDD。因为需要对数据迭代多次进行不同的转换，所以在这把加载后的数据缓存在内存中：

```
val rawData = dataFiles.flatMap { case (path, content) =>
  content.split("\n")
}.map { row =>
  row.split(" ").map(_.trim).
  zipWithIndex.
  map(v => if (v.toUpperCase == "NAN") Double.NaN else v.toDouble).
  collect {
    case (cell, idx) if !ignoredColumns.contains(idx) => cell
  }
}
rawData.cache()

println(s"Number of rows: ${rawData.count}")
```

输出如下：

```
Number of rows: 977972
```

这里，对每一个键值对，我们提取出值（文件内容）并按行进行分割，然后对每一行用分隔符（这里是空格）将每一个特征进行转换。因为文件只包含数值和字符串 NaN，我们可以简单地把所有的值转换为 Java 的 Double 类型，其中 Double.NaN 表示缺失值。

可以看到输入文件有 977 972 行。在加载过程中，我们忽略了时间戳和其他在数据集描述中标记为无效的列（见 ignoredColumns 数组）。

注： RDD 接口遵循函数式编程的设计原则，Scala 也采用了同样的原则。这些共享的概念提供了一致的 API 操作数据；另一方面，知道一个操作什么时候对本地数据结构（array、list、sequence）进行处理，什么时候会构成一个分布式的操作（RDD）是必要的。

为了保证数据集视图的一致，我们也需要过滤掉被忽略的列名，基于一个先前准备好的忽略列的列表：

```
import org.apache.spark.utils.Tabulizer._
 val columnNames = allColumnNames.
   zipWithIndex.
   filter { case (_, idx) => !ignoredColumns.contains(idx) }.
   map { case (name, _) => name }

 println(s"Column names:${table(columnNames, 4, None)}")
```

输出如下：

```
Column names:
+------------+------------+------------+------------+
|   activityId|          hr|   hand_temp| hand_accel1X|
| hand_accel1Y| hand_accel1Z| hand_accel2X| hand_accel2Y|
| hand_accel2Z|  hand_gyroX|  hand_gyroY|  hand_gyroZ|
| hand_magnetX| hand_magnetY| hand_magnetZ|  chest_temp|
|chest_accel1X|chest_accel1Y|chest_accel1Z|chest_accel2X|
|chest_accel2Y|chest_accel2Z|  chest_gyroX|  chest_gyroY|
|  chest_gyroZ|chest_magnetX|chest_magnetY|chest_magnetZ|
|   ankle_temp|ankle_accel1X|ankle_accel1Y|ankle_accel1Z|
|ankle_accel2X|ankle_accel2Y|ankle_accel2Z|  ankle_gyroX|
|  ankle_gyroY|  ankle_gyroZ|ankle_magnetX|ankle_magnetY|
|ankle_magnetZ|           -|           -|           -|
+------------+------------+------------+------------+
```

提示： 去掉对模型无用的数据总是好的，可以减少计算和建模过程中的内存压力。举例来说，可以考虑去除的列包括随机 ID、时间戳、常量，或在数据集中已经由其他列来表示的列。

从直觉来看也是如此，举例来说，模型 ID 就其属性而言，用作数据输入并不合理。特征的选择是一个非常重要的话题，在本书的后面我们会花很多时间讨论。

现在看一下每个活动在数据集中的分布情况。我们使用前一章相同的技巧，不过，在这我们想看到真正的活动名称，而不是其数字表示。为此，首先定义一个映射，描述活动 ID 和其名字之间的对应关系：

```
val activities = Map(
  1 -> "lying", 2 -> "sitting", 3 -> "standing", 4 -> "walking",
  5 -> "running", 6 -> "cycling", 7 -> "Nordic walking",
```

```
  9 -> "watching TV", 10 -> "computer work", 11 -> "car driving",
 12 -> "ascending stairs", 13 -> "descending stairs",
 16 -> "vacuum cleaning", 17 -> "ironing",
 18 -> "folding laundry", 19 -> "house cleaning",
 20 -> "playing soccer", 24 -> "rope jumping", 0 -> "other")
```

然后借助 Spark reduceByKey 方法计算数据集中每个活动的数量：

```
val dataActivityId = rawData.map(l => l(0).toInt)

 val activityIdCounts = dataActivityId.
   map(n => (n, 1)).
   reduceByKey(_ + _)

 val activityCounts = activityIdCounts.
   collect.
   sortBy { case (activityId, count) =>
     -count
 }.map { case (activityId, count) =>
   (activitiesMap(activityId), count)
 }

 println(s"Activities distribution:${table({activityCounts})}")
```

这段代码计算每个活动的数量，把活动 ID 转换为标签，然后按照数量降序排列：

Activities distribution:

computer work	309935
other	195891
house cleaning	187188
folding laundry	99878
watching TV	83646
car driving	54519
playing soccer	46915

基于活动出现频次的可视化结果如图 3-2 所示。

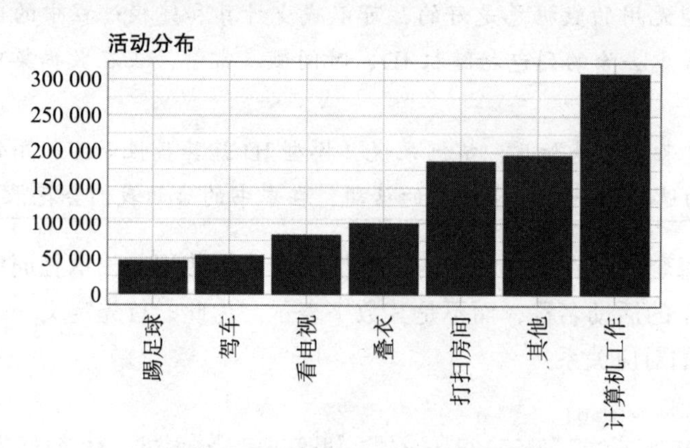

图 3-2　输入数据中各活动出现频次

提示： 多考虑应用到数据上的转换之间的顺序总是好的。在前例中，我们首先使用Spark collect操作把所有数据汇集到本地，然后对其施加sortBy。在这里，这样做非常合适，因为我们知道collect的结果很小（总共只有22个活动标签），所以sortBy是对本地数据进行操作。另一方面，如果把sortBy放在collect之前，将会调用Spark RDD转换，排序被作为一个分布式Spark任务被调度执行。

（1）缺失数据

在数据描述中提到，活动追踪传感器并不总是可靠的，因此结果中包含了缺失数据。我们需要进一步检查这些数据以了解这会如何影响我们的建模策略。

第一个问题是数据集中有多少缺失数据。我们从数据描述中了解到所有的缺失值都被标记为字符串NaN（即不是一个数），并转换为RDD rawData中的Double.NaN。接下来的代码片段计算了数据集中每行的缺失值和总的缺失值：

```
val nanCountPerRow = rawData.map { row =>
  row.foldLeft(0) { case (acc, v) =>
    acc + (if (v.isNaN) 1 else 0)
  }
}
val nanTotalCount = nanCount.sum

val ncols = rawData.take(1)(0).length
val nrows = rawData.count

val nanRatio = 100.0 * nanTotalCount / (ncols * nrows)

println(f"""|NaN count = ${nanTotalCount}%.0f
            |NaN ratio = ${nanRatio}%.2f %%""".stripMargin)
```

输出如下：

```
NaN count = 937450
NaN ratio = 2.34 %
```

好的，现在我们对数据集中有多少缺失值有了一个总体了解，但是还不知道其分布情况。这些缺失值是均匀分布在整个数据集中的吗？或者一些行或列包含了更多的缺失数据？接下来我们将尝试找出这些问题的答案。

提示： 使用比较运算符比较数值和Double.NaN是一个常见的错误。例如，if (v == Double.NaN) {…}是错误的，因为Java规范这样写道：

“NaN是无序的：（1）对于数值比较操作符<、<=、>和>=，如果任意一个或全部操作数是NaN则返回false；（2）对于等值比较符==，如果任意一个操作数是NaN，则返回false。”

因此，Double.NaN == Double.NaN永远返回false。和Double.NaN比较的正确方式是使用方法isNaN：if (v.isNaN) {…}（或使用对应的静态方法java.lang.Double.isNaN）。

首先，考虑到我们在前面已经计算过了每行缺失值的数量。把有缺失值的行排序并取唯一值能更好地理解缺失值是如何影响这些行的：

```
val nanRowDistribution = nanCountPerRow.
   map( count => (count, 1)).
   reduceByKey(_ + _).sortBy(-_._1).collect
 println(s"${table(Seq("#NaN","#Rows"), nanRowDistribution, Map.empty[Int,
String])}")
```

输出如下：

```
+----+------+
|#NaN| #Rows|
+----+------+
|  40|   104|
|  39|     3|
|  27|    40|
|  26|     4|
|  14|  3049|
|  13|   293|
|   1|885494|
|   0| 88985|
+----+------+
```

现在我们可以看到，绝大部分的行只有 1 个缺失值。不过仍有很多行含有 13 或 14 个缺失值，甚至还有 40 行包含 27 个缺失值，107 行包含超过 30 个缺失值（104 行包含 40 个缺失值，加上 3 行包含 39 个缺失值）。考虑到数据集总共有 41 列，这意味着有 107 行是无用的（绝大部分数据缺失）。我们需要注意剩下的 3386 行至少含有 2 个缺失值，885 494 行含有 1 个缺失值。现在可以更仔细地检查这些行。我们选择一个阈值，例如 26，然后找出缺失值数量大于这个阈值的所有行。同时我们也收集这些行的下标（从 0 开始）：

```
val nanRowThreshold = 26
val badRows = nanCountPerRow.zipWithIndex.zip(rawData).filter(_._1._1 >
nanRowThreshold).sortBy(-_._1._1)
println(s"Bad rows (#NaN, Row Idx, Row):\n${badRows.collect.map(x => (x._1,
x._2.mkString(","))).mkString("\n")}")
```

现在我们确切地知道了哪些行是无用的，已经观察到有 107 个坏行没有任何有用的信息；还知道了那些有 27 个缺失值的行，缺失值来自手腕和脚踝上的 IMU 传感器。

最后，绝大部分的这些行的 activityId 都是 10、19 或 20，分别代表 computer work、house clean 和 playing soccer，这些都是数据集中的高频活动。这不禁让我们猜想，这些“坏”行的产生可能是由于人们在做这些活动时主动地摘掉了测量仪器而造成的。此外，还可以通过对每一个错误行的下标，在数据集中进行验证。现在，让我们结束对这些行的讨论，聚焦到列上。

我们可以对列提出同样的问题：有没有一些列出现缺失值的数量更多一些？能不能移除这些列？我们从计算每列缺失值的数量开始：

```
val nanCountPerColumn = rawData.map { row =>
   row.map(v => if (v.isNaN) 1 else 0)
```

```
}.reduce((v1, v2) => v1.indices.map(i => v1(i) + v2(i)).toArray)

println(s"""Number of missing values per column:
     ^${table(columnNames.zip(nanCountPerColumn).map(t => (t._1, t._2,
"%.2f%%".format(100.0 * t._2 / nrows))).sortBy(-_._2))}
     ^""".stripMargin('^'))
```

结果如下：

```
Number of missing values per column:
+------------+------+------+
|          hr|888687|90.87%|
|  ankle_temp|  1807| 0.18%|
|ankle_accel1X|  1807| 0.18%|
|ankle_accel1Y|  1807| 0.18%|
|ankle_accel1Z|  1807| 0.18%|
|ankle_accel2X|  1807| 0.18%|
|ankle_accel2Y|  1807| 0.18%|
|ankle_accel2Z|  1807| 0.18%|
| ankle_gyroX|  1807| 0.18%|
| ankle_gyroY|  1807| 0.18%|
| ankle_gyroZ|  1807| 0.18%|
|ankle_magnetX|  1807| 0.18%|
|ankle_magnetY|  1807| 0.18%|
|ankle_magnetZ|  1807| 0.18%|
|   hand_temp|  1197| 0.12%|
| hand_accel1X|  1197| 0.12%|
| hand_accel1Y|  1197| 0.12%|
| hand_accel1Z|  1197| 0.12%|
| hand_accel2X|  1197| 0.12%|
| hand_accel2Y|  1197| 0.12%|
| hand_accel2Z|  1197| 0.12%|
|  hand_gyroX|  1197| 0.12%|
|  hand_gyroY|  1197| 0.12%|
|  hand_gyroZ|  1197| 0.12%|
| hand_magnetX|  1197| 0.12%|
| hand_magnetY|  1197| 0.12%|
| hand_magnetZ|  1197| 0.12%|
|  chest_temp|   747| 0.08%|
|chest_accel1X|   747| 0.08%|
|chest_accel1Y|   747| 0.08%|
|chest_accel1Z|   747| 0.08%|
|chest_accel2X|   747| 0.08%|
|chest_accel2Y|   747| 0.08%|
|chest_accel2Z|   747| 0.08%|
|  chest_gyroX|   747| 0.08%|
|  chest_gyroY|   747| 0.08%|
|  chest_gyroZ|   747| 0.08%|
|chest_magnetX|   747| 0.08%|
|chest_magnetY|   747| 0.08%|
|chest_magnetZ|   747| 0.08%|
|  activityId|     0| 0.00%|
+------------+------+------+
```

结果显示表示心率的第二列（别忘了我们在数据加载阶段移除了一些无效列）含有很多的缺失值。超过90%的值都记录为NaN，这很可能是由实验测量过程所造成的（可能人们在每天的日常活动中没有佩戴心率仪，而只在体育运动时佩戴）。

其余的列包含间或性的缺失值。

另一个重要的结果是含 activityId 的第一列，没有任何缺失值。这是个好消息，意味着所有的测量值都被合理地标注过，我们不需要做任何丢弃（如果没有一个训练目标，就没法训练模型）。

提示： RDD 的 reduce 方法是一个执行操作。这表示它会触发对 RDD 的计算，reduce 的结果是一个单一值而不是 RDD。不要把它和 reduceByKey 混淆起来，reduceByKey 是一个 RDD 操作，返回一个新的包含键值对的 RDD。

下一步是定义如何处理缺失值。有多种策略可供选择，不过我们需要尽可能多地保持数据的意义。

我们可以简单地丢弃所有包含缺失值的行和列。事实上，这是一个非常常用的方法！对那些被太多缺失值污染了的行来说，这个策略非常合理，但是在这里并不是一个好的全局策略，因为我们已经看到缺失值几乎遍布所有的行和列。为此，我们需要有一个更好的策略来处理这些缺失值。

注： 关于缺失值的来源及补值法有一些总结材料，如 A.Gelman 和 J.Hill 的书《Data Analysis Using Regression and Mutlilevel/Hierarchical Models》（http://www.stat.columbia.edu/~gelman/arm/missing.pdf），或 https://www.amstat.org/sections/srms/webinarfiles/ModernMethodWebinarMay2012.pdf 或是 https://www.utexas.edu/cola/prc/_files/cs/Missing-Data.pdf 的演讲报告。

首先考虑心率。我们不能丢弃掉这一列，因为高心率和锻炼活动之间有明显的联系。不过，我们仍然能够用一个合理的常量来替换缺失值。在心率数据中，用该列的平均值来替换缺失值——一个被称作平均值补值法的技术，可能是合理的。我们用如下代码段计算出平均值和中位数：

```
val heartRateColumn = rawData.
  map(row => row(1)).
  filter(_.isNaN).
  map(_.toInt)

val heartRateValues = heartRateColumn.collect
val meanHeartRate = heartRateValues.sum / heartRateValues.count
scala.util.Sorting.quickSort(heartRateValues)
val medianHeartRate = heartRateValues(heartRateValues.length / 2)

println(s"Mean heart rate: ${meanHeartRate}")
println(s"Median heart rate: ${medianHeartRate}")
```

输出如下：

```
Mean heart rate: 92
Median heart rate: 87
```

我们可以看到 mean heart rate 是比较高的，这反映出心率测量主要是在体育活动时进行的。但是，考虑到 watching TV 这项活动，92 比起预期值来说稍微有点高了，因为根据维基百科，休息时的平均心率在 60 ～ 100 之间。

因此在这里，我们可以用休息时的平均心率（80）来替换缺失值，或者用计算出来的平均值替换。以后，我们会用计算平均值来进行插值，并比较和合并多次结果（即多重插值法）；或者也可以增加一列，对缺失值进行标记（例如 https://www.utexas.edu/cola/prc/_files/cs/Missing-Data.pdf）。

下一步是在其他的列中替换掉缺失值。对心率列所做的分析在这里同样适用，分析缺失值是不是遵循某个特定的模式，还是只是随机性的。例如，我们可以探究缺失值和我们想要推测值（即 activityId）之间是不是有某种依赖关系，因而再次对每列收集一些缺失值，只不过现在同时记下每个缺失值所对应的 activityId：

```
def inc[K,V](l: Seq[(K, V)], v: (K, V)) // (3)
             (implicit num: Numeric[V]): Seq[(K,V)] =
 if (l.exists(_._1 == v._1)) l.map(e => e match {
   case (v._1, n) => (v._1, num.plus(n, v._2))
   case t => t
 }) else l ++ Seq(v)

 val distribTemplate = activityIdCounts.collect.map { case (id, _) => (id,
0) }.toSeq
 val nanColumnDistribV1 = rawData.map { row => // (1)
   val activityId = row(0).toInt
   row.drop(1).map { v =>
     if (v.isNaN) inc(distribTemplate, (activityId, 1)) else
distribTemplate
   } // Tip: Make sure that we are returning same type
 }.reduce { (v1, v2) =>  // (2)
   v1.indices.map(idx => v1(idx).foldLeft(v2(idx))(inc)).toArray
 }

 println(s"""
         ^NaN Column x Response distribution V1:
         ^${table(Seq(distribTemplate.map(v => activitiesMap(v._1)))
                  ++ columnNames.drop(1).zip(nanColumnDistribV1).map(v =>
Seq(v._1) ++ v._2.map(_._2)), true)}
           """.stripMargin('^'))
```

输出结果如下：

```
NaN Column x Response distribution V1:

+-------------+--------------+--------------+-------------+--------------+-----------+-----------+
|        other|folding laundry|playing soccer|computer work|house cleaning|car driving|watching TV|
+-------------+--------------+--------------+-------------+--------------+-----------+-----------+
|           hr|        178025|         90747|        42632|        281645|     170104|      49535|
|    hand_temp|           453|            64|          378|           172|        113|         15|
| hand_accel1X|           453|            64|          378|           172|        113|         15|
| hand_accel1Y|           453|            64|          378|           172|        113|         15|
| hand_accel1Z|           453|            64|          378|           172|        113|         15|
```

```
| hand_accel2X|       453|       64|       378|       172|       113|        15|
| hand_accel2Y|       453|       64|       378|       172|       113|        15|
| hand_accel2Z|       453|       64|       378|       172|       113|        15|
|   hand_gyroX|       453|       64|       378|       172|       113|        15|
|   hand_gyroY|       453|       64|       378|       172|       113|        15|
|   hand_gyroZ|       453|       64|       378|       172|       113|        15|
| hand_magnetX|       453|       64|       378|       172|       113|        15|
| hand_magnetY|       453|       64|       378|       172|       113|        15|
| hand_magnetZ|       453|       64|       378|       172|       113|        15|
|   chest_temp|       109|       46|       256|       145|       122|        56|
|chest_accel1X|       109|       46|       256|       145|       122|        56|
|chest_accel1Y|       109|       46|       256|       145|       122|        56|
|chest_accel1Z|       109|       46|       256|       145|       122|        56|
|chest_accel2X|       109|       46|       256|       145|       122|        56|
|chest_accel2Y|       109|       46|       256|       145|       122|        56|
|chest_accel2Z|       109|       46|       256|       145|       122|        56|
```

这段代码稍微有点复杂，需要解释一下。调用（1）把一行中的每个值转换成键值对（K，V）的序列，其中 K 表示该行的 activityId，当相应的列存在缺失值时 V 的取值为 1，否则为 0。然后 reduce 方法（2）递归地把代表行值的键值对序列归约为最终结果，其中每列包含一个代表分布情况的键值（K，V）序列，其中 K 是 activityId，V 表示与 activityId 对应的行缺失值的数量。这个方法很容易理解但是因为使用了一个不那么直观的函数 inc（3）而变得有点过度复杂。此外，这个简陋的解决方案对内存的使用很没有效率，因为对每一列，我们都复制了关于 activityId 的信息。

因而，我们可以改良一下这个方法，不再针对每一列计算分布，而是对所有列按 activityId 计算缺失值数量：

```
val nanColumnDistribV2 = rawData.map(row => {
   val activityId = row(0).toInt
   (activityId, row.drop(1).map(v => if (v.isNaN) 1 else 0))
 }).reduceByKey( (v1, v2) =>
   v1.indices.map(idx => v1(idx) + v2(idx)).toArray
 ).map { case (activityId, d) =>
   (activitiesMap(activityId), d)
 }.collect

 println(s"""
         ^NaN Column x Response distribution V2:
         ^${table(Seq(columnNames.toSeq) ++ nanColumnDistribV2.map(v =>
Seq(v._1) ++ v._2), true)}
         """.stripMargin('^'))
```

这里，结果是键值对数组，其中键是活动名称，值包含每个列缺失值的分布。分别运行这两段代码，可以看到第一段代码花费的时间要多得多，对内存的要求更多，代码也更复杂。

最终，我们可以把结果可视化为一个热力图，*x* 轴表示各个列，*y* 轴表示各个活动，如图 3-3 所示。它呈现给我们一个容易理解的总体概览，即缺失值是如何与响应列相关联的。

生成的热力图很好地显示了缺失值之间的关系。可以看到，缺失值和传感器有关。如果一个传感器没有佩戴或者功能不正常，那么所有的测量值都会缺失，例如，容易看出脚踝传感器和玩橄榄球及其他活动的关系；另外，看电视这项活动没有显示出缺失值和传感器之间的关系有任何模式。

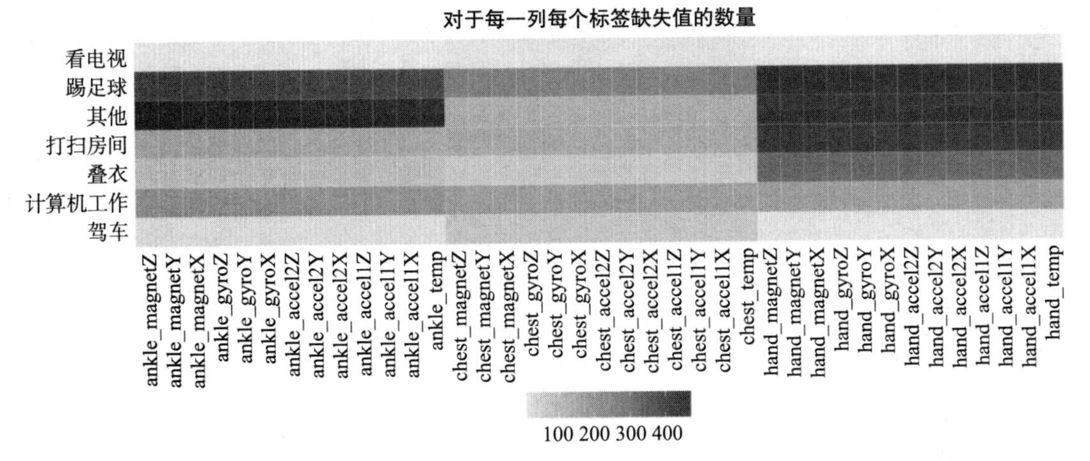

图3-3　按照活动分组的每列缺失值所构成的热力图

此外，缺失值和活动之间没有别的直接可见的联系。因而，就目前而言，我们可以决定用0.0填充缺失值，来表示缺失传感器数据的默认值。不过，我们的目标是之后能够灵活地实验各种插值策略（例如，对同样的activityId插入平均观测值）。

（2）缺失数据分析小结

现在可以概括一下目前所知关于缺失值的情况：

1）有107个无用行，需要被过滤掉；

2）有44行包含26或27个缺失值。这些行看起来也是无用的，因此我们打算过滤掉；

3）心率列包含大部分的缺失值。因为我们期望这一列包含有助于区分不同活动的有用信息，所以不打算忽略这一列。不过，我们打算按照不同的策略来进行插值：

- 基于医学研究的休息时平均心率；
- 从数据集中已有数据计算出的平均心率；
- 其他列的缺失值有明显的模式 – 缺失值和传感器严格相关。我们把这些缺失值替换为0.0。

3. 统一数据

这些探索性的分析给了我们一个概览，包括数据的样子和处理缺失值所需采取的行动。然而，我们仍然需要把数据转换为Spark算法期望的格式，包括：

- 处理缺失值；
- 处理类别值。

（1）缺失值

我们在前一小节已经探讨过缺失值，对需要做的转换操作做了总结，因此这一步比较简单。接下来的步骤展示了如何实现这些操作。

首先，定义一个插值列表（对每一列），赋予一个 Double 值：

```
val imputedValues = columnNames.map {
  _ match {
    case "hr" => 60.0
    case _ => 0.0
  }
}
```

然后定义一个方法，把这些值插入数据集中：

```
import org.apache.spark.rdd.RDD
def imputeNaN(
  data: RDD[Array[Double]],
  values: Array[Double]): RDD[Array[Double]] = {
    data.map { row =>
      row.indices.map { i =>
        if (row(i).isNaN) values(i)
        else row(i)
      }.toArray
    }
}
```

这里所定义的方法接受一个 Spark RDD，其中每行是一个 Double 数组，另一个参数是用来替换每列缺失值的值数组。

下一步，我们定义一个行过滤器——该方法用于移除所有缺失值数量大于给定阈值的行。这里我们可以很容易地重用已经计算过的 nanCountPerRow 值：

```
def filterBadRows(
  rdd: RDD[Array[Double]],
  nanCountPerRow: RDD[Int],
  nanThreshold: Int): RDD[Array[Double]] = {
    rdd.zip(nanCountPerRow).filter { case (row, nanCount) =>
      nanCount > nanThreshold
  }.map { case (row, _) =>
        row
  }
}
```

提示： 请注意我们参数化了所定义的转换方法。保持代码足够灵活，以允许对参数做更多的实验，这是一个好的编程实践，但另一方面需要避免构建一个过于复杂的框架。总的原则是参数化那些我们希望在不同的情况下使用的功能，或者在配置代码常量上保持一定的自由度。

（2）类别值

Spark 算法能够处理不同形式的类别特征，但需要转换为算法需要的格式。例如，决策树能直接处理类别值；但是线性回归或神经网络需要把类别值扩展成二元列。

在本例中，好消息是数据集中所有的输入特征都是连续的。然而，需要预测的值——activityId是一个多元特征。Spark MLlib分类指南（https://spark.apache.org/docs/latest/mllib-linearmethods.html#classification）中写道：

"MLlib中训练集数据集由一个包含LabledPoint的RDD表示，其中标签是从0开始的分类下标。"

可是我们的数据集包含不同的activityId数值，这从我们计算的activityIdCounts变量可见。因而，需要把它们转换为MLlib期望的格式，通过定义一个从activityId到activityIdx的映射来实现：

```
val activityId2Idx = activityIdCounts.
  map(_._1).
  collect.
  zipWithIndex.
  toMap
```

（3）最终转换

终于，可以把我们已经实现的功能组合到一起来给建模准备数据了。首先，rawData RDD在filterBadRows的帮助下过滤掉了所有的坏行，然后其结果由imputeNaN进行缺失值替换。

```
val processedRawData = imputeNaN(
  filterBadRows(rawData, nanCountPerRow, nanThreshold = 26),
  imputedValues)
```

最后，至少计算一下行数，以验证我们所做的正确的转换：

```
println(s"Number of rows before/after: ${rawData.count} / ${
processedRawData.count}")
```

输出如下：

```
Number of rows before/after: 977972 / 977821
```

可以看到过滤掉了151行，和之前的观察是一致的。

提示： 理解数据是数据科学的关键。这也包括理解缺失数据。永远不要跳过这一步，因为这可能会导致一个有偏差的模型，或者生成过于好的结果。而且，正如我们所持续指出的，对于数据的不理解会导致你提出糟糕的问题，最终得出黯淡的答案。

3.2.3 使用随机森林建模

随机森林这个算法可以用于解决多种问题——前一章的二分类，回归，或者多元分类。随机森林的美妙之处在于，它把多个稍弱的学习模型（决策树）组合成一个集合。

此外，为了减少单个决策树的方差，算法使用了 bagging（Bootstrap aggregation，自助聚合）的概念，每个决策树在随机选择和替换的数据子集上进行训练。

注： 不要把 bagging 和 boosting 混淆起来。boosting 通过训练新的模型增强在前一个模型上被错误分类的观察值，以逐渐构造一个集合。典型的例子是，在一个弱模型加进这个集合之后，数据重新估权，错误分类的观察值得到加权，反之亦然。此外，bagging 可以并行执行，而 boosting 是一个顺序执行过程。不论如何，boosting 和 bagging 的目标是一样的：组合数个弱模型的预测，以做到比单个模型更好的泛化性和强壮性。

boosting 方法的一个例子是梯度提升机（GBM），其使用 boosting 方法来集成弱模型（决策树）；不过，它泛化了这个方法，允许使用任意的损失函数；不是试图纠正之前弱模型错误归类的观察值，而是允许你最小化一个特定的损失函数（例如回归时所使用的均方差）。

GBM 有不同的变种，例如，随机 GBM 组合了 boosting 和 bagging。通常的 GBM 以及随机 GBM 均在 H2O 的机器学习工具箱中可用。此外，值得一提的是 GBM（以及随机森林）是一种不需要太多调优就能构建出不错模型的算法。GBM 的更多信息可以参考 J. H. Friedman 的原始论文：《Greedy Function Approximation: A Gradient Boosting Machine》(http://www-stat.stanford.edu/~jhf/ftp/trebst.pdf)。

此外，随机森林采用一个叫作“feature bagging”的策略——在构建一个决策树的时候，选择一个随机特征子集做分块决策。其动机是创建一个弱的学习器以增强泛化能力，例如，如果某一个特征对某个待推测的变量有很强的预测性，那么这个特征会被大多数树选择，这会导致一个高度相似的树群。可是通过随机特征选择，算法能够避免掉这个强特征，从而构建出的树群能够找到更为细粒度的数据结构。

随机森林也有助于轻松地选出最具有预测性的特征，因为其允许对变量的重要性以多种方式进行计算。例如，对所有的树计算一个特征的整体不纯性增益，它能够对这个特征有多强给出一个很好的估计。

从实现的角度来看，因为随机森林的树构造步骤是互相独立的，因而可以很容易地并行化。另外，分布式随机森林计算要稍微困难一些，因为每个树都要访问数据集中几乎所有的数据。

随机森林的缺点是它的可解释性比较复杂。其生成的集成树难以探索，而且难以解释各个树之间的相互关系。不过，如果想要不经过高级参数调优就能拥有一个好模型的话，随机森林仍然是最好的选择之一。

注： 关于随机森林的一个很好的信息来源是 Leo Breiman 和 Adele Cutler 的原始论文：https://www.stat.berkeley.edu/~breiman/RandomForests/cc_home.htm。

---

1. 使用 Spark 随机森林构建一个分类模型

在上一节中，我们考察了数据集并且把它统一为一个没有缺失值的形式。我们仍需要把数据转换为 Spark MLlib 所期望的格式。如同在前一章节中解释过的，这个步骤涉及创建一个包含 LabeledPoint 的 RDD，每个 LabeledPoint 定义为一个标签和含有输入数据的向量。标签作为模型构造器的训练目标，其定义是类别值的下标（见上节准备过程 activityId2Idx）：

```
import org.apache.spark.mllib
import org.apache.spark.mllib.regression.LabeledPoint
import org.apache.spark.mllib.linalg.Vectors
import org.apache.spark.mllib.tree.RandomForest
import org.apache.spark.mllib.util.MLUtils

val data = processedRawData.map { r =>
    val activityId = r(0)
    val activityIdx = activityId2Idx(activityId)
    val features = r.drop(1)
    LabeledPoint(activityIdx, Vectors.dense(features))
}
```

下一步是给训练和模型验证准备数据。我们简单地把数据分为两块：80% 用作训练，剩余的 20% 用作验证：

```
val splits = data.randomSplit(Array(0.8, 0.2))
val (trainingData, testData) =
    (splits(0), splits(1))
```

在这一步之后，我们已经准备好机器学习工作流中的模型构造部分了。构建一个 Spark 随机森林的策略和前章构建 GBM 一样，在 RandomForest 对象上调用静态方法 trainClassifier：

```
import org.apache.spark.mllib.tree.configuration._
import org.apache.spark.mllib.tree.impurity._
val rfStrategy = new Strategy(
  algo = Algo.Classification,
  impurity = Entropy,
  maxDepth = 10,
  maxBins = 20,
  numClasses = activityId2Idx.size,
  categoricalFeaturesInfo = Map[Int, Int](),
  subsamplingRate = 0.68)

val rfModel = RandomForest.trainClassifier(
input = trainingData,
strategy = rfStrategy,
numTrees = 50,
featureSubsetStrategy = "auto",
seed = 42)
```

本例中，参数分为两类：

- strategy 定义了构造决策树的通用参数；
- 随机森林特有的参数。

Strategy 参数列表和前章讨论的决策树参数列表有所重叠：

- input：训练数据，以含有 LabeledPoints 的 RDD 表示。
- numClasses：输出分类的数量。这里我们只建模包含在输入数据中的类别。
- categoricalFeaturesInfo：描述哪些特征是类别特征，以及每个特征有多少个值。我们这里的输入数据没有类别特征，所以传入一个空 map。
- impurity：用作树节点分割时的不纯性度量。
- subsamplingRate：训练数据的多大比例用作构建单个的决策树。
- maxDepth：单个树的最大深度。过于深的树有编码输入数据而产生过拟合的倾向。另外，因为在随机森林中把多个树组合到一起，过拟合的问题会得到缓和。此外，更大的树意味着更长的训练时间和更大的内存需求。
- maxBins：在连续型特征被转换为有序的离散特征时，maxBin 可以指定最多的可能值。离散化过程在每个节点分割之前进行。

随机森林特有的参数如下：

- numTrees：结果森林中包含树的个数。增加这个值会减少模型的方差。
- featureSubsetStrategy：指定一个方法，它产生一个数值决定训练单个树使用多少特征。例如，“sqrt”常常用作分类，“onethird”常用在回归问题。关于可能的取值，参考 RandomForest.supportedFeatureSubsetStrategies。
- seed：随机数生成器的初始化种子，因为随机森林需要随机选择特征和行。

参数 numTrees 和 maxDepth 常被称为停止标准。Spark 也提供了额外的参数来停止树的增长并产生细粒度的树：

- minInstancesPerNode：如果一个节点继续分割会导致其左或右节点包含比这个参数值更少的观察值，则分割就不会进行。默认值是 1，但是对回归问题或者很大的树，其取值应该更大一些。
- minInfoGain：一个分割所必须要得到的最小信息增益。默认值是 0。

此外，Spark 随机森林还接受一些会影响执行性能的参数（参见 Spark 文档）。

注： 随机森林按照定义是一个随机化的算法。不过，如果你正在尝试重现一些结果或者在做边界测试，这种非确定性的运行结果对你来说并不非常友好。这种情况下，参数 seed 提供了一种方式来固定执行和得到确定性的结果。

通常这是对付非确定性算法的常用办法，不过如果算法是并行的并且其结果依赖于线程调度的话，这还不够。这种情况下，需要采用专门的方法（例如，只允许一个线程来限制并行，或是通过限制输入数据的分片数量来限制并行，或是修改任务调度器来确保调度顺序一致）。

---

2. 分类模型评估

现在，我们有了一个模型，需要评估其质量，决定模型是否足够好以满足我们的需要。记住，和模型有关的所有的评估指标都应该在具体的上下文中根据你的目标（如增加销售量、检测欺诈等）进行考虑和衡量。

Spark 模型度量

首先使用 Spark API 所提供的内置模型度量进行评估。我们将选择上一章中使用过的同样的方法，从定义一个方法开始，在给定的模型和数据集中提取出模型度量：

```
import org.apache.spark.mllib.evaluation._
import org.apache.spark.mllib.tree.model._
def getMetrics(model: RandomForestModel, data: RDD[LabeledPoint]):
    MulticlassMetrics = {
        val predictionsAndLabels = data.map(example =>
            (model.predict(example.features), example.label)
        )
        new MulticlassMetrics(predictionsAndLabels)
}
```

然后直接计算 MulticlassMetrics：

```
val rfModelMetrics = getMetrics(rfModel, testData)
```

第一个有趣的分类模型度量是混淆矩阵（confusion matrix），由 org.apache.spark.mllib.linalg.Matrix 类型所表示，允许你在其上进行算术运算：

```
println(s"""|Confusion matrix:
  |${rfModelMetrics.confusionMatrix}""".stripMargin)
```

输出如下：

```
Confusion matrix (Rows x Columns = Actual x Predicted):
36266.0  1409.0   454.0   14.0     1004.0   1.0      0.0
920.0    19026.0  0.0     0.0      67.0     0.0      0.0
53.0     0.0      9230.0  0.0      0.0      0.0      0.0
853.0    0.0      6.0     60960.0  119.0    0.0      0.0
1076.0   3.0      0.0     0.0      36177.0  0.0      0.0
198.0    0.0      0.0     0.0      1.0      10619.0  0.0
327.0    0.0      0.0     0.0      51.0     0.0      16231.0
```

在这里，Spark 按列打印出预测的分类。预测的分类存在 rfModelMetrics 对象的 labels 字段中，不过这个字段存储的是转换过的下标（见 activityId2Idx）。尽管如此，我们可以方便地创建一个函数把标签下标转换回实际的标签字符串：

```
def idx2Activity(idx: Double): String =
  activityId2Idx.
  find(e => e._2 == idx.asInstanceOf[Int]).
  map(e => activitiesMap(e._1)).
  getOrElse("UNKNOWN")
```

```
val rfCMLabels = rfModelMetrics.labels.map(idx2Activity(_))
println(s"""|Labels:
  |${rfCMLabels.mkString(", ")}""".stripMargin)
```

它的输出如下：

```
Labels:
other, folding laundry, playing soccer, computer work, house cleaning, car driving, watching TV
```

例如，我们可以看到 other 被错误预测了很多次，正确预测了 36 455 次；不过，有 1261 次模型预测为 other，但实际却是 house cleaning。另外，模型把一些 other 预测为 folding laundry。

可以直接看到，基于混淆矩阵对角线上正确预测的活动，我们可以直接计算整体的预测准确率：

```
val rfCM = rfModelMetrics.confusionMatrix
val rfCMTotal = rfCM.toArray.sum
val rfAccuracy = (0 until rfCM.numCols).map(i => rfCM(i,i)).sum / rfCMTotal
println(f"RandomForest accuracy = ${rfAccuracy*100}%.2f %%")
```

输出如下：

```
RandomForest accuracy = 96.64 %
```

不过，在类别分布不均匀的情况下（例如绝大多数的样本都是同一个分类），整体准确率可能是有误导性的。这时总体准确率可能具有迷惑性的，因为一个模型只要简单地预测占多数的类别就能得到一个很高的总体准确率。因此，我们可以更详细地看一下我们的预测和单个类别的准确率。不过，首先来看一下实际的标签和预测的标签的分布情况，来看看（1）是否有占绝对多数的类别；（2）模型是不是保留了输入的分布情况，有没有向单个预测类别上倾斜：

```
import org.apache.spark.mllib.linalg.Matrix
 def colSum(m: Matrix, colIdx: Int) = (0 until m.numRows).map(m(_,
colIdx)).sum
 def rowSum(m: Matrix, rowIdx: Int) = (0 until m.numCols).map(m(rowIdx,
_)).sum
 val rfCMActDist = (0 until rfCM.numRows).map(rowSum(rfCM, _)/rfCMTotal)
 val rfCMPredDist = (0 until rfCM.numCols).map(colSum(rfCM, _)/rfCMTotal)

 println(s"""^Class distribution
            ^${table(Seq("Class", "Actual", "Predicted"),
                     rfCMLabels.zip(rfCMActDist.zip(rfCMPredDist)).map(p
=> (p._1, p._2._1, p._2._2)),
                     Map(1 -> "%.2f", 2 -> "%.2f"))}
           """.stripMargin('^'))
```

结果如下：

```
Class distribution

+--------------+------+---------+
|         Class|Actual|Predicted|
+--------------+------+---------+
|         other|  0.20|     0.20|
|folding laundry|  0.10|     0.10|
| playing soccer|  0.05|     0.05|
|  computer work|  0.32|     0.31|
| house cleaning|  0.19|     0.19|
|    car driving|  0.06|     0.05|
|    watching TV|  0.09|     0.08|
+--------------+------+---------+
```

容易看出并没有占绝对多数的类别；不过，这些类别也不是均匀分布的。同样值得注意的还有模型保留了实际类别的分布情况，没有偏好某个类别的倾向，这也验证了我们基于混淆矩阵的观察。

最后，看一下单个类别，计算精确率（即阳性预测值）、召回率（也称为灵敏度）和F-1分数。从前面章节中回忆一下定义：精确率是某个类别正确预测的比例（即TP/TP+FP），召回率为所有类别正确预测的比例（TP/TP+FN），F-1分数则组合了两者，其为计算精确率和召回率的加权调和平均数。借助于我们已经定义的方法，可以很容易算出这些值：

```
def rfPrecision(m: Matrix, feature: Int) = m(feature, feature) / colSum(m,
feature)
 def rfRecall(m: Matrix, feature: Int) = m(feature, feature) / rowSum(m,
feature)
 def rfF1(m: Matrix, feature: Int) = 2 * rfPrecision(m, feature) *
rfRecall(m, feature) / (rfPrecision(m, feature) + rfRecall(m, feature))

 val rfPerClassSummary = rfCMLabels.indices.map { i =>
   (rfCMLabels(i), rfRecall(rfCM, i), rfPrecision(rfCM, i), rfF1(rfCM, i))
 }

 println(s"""^Per class summary:
            ^${table(Seq("Label", "Recall", "Precision", "F-1"),
                     rfPerClassSummary,
                     Map(1 -> "%.4f", 2 -> "%.4f", 3 -> "%.4f"))}
          """.stripMargin('^'))
```

输出如下：

```
Per class summary:

+--------------+------+---------+------+
|         Label|Recall|Precision|   F-1|
+--------------+------+---------+------+
|         other|0.9264|   0.9137|0.9200|
|folding laundry|0.9507|   0.9309|0.9407|
| playing soccer|0.9943|   0.9525|0.9730|
|  computer work|0.9842|   0.9998|0.9919|
| house cleaning|0.9710|   0.9668|0.9689|
|    car driving|0.9816|   0.9999|0.9907|
|    watching TV|0.9772|   1.0000|0.9885|
+--------------+------+---------+------+
```

我们的模型相当不错，因为这里绝大多数值都接近 1.0，意味着模型对每一个输入类别都表现良好，生成很低的假阳（精确率）和假阴（召回率）。

Spark API 有个很好的功能，就是它提供了计算我们刚刚手工计算的这三个度量的方法。我们可以传入标签的下标，调用 precisoin、recall、fMeasure 方法来得到同样的结果。不过在 Spark 上，每一个调用都会生成混淆矩阵，因而会增加总的计算时间。

在这里，我们使用了已经计算好的混淆矩阵，直接得到同样的计算结果。读者可以验证下段代码给出的 rfPerClassSummary 中存储了相同的数值：

```
val rfPerClassSummary2 = rfCMLabels.indices.map { i =>
    (rfCMLabels(i), rfModelMetrics.recall(i), rfModelMetrics.precision(i),
rfModelMetrics.fMeasure(i))
}
```

通过统计每个类别的数据，可以计算出宏平均度量（macro-average metrics），只需要通过计算每个已经求得的度量的平均值：

```
val rfMacroRecall = rfCMLabels.indices.map(i => rfRecall(rfCM,
i)).sum/rfCMLabels.size
val rfMacroPrecision = rfCMLabels.indices.map(i => rfPrecision(rfCM,
i)).sum/rfCMLabels.size
val rfMacroF1 = rfCMLabels.indices.map(i => rfF1(rfCM,
i)).sum/rfCMLabels.size

println(f"""|Macro statistics
  |Recall, Precision, F-1
  |${rfMacroRecall}%.4f, ${rfMacroPrecision}%.4f,
${rfMacroF1}%.4f""".stripMargin)
```

输出如下：

```
Macro statistics
Recall, Precision, F-1
0.9693, 0.9662, 0.9677
```

宏观统计给了我们关于所有特征统计的一个总览。可以看到期望值接近于 1.0，因为模型在测试数据上表现良好。

此外，Spark ModelMetrics API 也提供了加权精确率，召回率和 F-1 分数，主要用于处理不均衡类别：

```
println(f"""|Weighted statistics
  |Recall, Precision, F-1
  |${rfModelMetrics.weightedRecall}%.4f,
${rfModelMetrics.weightedPrecision}%.4f,
${rfModelMetrics.weightedFMeasure}%.4f
  |""".stripMargin)
```

输出如下：

```
Weighted statistics
Recall, Precision, F-1
0.9664, 0.9669, 0.9666
```

最后，我们再看一个别的计算模型度量的方法，同样在类别分布不是很好的情况下有用。此方法称为 one-versus-all，它就逐个类别给出分类器的表现情况。这意味着我们对每一个输出类别计算出混淆矩阵。我们可以把这个方法想作是，把分类器看作一个二元分类器，把某个类别作为正类别，其他所有类别作为负类别来预测：

```
import org.apache.spark.mllib.linalg.Matrices
val rfOneVsAll = rfCMLabels.indices.map { i =>
    val icm = rfCM(i,i)
    val irowSum = rowSum(rfCM, i)
    val icolSum = colSum(rfCM, i)
    Matrices.dense(2,2,
      Array(
        icm, irowSum - icm,
        icolSum - icm, rfCMTotal - irowSum - icolSum + icm))
  }
println(rfCMLabels.indices.map(i =>
s"${rfCMLabels(i)}\n${rfOneVsAll(i)}").mkString("\n"))
```

这将给我们每个类别和其他类别相比时的表现，由一个简单的二元混淆矩阵表示。我们可以把所有的矩阵加起来得到一个新的混淆矩阵，来计算平均准确率和每个类别的微平均度量（micro-averaged metrics）：

```
val rfOneVsAllCM = rfOneVsAll.foldLeft(Matrices.zeros(2,2))((acc, m) =>
  Matrices.dense(2, 2,
    Array(acc(0, 0) + m(0, 0),
          acc(1, 0) + m(1, 0),
          acc(0, 1) + m(0, 1),
          acc(1, 1) + m(1, 1)))
)
println(s"Sum of oneVsAll CM:\n${rfOneVsAllCM}")
```

结果如下：

```
Sum of oneVsAll CM:
188509.0  6556.0
6556.0    1163834.0
```

有了一个总体的混淆矩阵，可以计算出每个类别的平均准确率：

```
println(f"Average accuracy: ${(rfOneVsAllCM(0,0) +
rfOneVsAllCM(1,1))/rfOneVsAllCM.toArray.sum}%.4f")
```

输出如下：

```
Average accuracy: 0.9904
```

矩阵也给出了微平均度量（召回率、精确率、F-1分数）。不过，值得一提的是，我们的rfOneVsAllCM矩阵是对称的，这意味着召回率、精确率、F-1有相同的值（因为FP和FN相同）：

```
println(f"Micro-averaged metrics:
${rfOneVsAllCM(0,0)/(rfOneVsAllCM(0,0)+rfOneVsAllCM(1,0))}%.4f")
```

输出如下：

```
Micro-averaged metrics: 0.9664
```

注：Spark文档提供了Spark ModelMetrics API的概览：https://spark.apache.org/docs/latest/mllib-evaluation-metrics.html。

此外，对模型度量的理解，尤其是对混淆矩阵在多元分类中所扮演的角色的理解是至关重要的，但这不只是和Spark API有关。一个好的信息源来自Python scikit（http://scikit-learn.org/stable/modules/model_evaluation.html），以及多种R包（http://blog.revolutionanalytics.com/2016/03/com_class_eval_metrics_r.html）。

---

3. 使用H2O随机森林构建分类模型

H2O提供了构造分类模型的多种算法。本节中，我们将再次聚焦集成树，使用感应器数据来展示其使用方法。

我们已经准备好了数据，可以直接用来构建H2O随机森林模型。要把数据迁移到H2O格式，需要创建H2OContext，然后调用相应的转换：

```
import org.apache.spark.h2o._
val h2oContext = H2OContext.getOrCreate(sc)

val trainHF = h2oContext.asH2OFrame(trainingData, "trainHF")
trainHF.setNames(columnNames)
trainHF.update()
val testHF = h2oContext.asH2OFrame(testData, "testHF")
testHF.setNames(columnNames)
testHF.update()
```

我们创建了两个名为trainHF和testHF的表，同时调用了方法setNames来更新列名，因为输入RDD不带有关于列的信息。接下来调用update方法把改动保存到H2O的分布式存储中，这一步很重要，是H2O API的一个重要模式——对一个对象的所有改动都是在本地进行的；要让改动对所有计算节点可见，需要把它们存进内存存储（称为分布式键值存储（DKV））。

在把数据存储为H2O表之后，我们可以通过h2oContext.openFlow打开H2O Flow界面，图形化浏览数据。例如，activityId列作为一个数值特征，它的分布如图3-4所示。

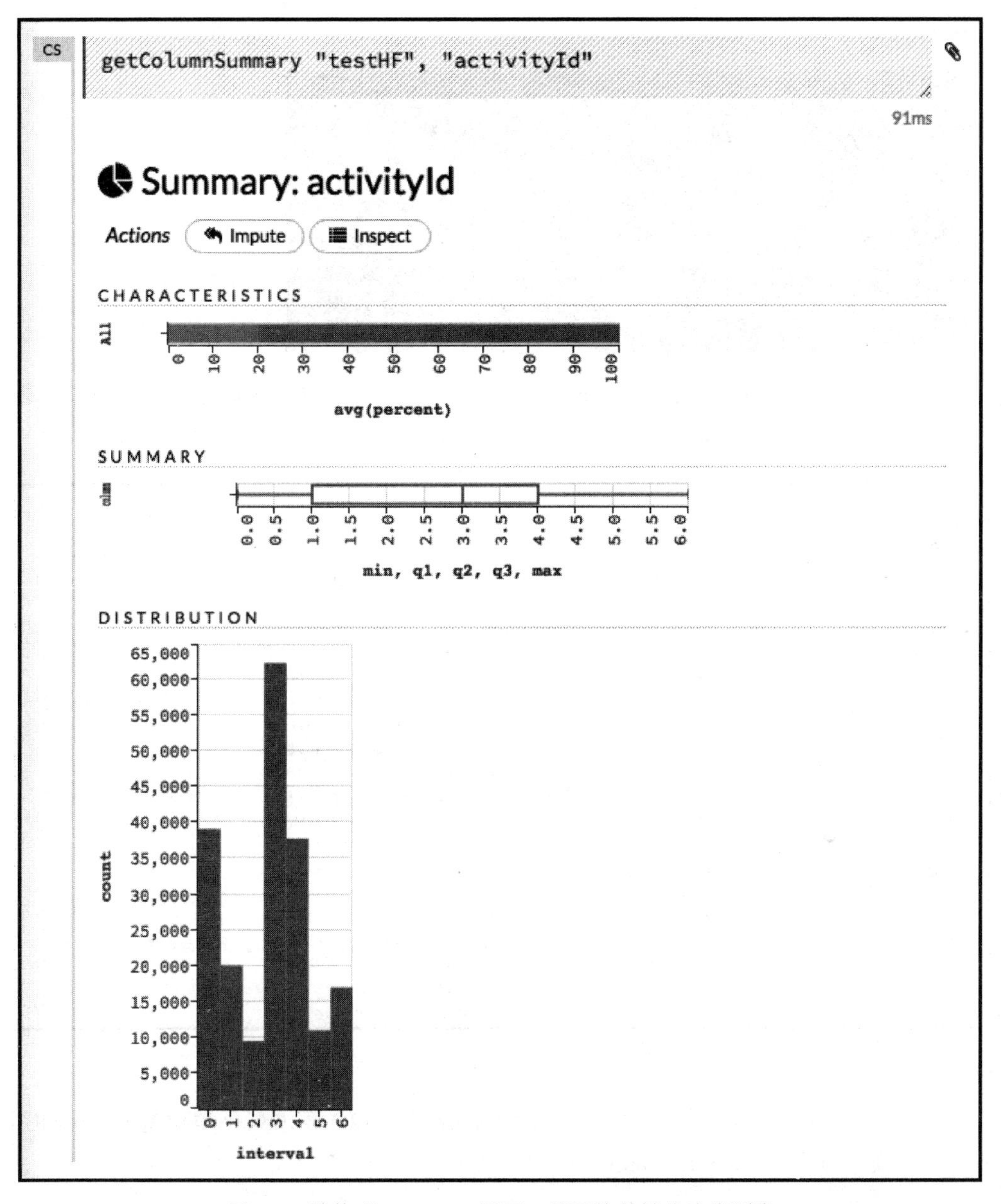

图 3-4　数值列 activityId 视图，需要将其转换为类别类

我们可以通过一段 Spark 代码来比较结果，验证所看到的分布是否正确：

```
println(s"""^Distribution of activityId:
             ^${table(Seq("activityId", "Count"),
                      testData.map(row => (row.label, 1)).reduceByKey(_ +
_).collect.sortBy(_._1),
                      Map.empty[Int, String])}
             """.stripMargin('^'))
```

输出如下：

```
Distribution of activityId:

+----------+-----+
|activityId|Count|
+----------+-----+
|       0.0|39148|
|       1.0|20013|
|       2.0| 9283|
|       3.0|61938|
|       4.0|37256|
|       5.0|10818|
|       6.0|16609|
+----------+-----+
```

下一步是为运行 H2O 算法准备数据。首先我们需要验证列的数据类型是否符合算法期望的格式。H2O Flow UI 提供了列的列表以及一些基本属性（见图 3-5）：

▾ COLUMN SUMMARIES

label	type	Missing	Zeros	+Inf	-Inf	min	max	mean	sigma	cardinality	Actions
activityId	int	0	39128	0	0	0	6.0	2.7128	1.8317	·	Convert to enum
hr	int	0	0	0	0	60.0	191.0	62.9525	11.7725	·	Convert to enum
hand_temp	real	0	214	0	0	0	35.5000	32.9545	2.4494	·	·
hand_accel1X	real	0	214	0	0	-145.6420	55.9555	-1.5868	5.6434	·	·
hand_accel1Y	real	0	214	0	0	-107.3120	154.3340	3.9780	5.5410	·	·
hand_accel1Z	real	0	214	0	0	-61.0048	53.3689	4.4181	4.4314	·	·
hand_accel2X	real	0	214	0	0	-61.4316	59.0598	-1.4879	5.6702	·	·
hand_accel2Y	real	0	214	0	0	-61.8133	62.1680	3.9753	5.5501	·	·
hand_accel2Z	real	0	214	0	0	-56.9831	50.6461	4.6147	4.4553	·	·
hand_gyroX	real	0	214	0	0	-26.8771	26.1856	-0.0008	1.1837	·	·
hand_gyroY	real	0	214	0	0	-9.4233	12.1368	0.0216	0.8829	·	·
hand_gyroZ	real	0	214	0	0	-13.1562	13.9000	-0.0118	0.9985	·	·
hand_magnetX	real	0	214	0	0	-125.5900	120.4470	10.6430	23.3746	·	·
hand_magnetY	real	0	214	0	0	-126.0850	60.5706	-23.2246	25.4803	·	·
hand_magnetZ	real	0	214	0	0	-149.1000	111.5870	-28.0218	27.9664	·	·
chest_temp	real	0	121	0	0	0	37.5625	35.2217	2.0143	·	·
chest_accel1X	real	0	121	0	0	-23.0343	45.5300	0.4331	1.4587	·	·
chest_accel1Y	real	0	121	0	0	-26.3759	78.2053	8.3267	2.8876	·	·
chest_accel1Z	real	0	121	0	0	-77.4224	18.1696	-1.5721	4.5279	·	·
chest_accel2X	real	0	121	0	0	-22.6737	37.4121	0.2799	1.4527	·	·

图 3-5　Flow UI 所显示的导入的训练数据集各列

可以看到 activityId 列是数值类型；然而要做分类，H2O 要求列是类别类型。因此需要对列进行转换，点击 convert to enum 或通过编程：

```
trainHF.replace(0, trainHF.vec(0).toCategoricalVec).remove
trainHF.update
testHF.replace(0, testHF.vec(0).toCategoricalVec).remove
testHF.update
```

再次，我们需要调用 update 方法来更新内存中存储的 frame，而且，因为我们把一个向量转换为了另一个向量，而不再需要原先的向量，所以可以在 replace 调用的结果上调用 remove 方法。

转换之后，activityId 列是类别类型了；但是，向量域所包含的是值“0”，“1”，…“6”——存储在 trainHF.vec("activityId").domain 中。尽管如此，可以用实际的类别名称来更新向量。我们可以用 idx2Activity 把下标转为标签名，这里创建一个新的域来给训练和测试表更新 activityId 向量的域：

```
val domain = trainHF.vec(0).domain.map(i => idx2Activity(i.toDouble))
trainHF.vec(0).setDomain(domain)
water.DKV.put(trainHF.vec(0))
testHF.vec(0).setDomain(domain)
water.DKV.put(testHF.vec(0))
```

这里，我们同样需要把修改过的向量更新到内存存储中。不过这里没有调用 update 方法，而是显式调用了 water.DKV.put 直接把对象存入内存存储中。

在 UI 上，我们再次浏览测试数据集的 activity 列，然后和计算结果相比较，如图 3-6 所示。

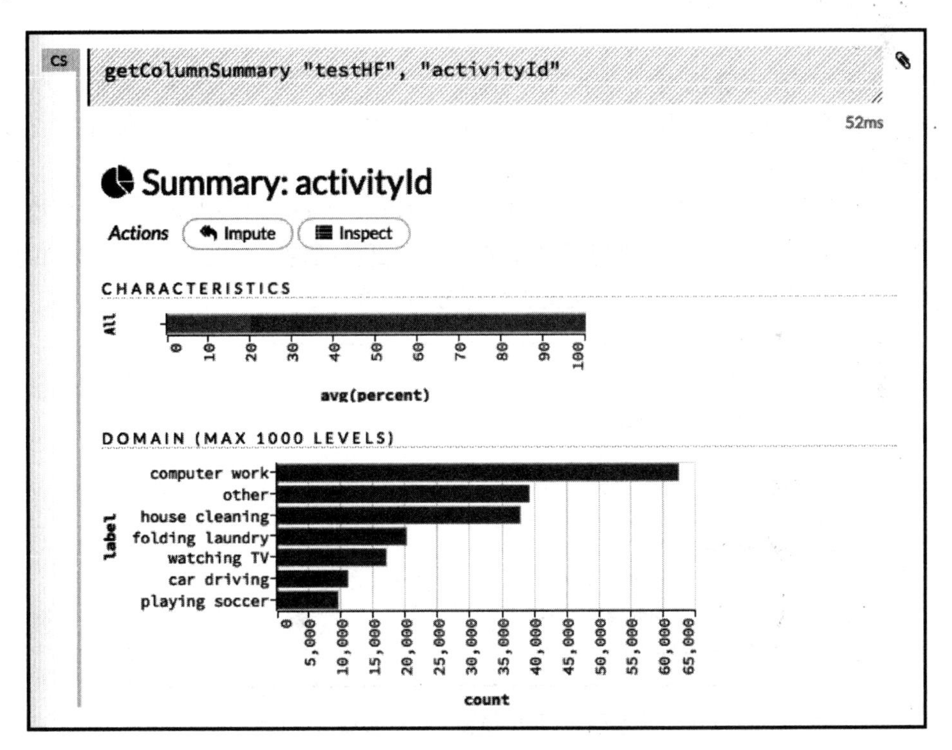

图 3-6　测试数据集中 activityId 列的值分布

此时，我们已经为构建模型准备好了数据。H2O 分类问题随机森林的配置遵循前面章节所介绍的同样的模式：

```
import _root_.hex.tree.drf.DRF
import _root_.hex.tree.drf.DRFModel
import _root_.hex.tree.drf.DRFModel.DRFParameters
```

```
import _root_.hex.ScoreKeeper._
import _root_.hex.ConfusionMatrix
import water.Key.make

val drfParams = new DRFParameters
drfParams._train = trainHF._key
drfParams._valid = testHF._key
drfParams._response_column = "activityId"
drfParams._max_depth = 20
drfParams._ntrees = 50
drfParams._score_each_iteration = true
drfParams._stopping_rounds = 2
drfParams._stopping_metric = StoppingMetric.misclassification
drfParams._stopping_tolerance = 1e-3
drfParams._seed = 42
drfParams._nbins = 20
drfParams._nbins_cats = 1024


val drfModel = new DRF(drfParams,
make[DRFModel]("drfModel")).trainModel.get
```

H2O 算法和 Spark 算法有几点重要的不同。第一个重要的不同点是，我们可以通过传入参数 _valid 直接指定验证数据集。这不是必需的，因为我们可以在模型构建完成以后再进行验证，不过，当传入了验证数据集参数后，我们能够在模型构建过程中实时追踪模型的质量，在认为模型已经足够好时停止构建（见图 3-7："Cancel Job" 停止训练过程，但是模型仍可供未来操作）。此外，在以后如果需要加入更多的树，可以继续进行模型的构建。参数 _score_each_iteration 控制了对模型进行评分的频度：

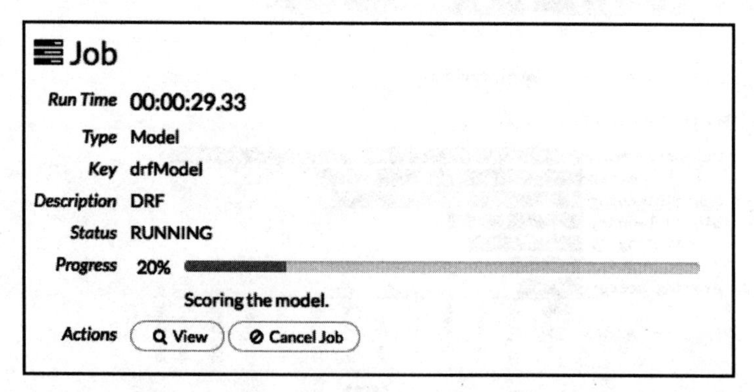

图 3-7　模型训练过程可以在 Flow UI 中追踪，可以通过 "Cancel Job" 按钮停止训练

第二个不同点在于参数 _nbins、_nbins_top_level 和 _nbins_cats。Spark 实现的随机森林接受参数 maxBins 来控制连续特征的离散化，在 H2O 中对应于参数 _nbins。不过，H2O 机器学习平台支持对离散化更细粒度的调优。因为顶层分割是最重要的，而又可能因为离散化丢失信息而受到不利影响，H2O 允许通过参数 _nbins_top_level 来临时提高在顶层分割时允许的离散值数目。此外，对于类别数特别多的类别特征（> 1024）往往会影响其计

算性能，因为算法需要考虑把数据分割为两个子集的所有可能情况。既然对 N 个类别有 2^N 个子集，找到这些特征的分割点可能是昂贵的。对这种情况，H2O 提供了参数 _nbins_cats 来控制类别个数，如果一个特征包含的类别个数大于该参数值，这些值会重新加到 _nbins_cats 个 bin 中进行拟合。

最后一个重要的区别在于，除了通常的深度和集成树中树的数量之外，我们还指定了一个额外的停止条件。这个限制条件是测试数据上误分类的改进程度。这里，我们指定如果在验证数据集上两个连续的评分度量（_stopping_rounds 字段）的改进幅度小于 0.001（_stopping_tolerance 字段），模型就应该终止构建。如果知道对于模型质量的期望而且想限制训练时间，这是一个非常好的停止条件。这里我们可以查看最终集成树中树的数量：

```
println(s"Number of trees: ${drfModel._output._ntrees}")
```

输出如下：

```
Number of trees: 14
```

即使我们指定了 50 棵树，最终的模型也只有 14 棵，因为错误分类率的改进程度没有超过指定的阈值，模型构建提前终止了。

注： H2O API 提供了多个停止条件，可以被任意一个算法使用——可以在二分类问题上使用 AUC，或者在回归问题上使用 MSE。如果超参数数量很多，这是让你减少计算时间的最强功能之一。

模型的质量可以通过两种方式来查看：（1）直接使用 Scala API 访问模型 _output 字段，其包含了所有的输出度量；（2）使用图形界面用一种更用户友好的方式来查看。例如，一个指定验证集的混淆矩阵能够直接在 Flow 界面中显示为模型视图的一部分，参考图 3-8。

▾ VALIDATION METRICS - CONFUSION MATRIX VERTICAL: ACTUAL; ACROSS: PREDICTED

	other	folding laundry	playing soccer	computer work	house cleaning	car driving	watching TV	Error	Rate
other	39161	29	8	33	11	0	2	0.0021	83 / 39,244
folding laundry	47	19797	0	0	2	0	0	0.0025	49 / 19,846
playing soccer	6	0	9250	0	0	0	0	0.0006	6 / 9,256
computer work	71	0	0	61800	0	0	0	0.0011	71 / 61,871
house cleaning	215	0	0	0	37047	0	0	0.0058	215 / 37,262
car driving	6	0	0	0	0	10856	0	0.0006	6 / 10,862
watching TV	4	0	0	0	0	0	16592	0.0002	4 / 16,596
Total	39510	19826	9258	61833	37060	10856	16594	0.0022	434 / 194,937

图 3-8　初始随机森林的混淆矩阵（包含 14 棵树）

图形直接给出了错误率（0.22%）和每个类别的错误分类情况，可以直接把结果和使用 Spark 模型计算出的准确率做比较。此外，混淆矩阵可以用来计算我们曾探讨过的其他度量方式。

例如，给每个类别计算召回率、精确度和 F-1 分数。我们可以简单地把 H2O 的混淆矩阵转换为 Spark 的混淆矩阵，然后重用已经定义的方法。不过要小心，不要在结果混淆矩阵中把实际值和预测值搞混了（Spark 的预测值矩阵是按列的，而 H2O 则是按行的）：

```
val drfCM = drfModel._output._validation_metrics.cm
def h2oCM2SparkCM(h2oCM: ConfusionMatrix): Matrix = {
  Matrices.dense(h2oCM.size, h2oCM.size, h2oCM._cm.flatMap(x => x))
}
val drfSparkCM = h2oCM2SparkCM(drfCM)
```

你可以看到，对于指定的验证数据集，计算出的度量存储在模型的输出字段 _output._validation_metrics 中。它包含 Confusion matrix 以及在训练过程中收集的额外的关于模型性能的信息。随后我们容易算出每个类别的宏性能：

```
val drfPerClassSummary = drfCM._domain.indices.map { i =>
   (drfCM._domain(i), rfRecall(drfSparkCM, i), rfPrecision(drfSparkCM, i),
rfF1(drfSparkCM, i))
 }
println(s"""^Per class summary
            ^${table(Seq("Label", "Recall", "Precision", "F-1"),
                     drfPerClassSummary,
                     Map(1 -> "%.4f", 2 -> "%.4f", 3 -> "%.4f"))}
          """.stripMargin('^'))
```

输出如下：

```
Per class summary

+----------------+------+---------+------+
|           Label|Recall|Precision|   F-1|
+----------------+------+---------+------+
|           other|0.9901|   0.9985|0.9943|
|folding laundry|0.9991|   0.9966|0.9979|
| playing soccer|0.9987|   0.9992|0.9990|
|  computer work|0.9997|   0.9987|0.9992|
| house cleaning|0.9997|   0.9940|0.9968|
|     car driving|1.0000|   0.9997|0.9999|
|     watching TV|0.9999|   0.9995|0.9997|
+----------------+------+---------+------+
```

可以看到尽管 H2O 用的树更少，结果却比之前 Spark 算出的结果还要稍好一些。对此的解释需要查看 H2O 随机森林算法的实现：H2O 使用一种基于对每个输出类别生成一个回归决策树的算法——一种经常称为“one-versus-all”的方法。这个算法就单个类别而言进行了更细粒度的优化，在这个例子中，14 棵随机森林树内部由 14 × 7=98 棵内部决策树表示。

注： 读者可以在 Ryan Rifkin 和 Aldebaro Klautau 的论文《In Defense of One-Vs-All Classification》中找到关于“one-versus-all”策略对多元分类问题的好处的更多解释。作者一方面展示了这个策略和其他任意方法一样准确；另一方面，算法生成了更多的决策树，对计算时间和内存消耗可能产生不利影响。

我们可以查看训练模型的更多属性。随机森林的一个重要度量是变量的重要性，存储在模型的 _output._varimp 字段中。这个对象包含的是原始值，可以通过调用 scaled_values 方法来进行缩放，或者调用 summary 方法获得相对重要性。无论如何，可以在 Flow UI 中浏览这些数据，如图 3-9 所示。图 3-9 显示了影响最大的特征是从所有三个传感器测量到的温度，然后是各种移动数据。和我们预期的不同，令人吃惊的是心率竟然没有包含在最重要的特征中。

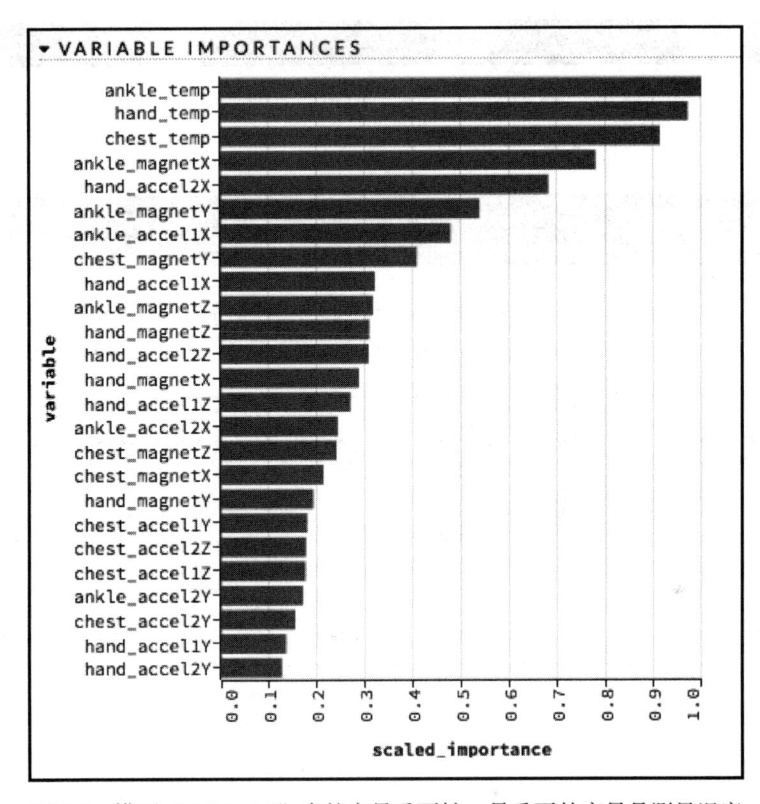

图 3-9　模型“drfModel”中的变量重要性，最重要的变量是测量温度

如果对模型的质量不满意，可以通过增加树来扩展模型。我们可以重用已经定义好的参数，按照如下步骤来修改：

- 设置生成集合树中期望的树数量（例如 20）；
- 禁用提前结束条件以避免模型训练在达到期望的树数量之前终止；
- 配置“模型检查点”，让它指向之前训练的模型。模型检查点是 H2O 机器学习平台的一个功能，所有发布的模型都有提供。它在你需要对一个模型做更多训练迭代来改良它的情况下很有用。

随后，我们可以轻松地再次开始构建模型。这里，H2O 平台继续模型训练，重新构建模型的状态，向一个新的模型构建和增加新的树：

```
drfParams._ntrees = 20
drfParams._stopping_rounds = 0
drfParams._checkpoint = drfModel._key

val drfModel20 = new DRF(drfParams,
make[DRFModel]("drfMode20")).trainModel.get
println(s"Number of trees: ${drfModel20._output._ntrees}")
```

输出如下：

```
Number of trees: 20
```

这里，只构建了 6 棵树。要看到这一点，用户可以查看控制台的模型训练输出，在输出的末尾可以找到如下一行报告：

```
INFO: 6. tree was built in 00:00:05.145 (Wall: 23-Jul 13:44:44.530)
INFO: ==========================================================
```

第 6 棵树在 2 秒内生成，而且是新模型中向已有集成树中加入的最后一棵树。再次查看新模型的混淆矩阵，看到总体错误率从 0.23% 改善到了 0.2%（见图 3-10）。

▾ VALIDATION METRICS - CONFUSION MATRIX VERTICAL: ACTUAL; ACROSS: PREDICTED

	other	folding laundry	playing soccer	computer work	house cleaning	car driving	watching TV	Error	Rate
other	39168	23	8	30	12	0	3	0.0019	76 / 39,244
folding laundry	35	19810	0	0	1	0	0	0.0018	36 / 19,846
playing soccer	6	0	9250	0	0	0	0	0.0006	6 / 9,256
computer work	70	0	0	61801	0	0	0	0.0011	70 / 61,871
house cleaning	197	0	0	0	37065	0	0	0.0053	197 / 37,262
car driving	6	0	0	0	0	10856	0	0.0006	6 / 10,862
watching TV	4	0	0	0	0	0	16592	0.0002	4 / 16,596
Total	39486	19833	9258	61831	37078	10856	16595	0.0020	395 / 194,937

图 3-10　拥有 20 棵树的随机森林的混淆矩阵

3.3　小结

本章介绍了几个重要的概念，包括数据清理、处理缺失值和类别值，使用 Spark 和 H2O 来训练多元分类模型，以及对分类模型的多种度量手段。此外，本章引入了模型集成的概念，如随机森林是决策树的集成。

读者应该看到了数据准备的重要性，它在每一个模型训练和评估过程中都起着关键作用。在不理解模型上下文的情况下训练和使用一个模型可能产生误导性的结果。此外，每个模型需要带着模型目标来评估（比如最小化假阳性），因而理解分类模型不同的度量之间的权衡取舍是极其重要的。

本章没有涵盖分类模型所有可能的建模技巧，但是对于好奇的读者，这里还是介绍了一些。

我们使用了一个简单的策略对心率列的缺失值进行插值，但是仍有其他可能的方法，例如平均值插值，或者把插值和一个额外的二元列组合起来，此列用缺失值标记行。这两个策略都可以改善模型的准确率，我们在本书以后章节中将会用到。

此外，奥卡姆剃刀（Occam's razor）原则告诉我们，如果准确率相同，应该偏好更简单的模型。因而，一个好主意是定义一个超参空间，用一种搜索策略来找出能够和本章中训练的模型提供同样或更好准确率的最简模型（如更少的树、更小的深度）。

作为本章的总结，值得一提的是，本章所展示的集成树是强大的集成学习和超级学习器概念的一个原始版本。本书后面将会对其进行介绍。

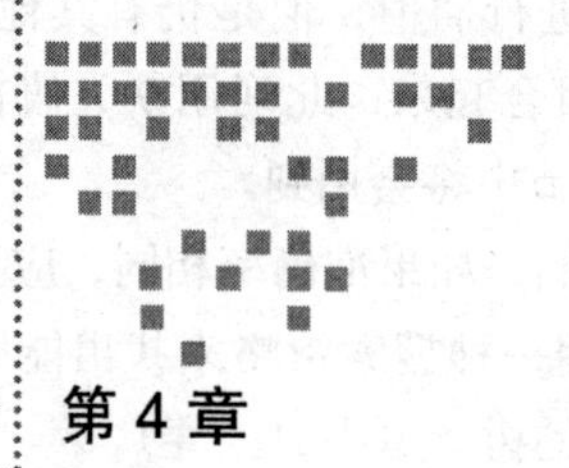

Chapter 4 第4章

使用NLP和Spark Streaming预测电影评论

在本章中，我们将深入了解自然语言处理（NLP）这个领域，请不要与神经语言编程（Neuro-Linguistic Programming）相混淆！NLP有助于分析原始文本数据，并提取有用的信息，如句子结构、文本情绪，甚至语言之间的文本翻译。许多数据来源包含了原始文本（比如评论、新闻文章和医疗记录），而NLP提供了对文本的深入理解并使自动化决策更为简便，所以越来越受欢迎。

在底层，NLP通常使用机器学习算法来提取和建模文本结构。同时在某一种机器方法的环境中应用NLP，更能体现NLP技术的优势，比如NLP技术可以把文本转化为某种机器学习模型的输入特征。

在本章中，我们将用NLP来分析电影评论的潜在情绪。基于注释的训练数据，我们将构建一个分类模型来区分正面和负面情绪的电影评论。值得注意的是，我们并不直接从文本中提取情绪（基于爱、恨等这样的词语），而是使用我们在前面已经探讨过的二分类算法来预测电影评论背后的情绪。

为了实现这一点，我们将选用手动评分的原始电影评论，并训练一个机器学习模型。

1）处理电影评论以生成机器学习模型所需要的特征。

在这里我们将探讨用文本数据创建的各种特征，文本数据可以按照词袋法（bag-of-words）到权重词袋法（weighted bag-of-words）（例如TF-IDF）提取特征。然后简要探讨word2vec算法，word2vec算法将会在第5章中详细介绍。

除此之外，还将介绍一些特征选取的基本方法，其中包括删除停用词和标点符号，或者提取词干。

2）使用生成的特征，我们将运用各种监督学习算法，以帮助我们对正面和负面评论进行分类，具体包括以下几个方法：

- 决策树
- 朴素贝叶斯
- 随机森林
- 梯度提升树

3）利用四种不同学习算法的预测能力，我们将创建一个超级学习器模型，将模型的所有四个“猜测”作为元特征来训练神经网络以便输出最终预测。

4）最后，我们将为此过程创建一个Spark机器学习工作流，其操作如下：

- 从新的电影评论中提取特征；
- 利用模型做出预测；
- 在Spark应用程序中输出此预测（你将在本书剩余部分的每一章中构建你自己的机器学习应用）。

这听起来或许有点野心勃勃，但请振作起来！我们将有条理地和有目的地逐步完成这些任务，以便帮助你构建自己的NLP应用；但首先，让我们先来了解一下这个令人振奋的领域背后的一些历史和理论。

4.1 NLP简介

就像人工神经网络一样，NLP是一个相对“古老”的话题，但最近得到了巨大的关注，这得归因于计算能力的提高和机器学习算法的各种应用，其中包括但不限于下列任务：

- **机器翻译**（Machine translation，MT）：在最简单的形式中，这就是机器将一种语言的文字翻译成另一种语言的文字的能力。有趣的是，机器翻译系统的提议早于数字计算机的创建。最早的NLP应用之一是在二战期间由美国科学家Warren Weaver创造的，他的工作是尝试破解德国的代码。如今，我们所拥有的高度精密的应用，可以将一段文本翻译成任意数量的不同语言！
- **语音识别**（Speech recognition，SR）：这些方法和技术试图通过机器识别把口头语言翻译为文本。现在，我们在使用SR系统的智能手机中看到这些技术，比如帮助我们找到去最近加油站的路线，向Google询问周末的天气预报。当我们对着手机说话时，机器能够识别我们正在说的话，然后将这些单词翻译成电脑可以识别的文本，如果需要的话，还可以执行一些任务。
- **信息检索**（Information retrieval，IR）：在阅读文章的时候，你有没有这样的经历？比如你读了新闻网站上的一篇文章，你还想看到跟你刚阅读的文章类似的新闻文章。这只是信息检索系统的一个例子，它将一段文本作为“输入”，并寻求获得类似于输入文本的其他相关文本。也许IR系统中最简单和最容易识别的示例是在基于Web

的搜索引擎上进行搜索。我们给出一些想要“知道”的文字（这是“输入”），顺利的话，输出的搜索结果与输入的搜索查询相关。

- **信息提取**（Information extraction，IE）：这是一个从非结构化数据（如文本、视频和图片）中提取结构化零碎信息的任务。例如，当你在某些网站上阅读博客文章时，通常会将该帖子标记为几个关键字来描述有关此帖子的一般性主题，这可以使用信息提取系统进行分类。IE 一个非常受欢迎的应用是视觉信息提取（Visual Information Extraction），比如，它试图从网页的可视化布局中识别复杂的实体，而这在典型的 NLP 方法中通常无法被获取。
- **文本摘要**（Text summarization，注意这里没有首字母缩略词）：这个领域非常受欢迎。它通过比如识别主题这样的方法来选取各种长度的文本并对其进行总结。在下一章中，我们将通过主题模型，比如隐含狄利克雷分布（Latent Dirichlet Allocation，LDA）和潜在语义分析（Latent Sematic Analysis，LSA）来探讨两种流行的文本摘要方法。

在本章中，我们将使用 NLP 技术来帮助我们解决国际电影数据库（IMDb）电影评论的二分类问题。现在先来看看即将使用的数据集，并了解有关 Spark 特征提取技术的更多信息。

4.2 数据集

Andrew L. Maas 等人最初发表在论文《Learning Word Vectors for Sentiment Analysis》中的大型电影评论数据库可以从 http://ai.stanford.edu/~amaas/data/sentiment/ 中下载到。

下载的数据包含两个标记为 train 和 test 的文件夹。对于训练数据集，我们将训练一个分类器，其中包含 12 500 个正面评论和 12 500 个负面评论。测试数据集包含相同数量的正面和负面评论，两个文件夹总共包含 50 000 个正负面的评论。

我们以一个评论的例子来看看数据究竟长什么样子：

“《Bromwell High》这部电影非常精彩。电影台词专业，表现完美。伦敦南部公立学校师生们这种夸张的模仿简直让人笑得人仰马翻。这是粗俗的、挑衅的、机智的和尖锐的。人物是对英国社会（或更准确地说是任何一个社会）侧面一个很好的缩影。由于渴望一个更好的学期，我们的三个“主角”凯沙、拉特里娜和纳塔拉做出了种种劣迹，而这个节目并没有去回避对每一个可想象主题的拙劣模仿。政治正确在每一集中被抛之脑后。如果你喜欢从每一个禁忌主题中找乐子的节目，那么《Bromwell High》一定不会让你失望！”

这样看来我们唯一需要处理的是电影评论的原始文本和评论的情绪；除了文本，我们对评论发布的日期，谁发布评论，以及其他可能或不可能对我们有帮助的数据一无所知。

数据集准备

在运行任何数据操作之前，我们需要像前面章节那样准备 Spark 环境。启动 Spark shell 并获得足够的内存来处理下载的数据集：

```
export SPARK_HOME="<path to your Spark2.0 distribution"
export SPARKLING_WATER_VERSION="2.1.12"
export SPARK_PACKAGES=\
"ai.h2o:sparkling-water-core_2.11:${SPARKLING_WATER_VERSION},\
ai.h2o:sparkling-water-repl_2.11:${SPARKLING_WATER_VERSION},\
ai.h2o:sparkling-water-ml_2.11:${SPARKLING_WATER_VERSION},\
com.packtpub:mastering-ml-w-spark-utils:1.0.0"
$SPARK_HOME/bin/spark-shell \
--master 'local[*]' \
--driver-memory 10g \
--executor-memory 10g \
--confspark.executor.extraJavaOptions=-XX:MaxPermSize=384M \
--confspark.driver.extraJavaOptions=-XX:MaxPermSize=384M \
--packages "$SPARK_PACKAGES" "$@"
```

提示：为了避免 Spark 在命令行窗口中过多的输出，在 Spark 环境中可以在运行时通过调用 setLogLevel 来控制输出级别：sc.setLogLevel（"WARN"）命令可以让 Spark 的输出更简洁。

接下来的挑战是读取训练数据集，该数据集由 25 000 个正面和负面的电影评论组成。下面的代码行将从这些文件中读取并创建二值标签，其中 0 为负面评论，1 为正面评论。

我们直接使用 Spark 的 sqlContext 所暴露的方法 textFile，它可以读取多个文件并返回 Dataset[String]。这与前面章节中提到的方法有所不同，此方法调用 wholeTextFiles 并生成 RDD[String]：

```
val positiveReviews=
spark.sqlContext.read.textFile("../data/aclImdb/train/pos/*.txt")
   .toDF("reviewText")
println(s"Number of positive reviews: ${positiveReviews.count}")
Number of positive reviews: 12500
```

可以用 Dataset 的 show 方法来显示文本的前五行（通过修改 truncate 参数可以显示评论的全文）：

```
println("Positive reviews:")
positiveReviews.show(5, truncate = true)
```

```
Positive reviews:
+--------------------+
|          reviewText|
+--------------------+
|Match 1: Tag Team...|
|**Attention Spoil...|
|Titanic directed ...|
|By now you've pro...|
|*!!- SPOILERS - !...|
+--------------------+
only showing top 5 rows
```

接下来，对负面评论进行同样的操作：

```
val negativeReviews=
spark.sqlContext.read.textFile("../data/aclImdb/train/neg/*.txt")
                  .toDF("reviewText")
println(s"Number of negative reviews: ${negativeReviews.count}")
```

请看下面的截图：

```
Number of negative reviews: 12500
```

现在，positiveReview 和 negativeReview 变量都代表加载评论后的 RDD。数据集中的每一行为表示单个评论的字符串。但是，我们仍需生成相应的标签，并将两个加载后的数据集合并在一起。

生成标签很容易，因为我们已经将负面和正面的评论作为分开的 Spark DataFrame 进行加载了。因此可以直接附加一个常数列，标签 0 为负面评论，1 为正面评论。

```
import org.apache.spark.sql.functions._
val pos= positiveReviews.withColumn("label", lit(1.0))
val neg= negativeReviews.withColumn("label", lit(0.0))
var movieReviews= pos.union(neg).withColumn("row_id",
monotonically_increasing_id)
println("All reviews:")
movieReviews.show(5)
```

看看下面的截图：

```
All reviews:
+--------------------+-----+------+
|          reviewText|label|row_id|
+--------------------+-----+------+
|Match 1: Tag Team...|  1.0|     0|
|**Attention Spoil...|  1.0|     1|
|Titanic directed ...|  1.0|     2|
|By now you've pro...|  1.0|     3|
|*!!- SPOILERS - !...|  1.0|     4|
+--------------------+-----+------+
only showing top 5 rows
```

在这里，我们使用了 withColumn 方法，它将一个新的列添加到现有的数据集中。新列 lit（1.0）的定义表示由数值 1.0 所构成的一个常数列。根据 Spark API 的设计，我们需要使用一个实数来定义目标值。最后，使用 union 方法将两个数据集合并在一起。

我们还添加了魔术列 row_id 来标识数据集中的每一行。在之后需要连接几个算法的输出时，这个技巧简化了我们的工作流程。

提示： 为什么我们要使用 double 值而不是字符串来表示标签呢？在代码标记的每个评论中，我们使用代表 double 类型的数值定义了一个常数列。同样也可以使用 lit（"positive"）来标记正面评论，但使用纯文本标签会迫使我们在后续的步骤中不得不将字符串值转换为数值。因此，在这个例子中，我们将直接使用 double 类型的数值标签，这样会更轻松简单。此外，直接使用 double 数值也是 Spark API 的要求。

4.3　特征提取

在这个阶段，我们只有一个代表评论的原始文本，这不足以运行任何机器学习算法。我们需要将文本转换为数值形式，也就是执行所谓的“特征提取”（即采集输入数据并提取用于模型训练的特征）。该方法会基于输入特征产生一些新的特征。如何将文本转换为数值特征有许多方法。我们可以计算单词的数量，文本的长度或是标点的数量。但是，为了体现文本结构的系统性，我们需要选择更为精巧的方法。

4.3.1　特征提取方法：词袋模型

现在我们已经取得了数据并创建了相应的标签，所以接下来该是使用特征提取来构建我们的二分类模型的时候了。就像它的名字所暗示的那样，这个词袋方法是一种非常常见的特征提取技术，我们选取一段文本（在这个例子中是一个电影评论），并用一个袋子（也称为多重集）来表示它的词语和语法标记。我们来看几个电影评论的例子：

评论 1： 侏罗纪世界是这样一个败笔！

评论 2： 泰坦尼克号……时下的经典。摄影和演技一样好！

对于每个标记（可以是单词或标点符号），我们将创建一个特征，然后统计整个文档中该标记的出现次数。表 4-1 是关于评论 1 的词袋数据集。

表 4-1　关于评论 1 的词袋数据集

Review ID	a	Flop	Jurassic	such	World	!
Review 1	1	1	1	1	1	1

首先注意这个数据集的排列方式，通常称为文档 – 术语矩阵（document-term matrix）（每个文档 [行] 由组成这个二维矩阵的特定词组 [术语] 组成）。我们也可以用不同的方式进行排列，并调换行和列来创建，你猜对了，是一个术语 – 文档矩阵，其中列显示现在含有该特定术语的文档，单元格内的数值则是计数。另外，要认识到单词是按字母顺序排列的，这就意味着我们失去了任何的词序。“flop”这个词与“Jurassic”这个词是等距的，虽然我们知道事实并非如此，但这凸显了这种词袋的局限性之一：词序丢失了，有时不同的文件可以有相同的表示，但意思却完全不同。

在下一章中，你将学到一个非常强大的学习算法，这个算法是在 Google 开创的，并且已经包含在 Spark 中了，称为 word-to-vector（word2vec）算法，它本质上是将术语数字化以便能“编码”它们的含义。

其次，请注意，对于给定评论的六个标记（包括标点符号），它有六个列。假设我们在文档术语矩阵中添加了第二个评论（见表 4-2）；最初的词袋又将如何改变呢？

我们将这些特征的数量从原先的 5 个增加到了 16 个，翻了 3 倍，这促使我们对这种方法产生了另一种顾虑。因为必须为每个标记创建一个特征，不难看出很快将有一个非常宽，但却非常稀疏的矩阵表示（稀疏是因为一个文档显然不可能包含所有的词 / 符号 / 表情符号等等，因此大部分单元格输入将为零）。这给我们算法维度提出了一些有意思的问题。

表 4-2　添加了第二个评论后的词袋数据库

Review ID	a	acting	an	as	Cinematography	classic	flop	good	instant	Jurassic	such	Titanic	was	World	.	!
Review 1	1	0	0	0	0	0	1	0	0	1	1	0	0	1	0	1
Review 1	0	1	1	2	1	1	0	1	1	0	0	1	1	0	1	2

考虑这样一种情况，我们试图在一个具有 +200k 标记的文本上使用词袋法来训练一个随机森林，其中大部分输入是零。回想一下，在基于树的学习器（tree-based learner）中，“向左还是向右”取决于特征类型。以词袋为例，我们可以将特征计为真或假（即文本是否包含术语）或术语的出现次数（即文本有多少个这样的术语）。对于树中的每个连续分支，算法必须考虑所有这些特征（或者对于随机森林则至少是特征数量的平方根），这会是非常宽和稀疏的，且做出的决定会影响总体结果。

幸运的是，在下一章你将学习到 Spark 是如何处理这种维度和稀疏性的，以及减少特征的数量所可以采取的步骤。

4.3.2　文本标记

为了执行特征提取，我们仍然需要提供构成原始文本的单个词语——标记。但是，我们并不需要考虑所有的单词或字符。例如，可以直接跳过标点符号或不重要的词语，如介词或冠词，这些词语大多不会提供任何有用的信息。而且，通常的做法是把标记转化成一个共同的表示。这些方法包括诸如统一字符（例如，只使用小写字符，去除变音符号，使用诸如 utf8 的通用字符编码等）或将词语变成一种通用形式（所谓的词干提取，例如“cry”/“cries”/“cried”表示为“cry”）。

在我们的例子中，将使用以下的步骤来执行整个过程：

1）将所有单词变为小写（“Because”和“because”是同一个单词）。

2）用正则表达函数来去掉标点符号。

3）删除停用词。这些基本上是指令和连词，比如 in、at、the、and 等，这不会增加所要分类的评论的上下文含义。

4）在评论语料库中查找出现次数少于三次的“罕见标记”。

5）最后删除所有“罕见标记”。

提示： 前面序列中的每个步骤代表了我们在对文本进行情绪分类时的最佳做法。对于你的情况，可能你并不想小写所有的单词（例如，“Python”（一种计算机语言）和“python”（一种蟒蛇），大小写有很大区别！）。此外，你的停用词表 – 如果你选择包括一个 – 可能会有所不同，并会在任务中包含更多你所关心业务逻辑。下面这个网站在收集停用词表方面做得很好，可供你参考：http://www.ranks.nl/stopwords。

1. 声明停用词表

在这里，我们可以直接复用 Spark 所提供的通用英语停用词表。但是，也可以使用特定的停用词来丰富它：

```
import org.apache.spark.ml.feature.StopWordsRemover
val stopWords= StopWordsRemover.loadDefaultStopWords("english") ++
Array("ax", "arent", "re")
```

如前所述，这是一项非常精巧的任务，并且高度依赖你正在努力解决的业务问题。你可能希望在此列表中添加与你的领域相关的术语，但这对预测任务没有帮助。

声明一个分词器（tokenizer），它把评论进行分词，并删除所有停用词和太短的词：

```
val MIN_TOKEN_LENGTH = 3
val toTokens= (minTokenLen: Int, stopWords: Array[String],
    review: String) =>
      review.split("""\W+""")
            .map(_.toLowerCase.replaceAll("[^\\p{IsAlphabetic}]", ""))
            .filter(w =>w.length>minTokenLen)
            .filter(w => !stopWords.contains(w))
```

让我们一步一步来看这个函数它在做什么。它接受单个评论作为输入，然后调用以下函数：

- .split（"""\W+"""）：这会将电影评论文本拆分为仅由字母数字字符所表示的标记。
- .map（_.toLowerCase.replaceAll（"[^\\p{IsAlphabetic}]", ""））：作为一种最佳实践，我们将这些标记变为小写，以便在索引时确保 Java=JAVA=java。然而，这种统一并不总是合适的，重要的是要意识到小写的文本数据对模型的影响。比如，“Python”指的是计算机语言，而小写为“python”却是一种蛇。显然，这两个标记是不一样的；然而小写后就一样了！另外我们也会过滤掉所有的数字字符。
- .filter（w => w.length>minTokenLen）：只保留那些长度大于指定限制的标记（这里是三个字符）。
- .filter（w=>!stopWords.contains（w））：使用事先声明的停用词表，我们可以从分词数据中将这些术语删除。

现在我们可以直接将定义的函数应用于评论语料库：

```
import spark.implicits._
val toTokensUDF= udf(toTokens.curried(MIN_TOKEN_LENGTH)(stopWords))
movieReviews= movieReviews.withColumn("reviewTokens",
                                      toTokensUDF('reviewText))
```

在这里，通过调用 udf 标记将 toToken 转换为 Spark 用户自定义函数，使用 udf 会将常用的 Scala 函数暴露在 Spark DataFrame 上下文中。之后，可以直接在加载后的数据集中的 reviewText 列上应用已定义的 udf 函数。函数的输出创建了一个名为 reviewTokens 的新列。

提示： 我们把 toToken 和 toTokensUDF 的定义分开，因为用不同的表达去定义各自会更容

易一些。这是一种常见的做法，它允许你在独立的环境中测试 toTokens 方法，无须使用和了解 Spark 的基础架构。而且，你可以在不同项目中重复使用定义好的 toTokens 方法，这些方法不一定需要基于 Spark。

以下代码可以找到所有罕见标记：

```
val RARE_TOKEN = 2
val rareTokens= movieReviews.select("reviewTokens")
               .flatMap(r =>r.getAs[Seq[String]]("reviewTokens"))
               .map((v:String) => (v, 1))
               .groupByKey(t => t._1)
               .reduceGroups((a,b) => (a._1, a._2 + b._2))
               .map(_._2)
               .filter(t => t._2 <RARE_TOKEN)
               .map(_._1)
               .collect()
```

罕见标记计算是一个复杂的操作。在我们的示例中，输入是由包含标记列表的行来表示的。但是，我们需要计算所有的单独标记以及它们出现的次数。

因此，在这先将数据集使用 flatMap 方法变成一个新的数据集，其中每一行表示一个标记。

然后，可以使用我们在前面章节中所使用的相同策略。为每个单词生成键值对（word，1）。

键值对表示给定单词的出现次数。接着，我们将所有相同单词的对（groupByKey 方法）组合起来，并计算一个组（reduceGroups）中总的单词出现次数。接下来的步骤过滤掉所有频繁出现的单词，最后把结果收集为一个单词列表。

下一个目标是找到罕见标记。在我们的例子中，我们将出现次数少于 3 次的标记视为罕见的：

```
println(s"Rare tokens count: ${rareTokens.size}")
println(s"Rare tokens: ${rareTokens.take(10).mkString(", ")}")
```

输出如下：

```
Rare tokens count: 26324
Rare tokens: adabted, akeem, apprehensions, auds, auteurist, baffel,
          ballbusting, baloons, bamrha, bargepoles
```

现在已经有了分词函数，是时候通过定义另一个 Spark UDF 来过滤罕见标记了，我们将直接使用 reviewTokens 作为输入数据列：

```
val rareTokensFilter= (rareTokens: Array[String], tokens: Seq[String])
=>tokens.filter(token => !rareTokens.contains(token))
val rareTokensFilterUDF= udf(rareTokensFilter.curried(rareTokens))

movieReviews= movieReviews.withColumn("reviewTokens",
rareTokensFilterUDF('reviewTokens))
```

```
println("Movie reviews tokens:")
movieReviews.show(5)
```

电影评论的标记如下：

```
Movie reviews tokens:
+--------------------+-----+------+--------------------+
|          reviewText|label|row_id|        reviewTokens|
+--------------------+-----+------+--------------------+
|Match 1: Tag Team...|  1.0|     0|[match, team, tab...|
|**Attention Spoil...|  1.0|     1|[attention, spoil...|
|Titanic directed ...|  1.0|     2|[titanic, directe...|
|By now you've pro...|  1.0|     3|[probably, heard,...|
|*!!- SPOILERS - !...|  1.0|     4|[spoilers, begin,...|
+--------------------+-----+------+--------------------+
only showing top 5 rows
```

根据特定的任务，你可能会希望添加或删除一些停用词，或探索不同的正则表达式（比如，使用正则表达来提取电子邮件地址就很常见）。现在，使用所有的标记来构建我们的数据集。

2. 词干提取和词形还原

NLP 中一个非常流行的步骤是将词语提取到它的词根形式。例如，“ accounts” 和 “ accounting” 都将被提取为 “ account”，乍看起来这似乎是非常合理的。然而你应该注意到了，词干提取深受以下两方面之害：

1）过度提取：当词干提取不能将两个含义不同的词分开时。例如，提取（"general", "genetic"）="gene"。

2）提取不足：对具有相同含义的词语，无法取出词根形式。例如，提取（"jumping", "jumpiness"）=jumpi，却提取（"jumped"，"jumps"）="jump"。在这个例子中，我们知道前面所有术语都是词根 "jump" 的变形。然而，你可能会犯这个错误，这取决于你选择的词干分析器（最常见的两个词干分析器是 Porter（最老也是最常见）和 Lancaster）。

考虑到在语料库中可能出现提取过度和提取不足的词汇，NLP 从业人员提出了词形还原（lemmatization）的概念来帮助解决这些已知的问题。“还原”（lemming）一词是根据单词的上下文，采用一组相关词的规范（字典）形式。例如，还原（“paying”、“pays”、“paid”）= “ pay”。与词干提取一样，词形还原试图将相关单词分组，但按词义分组单词又比词干提取更进了一步。毕竟，同样的两个词根据语境会有完全不同的含义！鉴于本章的深度和复杂性，我们将不会介绍任何词形还原技术，但感兴趣的读者可以从 https://stanfordnlp.github.io/CoreNLP/ 上了解更多。

4.4 特征化——特征哈希

现在是将字符串表示转换为数字的时候了。我们将选用词袋方法；不过，会选择一种称为特征哈希（feature hashing）的技巧。让我们详细地介绍 Spark 是如何使用这个强大的技术来帮助我们有效构建和访问分词数据集的。正如前面所解释的那样，我们把特征哈希作为一个词袋的高效实现。

在其核心上，特征哈希是一种快速的，并且空间上高效的处理高维数据的方法，通过将任意特征转换为向量或矩阵内的索引，通常被用在文本处理上。最好使用例子文本来解释，假设我们有以下两条电影评论：

- 电影《好家伙》值回了票价！演技了得！
- 《好家伙》是一部引人入胜的电影，演员阵容强大，情节精彩，所有电影爱好者必看！

对于这些评论中的每个标记，我们可以应用“哈希技巧”，即为不同的标记分配给一个数值。因此上面两条评论所产生的一组独特标记（在小写 + 文本处理之后）按字母顺序排列后为：

```
{"acting": 1, "all": 2, "brilliant": 3, "cast": 4, "goodfellas": 5,
"great": 6, "lover": 7, "money": 8, "movie": 9, "must": 10, "plot": 11,
"riveting": 12, "see": 13, "spent": 14, "well": 15, "with": 16, "worth":
17}
```

应用哈希创建以下矩阵：

```
[[1, 1, 0, 1, 0, 0, 0, 0, 1, 0, 0, 0, 0, 1, 1, 0, 1]
[0, 1, 1, 1, 1, 1, 1, 0, 0, 1, 0, 1, 1, 0, 0, 1, 0]]
```

来自特征哈希的矩阵被构造为如下：

- 行代表电影评论。
- 列代表特征（不是真正的单词）。特征空间由一系列所使用的哈希函数表示。请注意，每行都有相同数量的列，而不是一个不断增长的宽矩阵。
- 因此，矩阵（i，j）=k 中的每一项意味着在行 i 中，特征 j 出现了 k 次。例如，标记“movie”所得的特征 9 在第二个评论中出现了两次；因此，矩阵（2，9）=2。
- 所使用的哈希函数可能会产生间隙。如果哈希函数将一小部分单词哈希到了较大的数值空间中，则生成的矩阵将具有较高的稀疏性。
- 一个需要重要考虑的是哈希碰撞，这是由两个不同的特征（在这里是标记）在特征矩阵中被哈希成相同的索引所造成的。为了防止这种情况的出现，一个方法是选择大量的特征进行哈希，这是 Spark 中可以控制的一个参数（Spark 中的默认设置为 2^20 ～ 100 万个特征）。

现在，我们可以使用 Spark 的哈希函数，它将每个标记映射到一个哈希索引，这个索引将组成特征向量或矩阵。与往常一样，从导入必要的类开始，然后将要创建的哈希特征数量的默认值更改为大约 4096（2^12）。

在代码中，我们将使用 Spark ML 包中的 HashingTF 转换器（本章后面将会对转换进行详细介绍）。它需要指定输入和输出列的名称。对于我们的数据集 movieReviews，输入列是

reviewTokens，它包含了在前面步骤中所创建的标记。转换的结果存储在一个名为 tf 的新列中：

```
val hashingTF= new HashingTF hashingTF.setInputCol("reviewTokens")
                    .setOutputCol("tf")
                    .setNumFeatures(1 <<12) // 2^12
                    .setBinary(false)
val tfTokens= hashingTF.transform(movieReviews)
println("Vectorized movie reviews:")
tfTokens.show(5)
```

输出如下：

```
Vectorized movie reviews:
+--------------------+-----+------+--------------------+--------------------+
|          reviewText|label|row_id|        reviewTokens|                  tf|
+--------------------+-----+------+--------------------+--------------------+
|Match 1: Tag Team...|  1.0|     0|[match, team, tab...|(4096,[0,14,30,46...|
|**Attention Spoil...|  1.0|     1|[attention, spoil...|(4096,[10,14,30,3...|
|Titanic directed ...|  1.0|     2|[titanic, directe...|(4096,[2,9,20,29,...|
|By now you've pro...|  1.0|     3|[probably, heard,...|(4096,[3,14,29,31...|
|*!!- SPOILERS - !...|  1.0|     4|[spoilers, begin,...|(4096,[3,14,24,31...|
+--------------------+-----+------+--------------------+--------------------+
only showing top 5 rows
```

在调用转换之后，生成的 tfTokens 数据集在原始数据旁边添加一个名为 tf 的新列，该列的每一行包含 org.apache.spark.ml.linalg.Vector 的一个实例。在我们的例子中，向量是稀疏的（因为哈希空间远大于唯一标记的数量）。

术语频率 – 逆文档频率（TF-IDF）加权方案

现在我们将使用 Spark ML 来应用一个非常常见的称为 TF-IDF 的加权方案，将分词后的评论转换为向量，这将成为机器学习模型的输入。这个转换背后的数学相对简单：

$$w_{i,j} = tf_{i,j} \times \log\left(\frac{N}{df_i}\right)$$

对于每一个标记：

- 在给定的文档中找到术语的频率（在我们的例子中是电影评论）。
- 将此计数乘以逆文档频率的对数，逆文档频率是通过查看在所有文档（通常称为语料库）中该标记发生的频率所得到的。
- 取反操作非常有用，因为它会惩罚文档中过于频繁出现的标记（例如“movie”），并提升那些不经常出现的标记。

现在，基于前面解释的 TF-IDF 公式，我们可以对术语进行缩放。首先，我们需要计算一个模型——一个关于如何缩放词频的模型。在这里，基于上一步 hashingTF 所生成的输入数据，我们可以使用 Spark IDF 估算器来创建模型：

```
import org.apache.spark.ml.feature.IDF
val idf= new IDF idf.setInputCol(hashingTF.getOutputCol)
```

```
                .setOutputCol("tf-idf")
val idfModel= idf.fit(tfTokens)
```

构建一个 Spark 估算器对输入数据（上一步转换的输出）进行训练（拟合）。IDF 估算器计算单个标记的权重。有了该模型，可以将其应用到拟合过程中定义的任何列数据上：

```
val tfIdfTokens= idfModel.transform(tfTokens)
println("Vectorized and scaled movie reviews:")
tfIdfTokens.show(5)
```

```
Vectorized and scaled movie reviews:
+--------------------+-----+------+--------------------+--------------------+--------------------+
|          reviewText|label|row_id|        reviewTokens|                  tf|              tf-idf|
+--------------------+-----+------+--------------------+--------------------+--------------------+
|Match 1: Tag Team...|  1.0|     0|[match, team, tab...|(4096,[0,14,30,46...|(4096,[0,14,30,46...|
|**Attention Spoil...|  1.0|     1|[attention, spoil...|(4096,[10,14,30,3...|(4096,[10,14,30,3...|
|Titanic directed ...|  1.0|     2|[titanic, directe...|(4096,[2,9,20,29,...|(4096,[2,9,20,29,...|
|By now you've pro...|  1.0|     3|[probably, heard,...|(4096,[3,14,29,31...|(4096,[3,14,29,31...|
|*!!- SPOILERS - !...|  1.0|     4|[spoilers, begin,...|(4096,[3,14,24,31...|(4096,[3,14,24,31...|
+--------------------+-----+------+--------------------+--------------------+--------------------+
only showing top 5 rows
```

详细地看一下单独的一行以及 hashingTF 和 IDF 输出的区别。两个操作都产生了一个长度相同的稀疏向量。我们可以查看其中的非零元素，并验证这两行只在相同的位置包含非零值：

```
import org.apache.spark.ml.linalg.Vector
val vecTf= tfTokens.take(1)(0).getAs[Vector]("tf").toSparse
val vecTfIdf= tfIdfTokens.take(1)(0).getAs[Vector]("tf-idf").toSparse
println(s"Both vectors contains the same layout of non-zeros:
${java.util.Arrays.equals(vecTf.indices, vecTfIdf.indices)}")
```

同样也可以打印一些非零值：

```
println(s"${vecTf.values.zip(vecTfIdf.values).take(5).mkString("\n")}")
```

```
Both vectors contains the same layout of non-zeros: true
(12.0,52.6425382904535)
(1.0,1.17600860711636)
(4.0,11.122643572548267)
(1.0,1.5708342880419173)
(1.0,4.309559943087155)
```

你可以看到，根据标记出现在所有句子中的频率，在句中具有相同频率的标记会有不同的得分。

4.5 我们来做一些模型训练吧

现在，我们有了文本数据的数值表示，它用简单的方式获取了评论的结构。是时候开始建模了。首先，我们选择需要训练的列，并拆分结果数据集。我们将生成的row_id列保留在数据集中。但是，不会将其用作输入特征，只是简单地将其用作唯一的行标识符：

```
valsplits = tfIdfTokens.select("row_id", "label",
idf.getOutputCol).randomSplit(Array(0.7, 0.1, 0.1, 0.1), seed = 42)
val(trainData, testData, transferData, validationData) = (splits(0),
splits(1), splits(2), splits(3))
Seq(trainData, testData, transferData, validationData).foreach(_.cache())
```

请注意，在这里我们已经创建了四个不同的数据子集：训练数据集、测试数据集、转移数据集和最终验证数据集。转移数据集将在本章后面进行解释，但其他的东西在前面的章节中都应该已经非常熟悉了。

另外，将数据集缓存在内存中也是相当重要的，因为大多数算法需要迭代查询数据集，缓存可以有效地避免重复所有数据的评估准备操作。

4.5.1 Spark决策树模型

首先，我们使用网格搜索的方式去学习一个简单的决策树超参数。按照第2章的代码来构建我们所需的模型，该模型训练的目标是最大化AUC。但是，这里并不采用MLlib库中的模型，而是选择Spark ML包中的模型。之后当需要将模型组合成流水线时，使用ML包将会更加清晰。因此在下面的代码中，我们将使用DecisionTreeClassifier来拟合trainData，生成对于testData的预测，并在BinaryClassificationEvaluator的帮助下评估模型的AUC：

```
import org.apache.spark.ml.classification.DecisionTreeClassifier
import org.apache.spark.ml.classification.DecisionTreeClassificationModel
import org.apache.spark.ml.evaluation.BinaryClassificationEvaluator
import java.io.File
val dtModelPath = s" $ MODELS_DIR /dtModel"
val dtModel= {
  val dtGridSearch = for (
    dtImpurity<- Array("entropy", "gini");
    dtDepth<- Array(3, 5))
    yield {
      println(s"Training decision tree: impurity $dtImpurity,
              depth: $dtDepth")
      val dtModel = new DecisionTreeClassifier()
          .setFeaturesCol(idf.getOutputCol)
          .setLabelCol("label")
          .setImpurity(dtImpurity)
          .setMaxDepth(dtDepth)
          .setMaxBins(10)
          .setSeed(42)
          .setCacheNodeIds(true)
          .fit(trainData)
      val dtPrediction = dtModel.transform(testData)
      val dtAUC = new BinaryClassificationEvaluator().setLabelCol("label")
          .evaluate(dtPrediction)
      println(s" DT AUC on test data: $dtAUC")
```

```
        ((dtImpurity, dtDepth), dtModel, dtAUC)
      }
      println(dtGridSearch.sortBy(-_._3).take(5).mkString("\n"))
    val bestModel = dtGridSearch.sortBy(-_._3).head._2
    bestModel.write.overwrite.save(dtModelPath)
    bestModel
  }
```

```
Training decision tree: impurity entropy, depth: 3
DT AUC on test data: 0.5704125809734585
Training decision tree: impurity entropy, depth: 5
DT AUC on test data: 0.6123589190615425
Training decision tree: impurity gini, depth: 3
DT AUC on test data: 0.5704546494784851
Training decision tree: impurity gini, depth: 5
DT AUC on test data: 0.658750720212806
```

当选出最好的模型后，将其写入一个文件。这个技巧非常有用，因为模型训练可能会花掉大量的时间和资源，下一次我们就可以直接从文件中加载模型而无须重新训练：

```
val dtModel= if (new File(dtModelPath).exists()) {
  DecisionTreeClassificationModel.load(dtModelPath)
} else { /* do training */ }
```

4.5.2 Spark 朴素贝叶斯模型

接下来，让我们看看采用 Spark 朴素贝叶斯的实现。请注意，这里有意避开算法本身的介绍，因为这已经在很多机器学习书籍中介绍过了；相反，我们将重点放在模型的参数上。最终，在本章后面的 Spark 流式应用中，我们会讨论如何“部署”这些模型。

Spark 的朴素贝叶斯实现相对简单，只需要记住几个参数，主要如下：

- getLambda：这个参数有时被称为“附加平滑”或“拉普拉斯平滑”，这个参数可以帮助我们平滑类别变量的观察比例，以创建更为统一的分布。当你尝试预测的类别数量非常少且不希望整个类别由于低采样而丢失时，此参数尤其重要。输入 lambda 参数以引入一些类别的最小表示可以“帮助”你对付这个问题。
- getModelType：这里有两种选择：“多项”（默认）或“伯努利”。伯努利模型类型会假定我们的特征是二元的，在这个例子中为”does review have word__ ? Yes or no?”（“评论是否含有____词？是或否？”）；而多项模型类型则需要离散的词数。另外一种模型类型目前还没有在 Spark 朴素贝叶斯模型中实现，但是你可以尝试去了解，它就是高斯模型类型。这赋予模型特征正态分布的自由。

考虑到在这种情况下只有一个超参数需要处理，我们就简单地使用默认的 lambda 值，但是我们仍鼓励你尝试网格搜索的方法以获得最佳结果：

```
import org.apache.spark.ml.classification.{NaiveBayes, NaiveBayesModel}
val nbModelPath= s"$MODELS_DIR/nbModel"
val nbModel= {
  val model = new NaiveBayes()
```

```
      .setFeaturesCol(idf.getOutputCol)
      .setLabelCol("label")
      .setSmoothing(1.0)
      .setModelType("multinomial") // Note: input data are multinomial
      .fit(trainData)
  val nbPrediction = model.transform(testData)
  val nbAUC = new BinaryClassificationEvaluator().setLabelCol("label")
                 .evaluate(nbPrediction)
  println(s"Naive Bayes AUC: $nbAUC")
  model.write.overwrite.save(nbModelPath)
  model
}
```

```
Naive Bayes AUC: 0.4843121496534903
```

对于相同的输入数据集，对不同模型的性能进行比较很有意思。通常情况下，即使是简单的朴素贝叶斯算法对文本分类任务也很适用。原因可能与这个算法的第一个形容词有关："朴素"。具体来说，这个特定的算法假定我们的特征——在这种情况下是全局加权的术语频率（globally weighted term frequency），是相互独立的。在现实世界中是如此的吗？这个假设往往与事实相悖。然而，这个算法的表现仍然能和更复杂的模型一样好，即便不是更好。

4.5.3 Spark随机森林模型

接下来，我们将继续讨论随机森林算法，从前面的章节可以看到它是各种决策树的一个集合，我们再次进行网格搜索，在各种深度和其他超参数之间交替进行：

```
import org.apache.spark.ml.classification.{RandomForestClassifier,
RandomForestClassificationModel}
val rfModelPath= s"$MODELS_DIR/rfModel"
val rfModel= {
  val rfGridSearch = for (
    rfNumTrees<- Array(10, 15);
    rfImpurity<- Array("entropy", "gini");
    rfDepth<- Array(3, 5))
    yield {
      println( s"Training random forest: numTrees: $rfNumTrees,
              impurity $rfImpurity, depth: $rfDepth")
     val rfModel = new RandomForestClassifier()
         .setFeaturesCol(idf.getOutputCol)
         .setLabelCol("label")
         .setNumTrees(rfNumTrees)
         .setImpurity(rfImpurity)
         .setMaxDepth(rfDepth)
         .setMaxBins(10)
         .setSubsamplingRate(0.67)
         .setSeed(42)
         .setCacheNodeIds(true)
         .fit(trainData)
     val rfPrediction = rfModel.transform(testData)
```

```
    val rfAUC = new BinaryClassificationEvaluator()
                .setLabelCol("label")
                .evaluate(rfPrediction)
    println(s" RF AUC on test data: $rfAUC")
    ((rfNumTrees, rfImpurity, rfDepth), rfModel, rfAUC)
  }
  println(rfGridSearch.sortBy(-_._3).take(5).mkString("\n"))
  val bestModel = rfGridSearch.sortBy(-_._3).head._2
  // Stress that the model is minimal because of defined gird space^
  bestModel.write.overwrite.save(rfModelPath)
  bestModel
}
```

```
Training random forest: numTrees: 10, impurity entropy, depth: 3
RF AUC on test data: 0.7074721068984243
Training random forest: numTrees: 10, impurity entropy, depth: 5
RF AUC on test data: 0.765794536075256
Training random forest: numTrees: 10, impurity gini, depth: 3
RF AUC on test data: 0.710100883640532
Training random forest: numTrees: 10, impurity gini, depth: 5
RF AUC on test data: 0.7532190820046402
Training random forest: numTrees: 15, impurity entropy, depth: 3
RF AUC on test data: 0.7627100732866996
Training random forest: numTrees: 15, impurity entropy, depth: 5
RF AUC on test data: 0.7953145108745386
Training random forest: numTrees: 15, impurity gini, depth: 3
RF AUC on test data: 0.7639953502522747
Training random forest: numTrees: 15, impurity gini, depth: 5
RF AUC on test data: 0.8067635386545605
```

从网格搜索中我们可以看到最高 AUC 是 0.769。

4.5.4 Spark GBM 模型

最后，我们来看梯度提升机（GBM），这将是模型集合中的最后一个模型。请注意，在前面的章节中我们使用了 H2O 的 GBM 版本，但是现在将重心放在 Spark 上，并使用 Spark 的 GBM 实现，如下所示：

```
import org.apache.spark.ml.classification.{GBTClassifier,
GBTClassificationModel}
val gbmModelPath= s"$MODELS_DIR/gbmModel"
val gbmModel= {
  val model = new GBTClassifier()
      .setFeaturesCol(idf.getOutputCol)
      .setLabelCol("label")
      .setMaxIter(20)
      .setMaxDepth(6)
      .setCacheNodeIds(true)
      .fit(trainData)
  val gbmPrediction = model.transform(testData)
  gbmPrediction.show()
  val gbmAUC = new BinaryClassificationEvaluator()
      .setLabelCol("label")
      .setRawPredictionCol(model.getPredictionCol)
      .evaluate(gbmPrediction)
```

```
  println(s" GBM AUC on test data: $gbmAUC")
  model.write.overwrite.save(gbmModelPath)
  model
}
```

```
GBM AUC on test data: 0.7549674490735507
```

到现在为止我们已经训练了四种不同的学习算法：(单个) 决策树、随机森林、朴素贝叶斯和梯度提升机。如表 4-3 中所总结的，每个模型都提供了不同的 AUC。我们可以看到表现最好的模型是随机森林，其次是 GBM。但是在这没有对 GBM 模型进行任何的穷尽搜索，也没有像通常推荐的那样使用大量的迭代：

表 4-3 四种模型对应的 AUC

决策树	0.659
朴素贝叶斯	0.484
随机森林	0.769
GBN	0.755

4.5.5 超级学习器模型

现在，在神经网络的帮助下，我们将结合所有这些算法的预测能力生成一个“超级学习器”，它将每个模型的预测作为输入，然后在个别训练模型的猜测下尝试提出一种更好的预测。从宏观上看，架构看起来如图 4-1 所示：

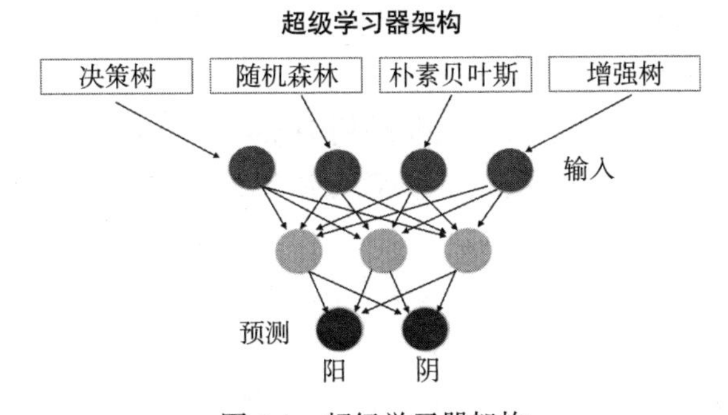

图 4-1 超级学习器架构

我们将进一步解释构建“超级学习器”背后的直觉以及该方法的好处，并教你如何构建你的 Spark 流式应用，这个应用将接收你的文本（电影评论）输入，并通过每个模型的预测引擎进行预测。使用这些预测结果作为神经网络的输入，我们将运用各种算法的组合能力生成积极或是消极的情绪预测。

4.6 超级学习器

在前面的章节中我们已经训练了几个模型。现在，我们将使用深度学习模型将它们组合成一个称为超级学习器的集合。建立一个超级学习器的过程很简单（见图 4-1）：

1）选择基线算法（例如 GLM、随机森林、GBM 等）。

2）选择一个元学习算法（meta-learning algorithm）(例如深度学习)。

3）在训练集上训练每个基线算法。

4）对每个学习器进行 K-fold 交叉验证，并从每个基线算法中收集交叉验证的预测值。

5）来自 L 个基线算法的 N 个交叉验证预测值组合成一个新的 $N \times L$ 矩阵。该矩阵与原始响应向量一起被称为“一级（level-one）”数据。

6）在一级数据上训练元学习算法。

7）超级学习器（或所谓的“组合模型”）由 L 个基线学习模型和元学习模型组成，它可以在随后的测试集上进行预测。

组合的关键技巧是将各类强大的学习器结合在一起。我们已经在随机森林算法的上下文中讨论了类似的技巧。

提示： Erin LeDell 的博士论文包含了关于超级学习器和其可扩展性的更多详细信息。你可以从 https://www.stat.berkeley.edu/~ledell/papers/ledell-phd-thesis.pdf 找到相应的论文。

在这个例子中，我们将跳过交叉验证来简化整个过程，而选择使用留出集。注意，这并不是推荐的方法！

作为第一步，使用训练好的模型和转移数据集来获得预测，并将它们组合为一个新的数据集，再通过实际的标签进行扩展。

这听起来很简单，但是，我们无法直接使用 DataFrame#withColumn 方法从不同数据集的多个列中创建一个新的 DataFrame，因为该方法仅接受来自左边 DataFrame 的列或是常量列。

不过，我们已经为这种情况准备了数据集，为每一行分配了一个唯一的 ID。在这里，我们使用 row_id 列，并将其与基于 row_id 的单个模型预测进行连接。我们还需要重命名每个模型预测列，以便能唯一地识别出数据集内的模型预测：

```
import org.apache.spark.ml.PredictionModel
import org.apache.spark.sql.DataFrame

val models = Seq(("NB", nbModel), ("DT", dtModel), ("RF", rfModel), ("GBM",
gbmModel))
def mlData(inputData: DataFrame, responseColumn: String, baseModels:
Seq[(String, PredictionModel[_, _])]): DataFrame= {
baseModels.map{ case(name, model) =>
model.transform(inputData)
     .select("row_id", model.getPredictionCol )
     .withColumnRenamed("prediction", s"${name}_prediction")
  }.reduceLeft((a, b) =>a.join(b, Seq("row_id"), "inner"))
   .join(inputData.select("row_id", responseColumn), Seq("row_id"),
"inner")
}
val mlTrainData= mlData(transferData, "label", models).drop("row_id")
mlTrainData.show()
```

```
+-------------+-------------+-------------+--------------+-----+
|NB_prediction|DT_prediction|RF_prediction|GBM_prediction|label|
+-------------+-------------+-------------+--------------+-----+
|          0.0|          1.0|          1.0|           1.0|  1.0|
|          1.0|          1.0|          1.0|           1.0|  0.0|
|          0.0|          0.0|          0.0|           0.0|  0.0|
|          0.0|          1.0|          1.0|           0.0|  0.0|
|          0.0|          1.0|          1.0|           1.0|  0.0|
|          0.0|          0.0|          0.0|           0.0|  0.0|
|          0.0|          1.0|          0.0|           1.0|  0.0|
|          0.0|          1.0|          0.0|           1.0|  0.0|
|          0.0|          1.0|          1.0|           0.0|  0.0|
|          1.0|          1.0|          1.0|           1.0|  0.0|
|          0.0|          0.0|          0.0|           0.0|  0.0|
|          1.0|          1.0|          1.0|           1.0|  1.0|
|          0.0|          1.0|          0.0|           1.0|  1.0|
|          1.0|          1.0|          1.0|           1.0|  1.0|
|          0.0|          0.0|          1.0|           0.0|  0.0|
|          0.0|          1.0|          1.0|           0.0|  0.0|
|          0.0|          0.0|          1.0|           0.0|  0.0|
|          0.0|          0.0|          1.0|           0.0|  0.0|
|          0.0|          1.0|          1.0|           0.0|  0.0|
|          0.0|          0.0|          0.0|           0.0|  0.0|
+-------------+-------------+-------------+--------------+-----+
only showing top 20 rows
```

该表由模型的预测组成，并由实际标签标注。可以看到单个模型是同意或不同意预测值，这很有意思。

可以使用相同的转换为超级学习器准备验证数据集：

```
val mlTestData = mlData(validationData, "label", models).drop("row_id")
```

现在，我们可以建立元学习算法了。这里使用由H2O机器学习库所提供的深度学习算法。但是，我们需要一些额外的准备，将准备好的训练和测试数据转换为H2O frame：

```
import org.apache.spark.h2o._
val hc= H2OContext.getOrCreate(sc)
val mlTrainHF= hc.asH2OFrame(mlTrainData, "metaLearnerTrain")
val mlTestHF= hc.asH2OFrame(mlTestData, "metaLearnerTest")
```

我们还需要将label列转换为类别列。这是必要的，否则，H2O深度学习算法将执行回归算法，因为label列是数值：

```
importwater.fvec.Vec
val toEnumUDF= (name: String, vec: Vec) =>vec.toCategoricalVec
mlTrainHF(toEnumUDF, 'label).update()
mlTestHF(toEnumUDF, 'label).update()
```

现在，可以建立一个H2O深度学习模型。我们可以直接使用该算法的Java API；然而，由于我们想将所有的步骤组合成一个单独的Spark流水线，因此将使用一个包装器暴露Spark的估算器API：

```
val metaLearningModel= new H2ODeepLearning()(hc, spark.sqlContext)
      .setTrainKey(mlTrainHF.key)
      .setValidKey(mlTestHF.key)
      .setResponseColumn("label")
      .setEpochs(10)
      .setHidden(Array(100, 100, 50))
      .fit(null)
```

由于指定了验证数据集，因此可以直接查看模型的性能：

```
Model Metrics Type: Binomial
 Description: Metrics reported on full validation frame
 model id: DeepLearning_model_1500875766182_1
 frame id: metaLearnerTest
 MSE: 0.4889693
 RMSE: 0.6992634
 AUC: 0.8502772
 logloss: 2.5960147
 mean_per_class_error: 0.19902605
 default threshold: 0.0015407047467306256
 CM: Confusion Matrix (Row labels: Actual class; Column labels: Predicted class):
          0     1   Error        Rate
     0  943   309  0.2468  309 / 1,252
     1  188  1055  0.1512  188 / 1,243
Totals 1131  1364  0.1992  497 / 2,495
```

或者，可以打开 H2O Flow UI（通过调用 hc.openFlow）并以可视化的方式查看模型性能，如图 4-2 所示：

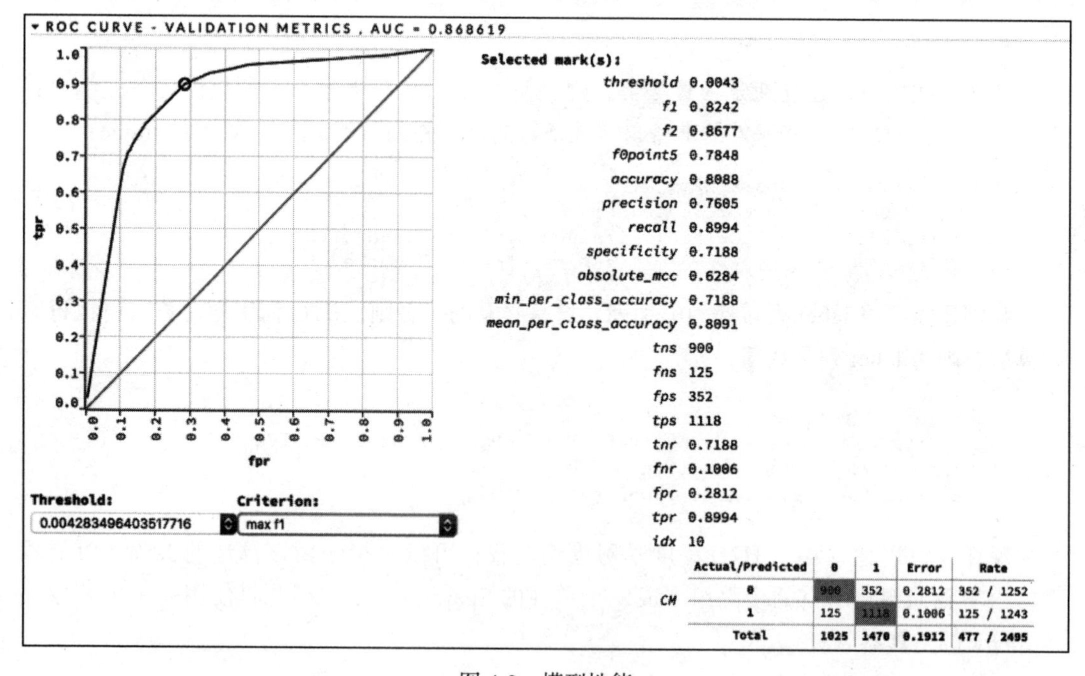

图 4-2　模型性能

你可以很容易看到在验证数据集上此模型的 AUC 为 0.868 619，高于所有单个模型的 AUC。

4.6.1　集合所有的转换

在上一节中，我们使用 Spark 所提供的原语开发了各个步骤，包括 UDF、原生 Spark 算法和 H2O 算法。但是，在不可见数据上调用所有这些转换需要大量的人力。为此，Spark 引入了流水线的概念，这主要是受到 Python scikit 流水线设计的启发（http://scikit-learn.org/stable/modules/generated/sklearn.pipeline.Pipeline.html）。

提示： 要详细了解 Python 背后的设计理念，建议你阅读由 Lars Buitinck 等人所写的优秀论文《API design for machine learning software: experiences from the scikit-learn project》（https://arxiv.org/abs/1309.0238）。

流水线是由估算器和转换所表示的阶段所组成的：

- 估算器：这是暴露创建模型的 fit 方法的核心元素。大多数分类和回归算法都可表示为估算器。
- 转换器：这会将输入数据集转换为新的数据集。转换器所暴露的方法是 transform，它实现了数据转换的逻辑。转换器可以在多个向量上产生单个结果。估算器所生成的大多数模型都是转换器，它将输入数据集转换为表示预测的新数据集。另一个例子是本节中所使用的 TF 转换器。

流水线本身暴露了与估算器相同的接口。它有 fit 方法，因此可以被训练并产生一个“流水线模型”，而流水线模型可用于数据转换（它和转换器有相同的接口）。因此，流水线可以分层级地组合在一起，而且各个流水线阶段是按顺序调用的；然而它们仍然可以表示为一个有向无环图（例如，一个阶段可以有两个输入列，每个列由不同的阶段产生）。在这种情况下，顺序性必须遵循图的拓扑结构。

在本例中，我们将所有的转换组合在一起。但是，在这里我们不会定义一个训练流水线（即一个可以训练所有模型的流水线），相反会使用已经训练好的模型来建立流水线阶段。我们的目标是定义一个流水线，并使用这个流水线来为新的电影评论打分，如图 4-3 所示。

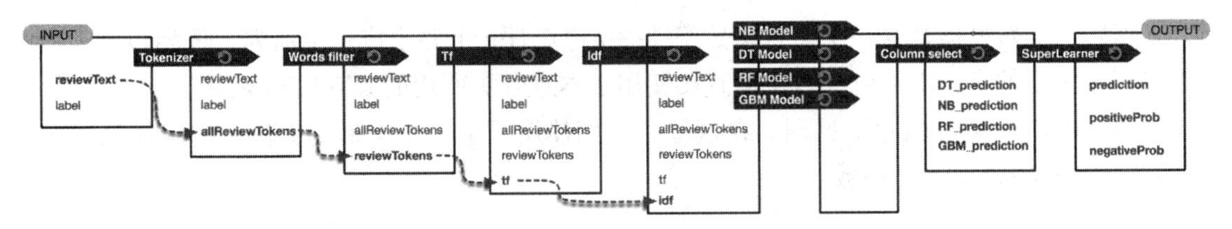

图 4-3　流水线模型的示例

让我们从例子开始：首先第一个操作是在输入数据上应用一个简单的分词器。它是由一个 Scala 函数所定义的，我们将其包装为 Spark UDF 的形式。但是，要将它用作流水线的一部分，我们需要将定义好的 Scala 函数包装到转换中。不幸的是，Spark 并没有提供任何简单的包装器来满足这一需求，所以有必要从头开始定义一个通用的转换。我们已经知道目标是把单个列转换为新列。在这种情况下，我们可以使用 UnaryTransformer，它精确地定义了一对一的列转换。在这可以稍微宽泛一些，为 Scala 函数定义一个通用的包装器（又名 Spark UDF）：

```
import org.apache.spark.ml.{Pipeline, UnaryTransformer}
import org.apache.spark.sql.types._
import org.apache.spark.ml.param.ParamMap
import org.apache.spark.ml.util.{MLWritable, MLWriter}

class UDFTransformer[T, U](override valuid: String,
                           f: T =>U, inType: DataType,
                           outType: DataType)
extendsUnaryTransformer[T, U, UDFTransformer[T, U]] with MLWritable {

override protected defcreateTransformFunc: T =>U = f

override protected defvalidateInputType(inputType: DataType): Unit =
require(inputType == inType)

override protected defoutputDataType: DataType = outType

override defwrite: MLWriter = new MLWriter {
override protected defsaveImpl(path: String): Unit = {}
 }
}
```

UDFTransformer 类包装了一个函数 f，它接受一个类型 T 的输入并返回类型 U 结果。在 Spark 数据集上，它将 inType 类型的输入列（请参阅 UnaryTransformer）转换为 outType 类型的新的输出列（同样，该域由 UnaryTransformer 定义）。该类还具有 MLWritable trait 的伪实现，支持将转换器序列化到文件中。

现在，我们只需要定义分词器转换器：

```
val tokenizerTransformer= new UDFTransformer[String, Array[String]](
  "tokenizer", toTokens.curried(MIN_TOKEN_LENGTH)(stopWords),
  StringType, new ArrayType(StringType, true))
```

所定义的转换器接受一个字符串数组（一条电影评论）并生成一个新列，该列包含表示电影评论标记的字符串数组。转换器直接使用了本章开头所用的 toTokens 函数。

下一个转换需要删除罕见词。在这里，我们使用与上一步类似的方法，并使用已经定义好的 UDFTransformer 函数：

```
val rareTokensFilterTransformer= new UDFTransformer[Seq[String],
Seq[String]](
  "rareWordsRemover",
  rareTokensFilter.curried(rareTokens),
  newArrayType(StringType, true), new ArrayType(StringType, true))
```

这个转换器接受一个包含标记数组的列，并产生一个过滤后的标记数组所构成的新列。它使用了已经定义好的 rareTokensFilter Scala 函数。

注： 到目前为止，我们还没有指定任何输入数据的相关依赖，包括输入列的名称。我们将其保留到最终的流水线定义中。

接下来的步骤包括在 TF 方法的帮助下向量化哈希字符串标记到一个大的数值空间中，然后根据所建立的 IDF 模型进行转换。这两个转换已经以预期的形式定义了：第一个 hashingTF 转换已经是一个转换器，将一组标记转化为数值向量；而第二个 idfModel 接受数值向量，并基于计算所得的系数对其进行缩放。

这些步骤为所需训练的二项式模型提供输入。每个基线模型代表一个转换器，它产生几个新列，比如预测。原始预测和概率。但是，重要的是，并不是所有的模型都提供了这些列。例如，Spark GBM 当前（Spark 2.0.0 版本）仅提供了预测列。尽管如此，对于这个例子这已经足够了。

在生成预测后，我们的数据集包含许多列，比如输入列、带有标记的列、转换后的标记列等。然而，为了应用生成的元学习器，我们只需要包含由基线模型所生成的预测列。为此，我们将定义一个列选择器转换，它会删除所有不必要的列。在这里，我们有这样一个转换——它接受一个包含 *N* 列的数据集，并生成一个含有 *M* 列的新数据集。因此，我们无法使用前面所定义的 UnaryTransformer，转而定义了一个名为 ColumnSelector 的新的即席转换：

```
import org.apache.spark.ml.Transformer
class ColumnSelector(override valuid: String, valcolumnsToSelect:
Array[String]) extends Transformer with MLWritable {

  override deftransform(dataset: Dataset[_]): DataFrame= {
    dataset.select(columnsToSelect.map(dataset.col): _*)
  }

  override deftransformSchema(schema: StructType): StructType = {
    StructType(schema.fields.filter(col=>columnsToSelect
                           .contains(col.name)))
  }

  override defcopy(extra: ParamMap): ColumnSelector = defaultCopy(extra)

  override defwrite: MLWriter = new MLWriter {
    override protected defsaveImpl(path: String): Unit = {}
  }
}
```

ColumnSelector 表示了一个通用转换器，它从输入数据集中只选择给定的列。值得一提的是，它总体上包含两个阶段：第一阶段转换 schema（即与每个数据集所关联的元数据），第二阶段则进行实际数据转换。该种分离式的实现允许 Spark 在转换实际数据之前，对转换器进行早期检查以找出其中的不兼容。

我们需要通过创建一个 columnSelector 实例来定义实际的列选择器转换器（注意指定正确的列）：

```
val columnSelector= new ColumnSelector(
  "columnSelector",  Array(s"DT_${dtModel.getPredictionCol}",
  s"NB_${nbModel.getPredictionCol}",
  s"RF_${rfModel.getPredictionCol}",
  s"GBM_${gbmModel.getPredictionCol}")
```

到了这里，我们的转换器已经准备好组成最后的“超级学习”流水线。流水线的 API 很简洁，它接受顺序调用的各个阶段。但是，我们仍然需要指定各个阶段之间的依赖关系。大多数情况下，依赖性是由输入和输出列的名字来描述的：

```
val superLearnerPipeline = new Pipeline()
 .setStages(Array(
// Tokenize
tokenizerTransformer
     .setInputCol("reviewText")
     .setOutputCol("allReviewTokens"),
// Remove rare items
rareTokensFilterTransformer
     .setInputCol("allReviewTokens")
     .setOutputCol("reviewTokens"),
hashingTF,
idfModel,
dtModel
     .setPredictionCol(s"DT_${dtModel.getPredictionCol}")
     .setRawPredictionCol(s"DT_${dtModel.getRawPredictionCol}")
     .setProbabilityCol(s"DT_${dtModel.getProbabilityCol}"),
nbModel
     .setPredictionCol(s"NB_${nbModel.getPredictionCol}")
     .setRawPredictionCol(s"NB_${nbModel.getRawPredictionCol}")
     .setProbabilityCol(s"NB_${nbModel.getProbabilityCol}"),
rfModel
     .setPredictionCol(s"RF_${rfModel.getPredictionCol}")
     .setRawPredictionCol(s"RF_${rfModel.getRawPredictionCol}")
     .setProbabilityCol(s"RF_${rfModel.getProbabilityCol}"),
gbmModel// Note: GBM does not have full API of PredictionModel
.setPredictionCol(s"GBM_${gbmModel.getPredictionCol}"),
columnSelector,
metaLearningModel
 ))
```

在此有几个重要的概念值得一提：

- tokenizerTransformer 和 rareTokensFilterTransformer 通过列 allReviewTokens 连接。其中第一个是列生产者，第二个是列消费者。
- dtModel、nbModel、rfModel 和 gbmModel 模型具有与 idf.getOutputColumn 相同的输入列。因此在这种情况下，我们有效地使用了计算 DAG，它由拓扑结构构成了一个序列。

- 所有模型都有相同的输出列（GBM 的情况有一些例外），由于流水线期望列有唯一名称，因此它们不能一起被附加到结果数据集中。为此，我们需要通过调用 setPredictionCol、setRawPredictionCol 和 setProbabilityCol 来重命名模型的输出列。重要的是要知道 GBM 现在不会产生原始预测列和概率列。

现在，我们可以拟合流水线来获得流水线模型。事实上，这是一个空的操作，因为流水线只由转换器组成。但是，我们仍然需要调用 fit 方法：

```
val superLearnerModel= superLearnerPipeline.fit(pos)
```

瞧，现在我们有了由多个 Spark 模型组成的超级学习器模型，并由 H2O 深度学习模型精心编排。现在该是使用模型进行预测的时候了！

4.6.2 使用超级学习器模型

模型的使用非常简单。我们需要提供一个数据集，其中包含一个名为 reviewText 的列，并使用 superLearnerModel 进行转换：

```
val review = "Although I love this movie, I can barely watch it, it is so
real....."
val reviewToScore= sc.parallelize(Seq(review)).toDF("reviewText")
val reviewPrediction= superLearnerModel.transform(reviewToScore)
```

返回的预测 reviewPrediction 是一个具有以下结构的数据集：

```
reviewPrediction.printSchema()
```

```
root
 |-- predict: string (nullable = false)
 |-- p0: double (nullable = false)
 |-- p1: double (nullable = false)
```

第一列包含预测值，这是根据 F1 阈值决定的。列 p0 和 p1 表示单个预测类别的概率。如果我们来探索返回数据集的内容，它只包含一行：

```
reviewPrediction.show()
```

```
+-------+------------------+--------------------+
|predict|                p0|                  p1|
+-------+------------------+--------------------+
|      1|0.9853714258834393|0.014628574116560739|
+-------+------------------+--------------------+
```

4.7 小结

本章展示了三个强大的概念：文本处理、Spark 流水线和超级学习器。

文本处理这个强大的概念正在等待业界的广泛采用。因此，我们将在下面的章节中深入讨论这个话题，并且看看其他的自然语言处理方法。

Spark 流水线也是如此，它已成为 Spark 固有的一部分了，也是 Spark ML 包的核心。它提供了一种优雅的实现，在训练和评分期间重复使用相同的概念。因此，在接下来的章节中我们也会使用这个概念。

最后，对于超级学习器（又称集成算法），你学到了如何在元学习器的帮助下从多个模型的组合中受益的基本概念。这为建立学习器提供了一个简洁有力但又易于理解的方法。

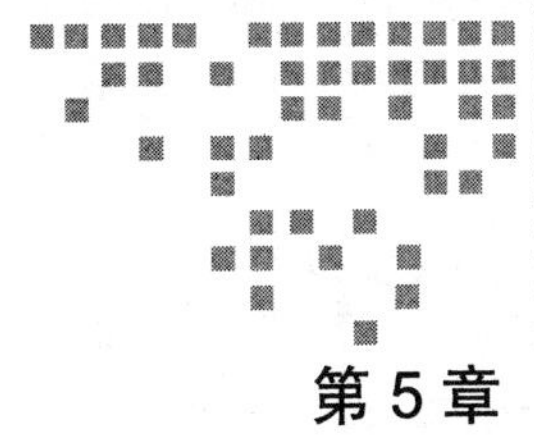

第5章 Chapter 5

word2vec预测和聚类

在前面的章节中，我们通过创建术语频率－逆向文档频率（TF-IDF）矩阵介绍了一些NLP的基本步骤，比如分词、停用词移除和特征创建，并执行了一个预测电影评论情感的监督学习任务。在本章中，我们将之前的例子进行扩展以包含词向量所赋予的惊人力量，此概念由Google研究人员Tomas Mikolov和Ilya Sutskever在他们的论文“Distributed Representations of Words and Phrases and their Compositionality”中提出并推广。

首先，我们简要介绍一下词向量背后的动机，利用之前了解到的NLP特征提取技术，我们将解释代表word2vec框架算法家族背后的概念（事实上，word2vec不只是一个单一的算法）。接着，我们将讨论一个word2vec广受欢迎的扩展——doc2vec，在这里我们感兴趣的是将整个文档向量化为固定的N个数组。我们将进一步研究这一非常受欢迎的NLP领域，或者说认知计算研究。接下来，我们将在电影评论数据集中应用word2vec算法，检查得到的单词向量，并通过计算单词向量的平均值来创建文档向量，以便执行监督学习任务。最后，我们将使用这些文档向量来运行聚类算法，以查看电影评论向量组合的情况。

词向量是一个爆炸性的研究领域，Google和Facebook等公司都已投入了大量的人力物力，因为它具有编码单个词汇的语义和句法意义的能力，这我们将在稍后讨论。Spark实现自己的word2vec版本并不是巧合，在Google的Tensorflow和Facebook的Torch上也能找到相应的实现。最近，Facebook使用他们预先训练的词向量，发布了一个名为深度文本的新型实时文本处理工具，展示了他们对这项惊人技术的信心及其对（或者正在对）业务应用产生的影响。但是，在本章中，我们只介绍这个令人兴奋的领域的一小部分，包括以下内容：

- word2vec算法的解释；

- word2vec 概念的一般化，引出 doc2vec；
- 两种算法在电影评论数据集上的应用。

5.1 词向量的动机

跟上一章中所做的工作类似，传统的 NLP 方法依赖于把用分词创建的单个单词转换为计算机算法可以学习的格式（即预测电影情感）。这样做需要我们创建一个 TF-IDF 矩阵，将一个 *N* 标记的评论转换成固定的表示。在处理时，我们在幕后做了两件重要的事情：

1）单个单词被分配了一个整数 ID（如一个哈希值）。例如，“friend”（朋友）这个词可能被分配到 39 584，而“bestie”（闺蜜）可能被分配给 99 928 472。认知上，我们知道 friend 和 bestie 非常相近；然而将这些标记转换为整数 ID 后，任何相似性概念都会丢失。

2）将每个标记转换为一个整数 ID，我们便失去了使用这个标记的上下文。这一点很重要，因为为了理解单词的认知意义，训练计算机学习 friend 和 bestie 的相似性，我们需要了解这两个标记是如何使用的（例如，它们各自的上下文）。

考虑到传统 NLP 技术在编码词汇的语义和句法意义方面上的局限性，Tomas Mikolov 和其他研究人员探索了使用神经网络来更好地将词汇的含义编码为 *N* 个数值向量的方法（例如，向量 bestie = [0.574,0.821,0.756, ⋯, 0.156]）。如果计算得当，我们会发现 bestie 和 friend 的向量在空间上很接近，这种“接近”被定义为余弦相似度。事实证明，这些向量表示（通常被称为*单词嵌入*）使我们能够捕捉到更丰富的文本理解。

有趣的是，使用单词嵌入也让我们能够学习到多种语言相同的语义，尽管它们的书写形式完全不同（如日语和英文）。比如，movie 的日语是映画，当使用单词向量时，movie 和映画这两个词尽管长得不一样，但在向量空间上应该是很接近的。因此，单词嵌入允许应用程序对语言不可知（language-agnostic）——这正是该技术为什么如此受欢迎的另一个原因！

5.2 word2vec 解释

首先要说的是：word2vec 并不是一个单一的算法，而是一个试图将单词的语义和句法意义作为 *N* 个数值的向量进行编码的算法族（因此，word（单词）–to（到）–vector（向量）= word2vec）。我们将在本章中深入探讨这些算法，同时也让你有机会阅读或研究文本向量化的其他方面，这些对你可能很有帮助。

5.2.1 什么是单词向量

简而言之，单词向量就是独热编码（one-hot-encoding），向量中的每个元素代表词汇表中的一个单词，给定的单词用 1 编码，而所有其他单词元素用 0 编码。假设我们的词汇表只有以下电影词汇：**爆米花**（Popcorn）、**糖果**（Candy）、**苏打水**（Soda）、**电影票**（Tickets）和**大片**（Blockbuster）。

按照刚刚解释的逻辑，我们可以将 Tickets 这个术语编码如图 5-1 所示：

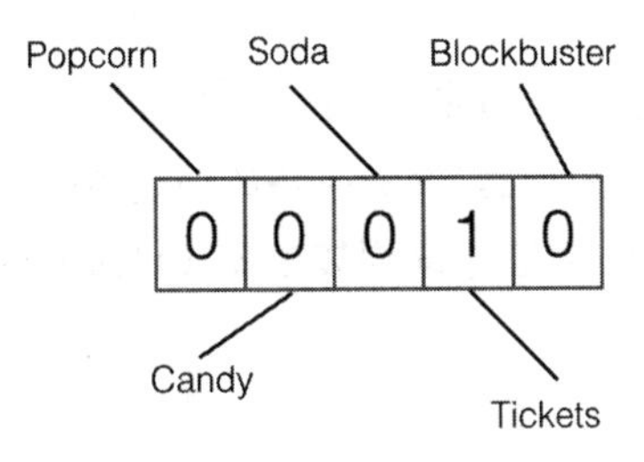

图 5-1 编码示例图

使用这种简单的编码形式（这是我们在创建词袋矩阵时所做的）在单词之间进行比较是没有意义的（例如，Popcorn 和 Soda 相关吗？ Candy 和 Ticket 相似吗？）。

鉴于这些明显的局限，word2vec 试图通过分布式的表示来弥补这一缺点。假设对于每个单词我们都有一个分布式的向量，比如，300 个数值代表一个单词，那么在我们的词汇表中的每个单词也可以通过这 300 个元素的权重分布来表示。大幅改变后的示例图如图 5-2 所示：

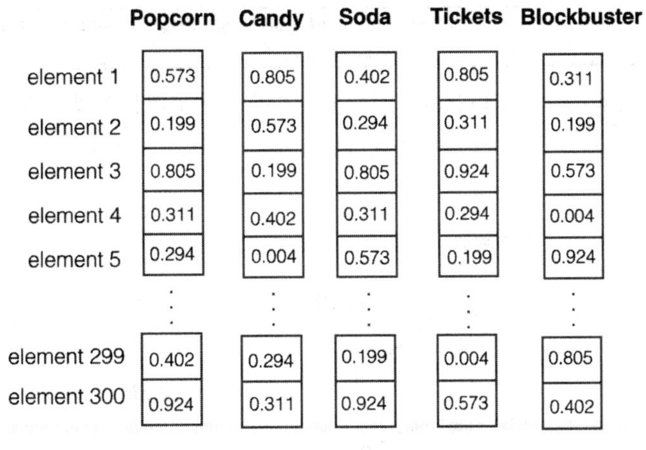

	Popcorn	Candy	Soda	Tickets	Blockbuster
element 1	0.573	0.805	0.402	0.805	0.311
element 2	0.199	0.573	0.294	0.311	0.199
element 3	0.805	0.199	0.805	0.924	0.573
element 4	0.311	0.402	0.311	0.294	0.004
element 5	0.294	0.004	0.573	0.199	0.924
⋮	⋮	⋮	⋮	⋮	⋮
element 299	0.402	0.294	0.199	0.004	0.805
element 300	0.924	0.311	0.924	0.573	0.402

图 5-2 改变后的示例图

现在，将单个单词的这种分布式表示看作 300 个数值，我们可以使用余弦相似性在单词之间进行有意义的比较。也就是说，使用 Tickets 和 Soda 的向量，考虑到它们之间的向量表示和余弦相似性，我们可以确定这两个项是不相关的。我们能做的不仅限于此！在 Mikolov 等人的开创性论文中，他们将数学函数应用到词汇向量上，得到了一些令人难以置信的发现，特别是作者给他们的 word2vec 字典提出以下数学问题：

$$V(\text{King}) - V(\text{Man}) + V(\text{Woman}) \sim V(\text{Queen})$$

它显示出在比较问题中这些单词的分布式向量表示非常有用（例如，A 与 B 是否相关？），然而更值得一提的是，这个语义和句法学习的知识来自对大量的词和它们的上下文的观察，且没有其他必要信息。也就是说，我们不必告诉我们的机器 Popcorn 是一种食物、名词、单数等。

这是如何做到的呢？ word2vec 以监督的方式利用神经网络的能力来学习单词的向量表示（这是一个无监督的任务）。这或许在一开始听起来有点矛盾，不要害怕！通过一些例子一切都会变得更加清晰，首先是连续词袋模型（Continuous Bag-of-Words），即 CBOW 模型。

5.2.2 CBOW 模型

首先，我们来考虑一个简单的电影评论，这也将在接下来的几个部分中作为我们的基本示例：

> *"An outstanding sci-fi film with plenty of smart ideas that forces us to consider the impact of alien life in our solar system."*

现在，假设我们有一个窗口作为一个滑块，除了焦点词前后的五个词（灰色高光表示）之外，它还包括当前焦点的主词（在下图中以深色突出显示）：

> *"An outstanding sci-fi film with plenty of smart ideas regarding the impact of alien life in our solar system."*

灰色的词围绕当前的焦点词 ideas（想法）。这些上下文单词作为我们的前馈神经网络输入，在此每个单词通过独热编码（所有其他元素被清零）、一个隐藏层和一个输出层编码，如图 5-3 所示：

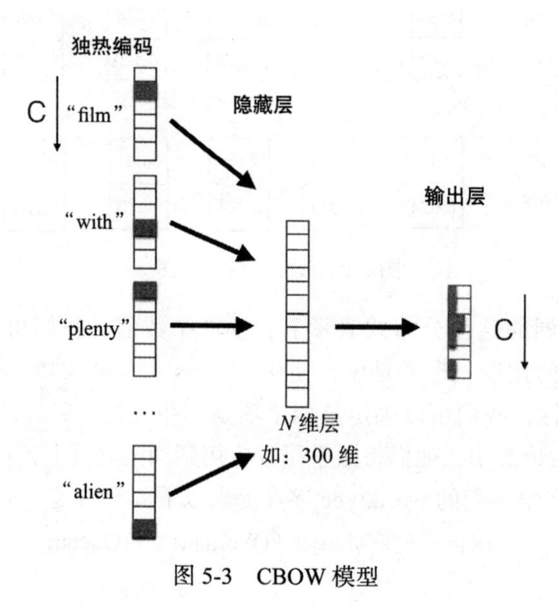

图 5-3 CBOW 模型

在前面的图表中，词汇表的总大小（例如后分词（post-tokenization））用大写字母 C 表示，在上下文窗口内对每个单词进行独热编码——在这里就是焦点词 ideas 前后的五个单词。此时，我们通过加权求和将编码向量传播到隐藏层，跟普通的前馈神经网络一样，我们事先指定隐藏层中的权重数量。最后，Sigmoid 函数应用在了从隐藏层到输出层，以预测当前焦点词。这是通过在前后词汇（film、with、plenty、of、smart、regarding、the、impact、of 和 alien）的上下文中最大化观察焦点词（ideas）的条件概率来实现的。请注意，输出层的大小和我们的初始词汇表 C 相同。

这里包含了 word2vec 算法家族中所共有的很有意思的特性：本质上，这是一个无监督的学习算法，并依靠监督学习来学习每个词向量。对于 CBOW 模型和 skip-gram 模型，这样理解都是正确的，这将在下面介绍。请注意，在撰写本书时，Spark 的 MLlib 仅包含了 word2vec 的 skip-gram 模型。

5.2.3　skip-gram 模型

在之前的模型中，我们使用焦点词前后的窗口词来预测焦点词。skip-gram 模型采用类似的方法，但是颠倒了神经网络的结构。也就是说，我们首先将焦点词作为输入放到网络中，然后尝试使用单个隐藏层来预测周围的上下文词语，如图 5-4 所示。

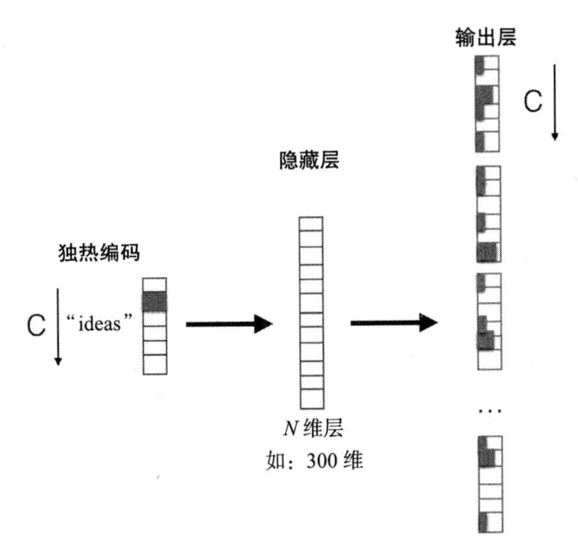

图 5-4　skip-gram 模型

正如你所看到的，skip-gram 模型与 CBOW 模型正好相反。网络的训练目标是最小化输出层中所有上下文词语的总预测误差，在我们的例子中就是 ideas 的输入和一个能预测 film、with、plenty、of、smart、regarding、the、impact、of 和 alien 的输出层。

注：在前面的章节中，你看到了我们使用了一个分词函数来删除停用词，比如 the、with、

to 等，我们在这里故意没有显式说明，目的是为了清楚地传达我们的例子以免使读者迷失。在下面的示例中，我们将执行与第 4 章相同的分词函数来删除停用词。

5.2.4 玩转词汇向量

现在我们已经将单词（标记）压缩成了数值向量，可以和它们一起玩玩了。你可以试试 Google 原论文中的几个经典示例：

- **数学运算**：如前所述，典型的例子就是 v(King) − v(Man) + v(Woman) ～ v(Queen)。使用简单的加法，如 v（software）+ v（engineer），我们可以得出一些很棒的关系。表 5-1 中有几个例子：

表 5-1

Czech + currency	Vietnam + capital	German + airlines	Russian + river	French + actress
koruna	Hanoi	airline Lufthansa	Moscow	Juliette Binoche
Check crown	Ho Chi Minh City	carrier Lufthansa	Volga River	Vanessa Paradis
Polish zolty	Viet Nam	flag carrier Lufthansa	upriver	Charlotte Gainsbourg
CTK	Vietnamese	Lufthansa	Russia	Cecile De

注：该表引自原论文的表 5

- **相似度**：考虑到我们正在使用向量空间，可以使用余弦相似性来将一个标记与许多标记进行比较，以便查看相似的标记。例如，与 v（Spark）相似的词可能是 v（MLlib）、v（scala）、v（graphx）等。
- **匹配 / 不匹配**：给定列表中的哪些单词不能一起出现？例如：[v（lunch，dinner，breakfast，Tokyo）] == v（Tokyo）不匹配。
- **A 对于 B 相当于 C 对于？**：根据 Google 的论文，表 5-2 是使用 word2vec 的 skip-gram 可能得到的单词比较列表：

表 5-2

Relationship	Example 1	Example 2	Example 3
France-Paris	Italy: Rome	Japan: Tokyo	Florida: Tallahassee
big-bigger	small: larger	cold: colder	quick: quicker
Miami-Florida	Baltimore: Maryland	Dallas: Texas	Kona: Hawaii
Einstein-scientist	Messi: midfielder	Mozart: violinist	Picasso: painter
Sarkozy-France	Berlusconi: Italy	Merkel: Germany	Koizumi: Japan
copper-Cu	zinc: Zn	gold: Au	uranium: plutonium
Berlusconi-Silvio	Sarkozy: Nicolas	Putin: Medvedev	Obama: Barack
Microsoft-Windows	Google: Android	IBM: Linux	Apple: iPhone
Microsoft-Ballmer	Google: Yahoo	IBM: McNealy	Apple: Jobs
Japan-sushi	Germany: bratwurst	France: tapas	USA: pizza

注：该表引自原论文的表 8

5.2.5　余弦相似性

词相似性 / 不相似性是通过余弦相似性测量的，优点是它的值是在 -1 和 1 之间。两个单词之间的完全一样得到 1，没有关系则会产生为 0，而 -1 意味着相反的意思。

注：请注意，word2vec 算法的余弦相似函数（同样，现在只是 Spark 中的 CBOW 实现）已经存在于 MLlib 中了，我们很快就会看到它。

请看图 5-5 所示的图表：

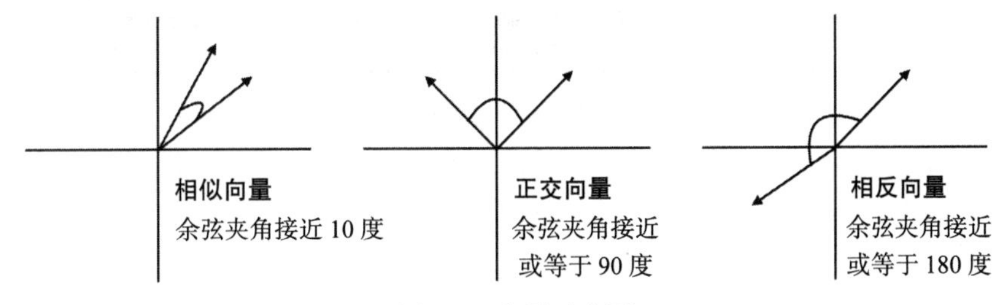

图 5-5　向量示意图

对于那些对其他相似度测量感兴趣的人，最近的一项研究发表了一个强有力的例子：使用地球移动距离（Earth-Mover's Distance，EMD），该方法不同于余弦相似度，它需要一些额外的计算，但是早期的结果显示其很有前景。

5.3　doc2vec 解释

正如我们在本章介绍中提到的一样，word2vec 的扩展是对整个文档进行编码，而不是对单个词进行编码。在这种情况下，你所用的就是一个文档，无论是句子、段落、文章、散文还是其他。毫不奇怪，这篇论文是在原来的 word2vec 文章之后出现的，也是由 Tomas Mikolov 和 Quoc Le 合著的。尽管 MLlib 尚未将 doc2vec 引入其稳定的算法中，但是考虑到在监督学习和信息检索任务上的前景和结果，我们认为数据科学实践者有必要了解 word2vec 的这种扩展。

像 word2vec 一样，doc2vec（有时也称为段落向量（paragraph vector））依赖一个监督学习任务来学习基于上下文单词的文档的分布式表示。doc2vec 也是一个算法家族，其架构看起来与前面小节学到的 word2vec 中的 CBOW 和 skip-gram 模型非常相似。接下来你会看到，我们需要将每个单词向量和被视为文档的文档向量并行训练来实现 doc2vec。

5.3.1　分布式内存模型

doc2vec 的这种特殊的风格非常类似于 word2vec 的 CBOW 模型，该算法试图在前后的上下文词语中去预测一个焦点词，但是增加了一个段落 ID。把这思考成另一个单独的上下文单词向量，它有助于预测任务，但是在整个我们认定的文档中是不变的。继续我们前面的例子，如果我们有这个电影评论（把一个文档定义为一个电影评论），其中焦点词是 ideas，我们将有以下架构：

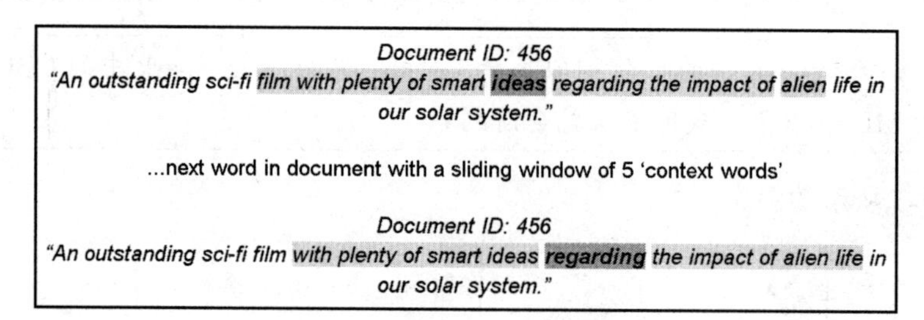

请注意，当我们向下移动文档并将焦点词从 ideas 改变为 regarding 时，我们的上下文词语将发生明显变化；但是，文档 ID：456 仍然保持不变。这是 doc2vec 中的一个关键点，因为文档 ID 是用于预测任务的，如图 5-6 所示。

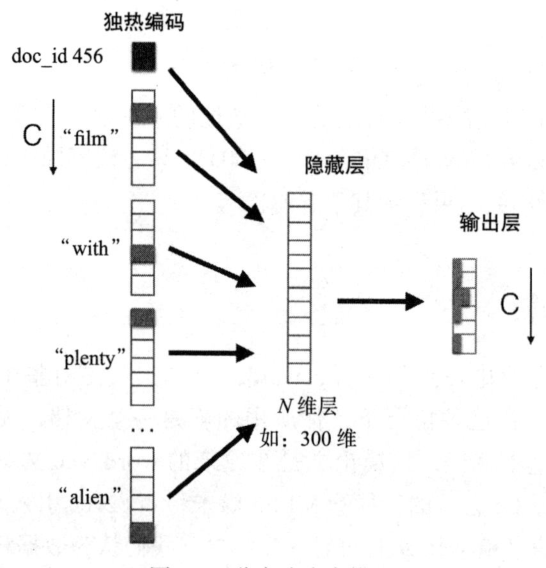

图 5-6　分布式内存模型

5.3.2　分布式词袋模型

doc2vec 中的最后一个算法是模仿的 word2vec 的 skip-gram 模型，只有一个例外——我们将文档 ID 作为输入而不是将焦点词作为输入，并尝试从文档中预测随机采样的词。也就是说，我们完全忽略了输出中的上下文单词，如图 5-7 所示。

像 word2vec 一样，通过使用这些段落向量我们可以取得 N 个单词的文档的相似性，这在监督和非监督任务中都被证明是非常成功的。这里有 Mikolov 等人所运行的一些实验（见表 5-3），这个监督任务使用了与前两章相同的数据集！

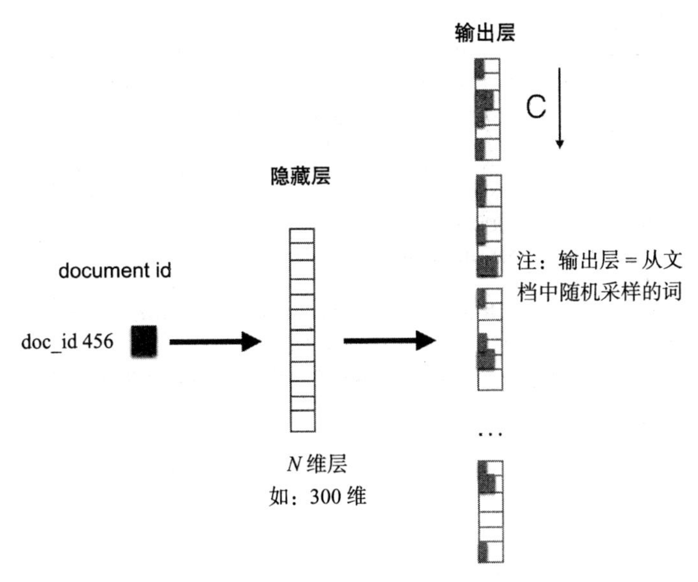

图 5-7 分布式词袋模型

表 5-3

Model	Error rate
BoW（bnc)(Maas et al., 2011）	12.20%
BoW（bΔt'c)(Maas et al., 2011）	11.77%
LDA（Maas et al., 2011）	32.58%
Full + BoW（Maas et al., 2011）	11.67%
Full + Unlabeled + BoW（Maas et al., 2011）	11.11%
WRRBM（Dahl et al., 2012）	12.58%
WRRBM + BoW（bnc)(Dahl et al., 2012）	10.77%
MNB-uni（Wang & Manning, 2012）	16.45%
MNB-bi（Wang & Manning, 2012）	13.41%
SVM-uni（Wang & Manning, 2012）	13.05%
SVM-bi（Wang & Manning, 2012）	10.84%
NBSVM-uni（Wang & Manning, 2012）	11.71%
NBSVM-bi（Wang & Manning, 2012）	8.78%
Paragraph Vector	7.42%

信息检索任务（有三段段落，第一段应该比第三段更接近第二段）如图 5-8 所示。

在随后的小节中，通过取各个单词向量的平均值我们将创建一个 poor man's document vector 以构成文档向量，这将把整个长度为 *n* 的电影评论编码成维度为 300 的向量。

注：在编写这本书的时候，Spark 的 MLlib 没有 doc2vec 实现；然而，有很多项目正在利用这项技术，这些技术正处于孵化阶段，你可以进行测试。

- **Paragraph 1:** calls from (000) 000 - 0000 . 3913 calls reported from this number . according to 4 reports the identity of this caller is american airlines .
- **Paragraph 2:** do you want to find out who called you from +1 000 - 000 - 0000 , +1 0000000000 or (000) 000 - 0000 ? see reports and share information you have about this caller
- **Paragraph 3:** allina health clinic patients for your convenience , you can pay your allina health clinic bill online . pay your clinic bill now , question and answers...

图 5-8　信息检索任务

5.4　应用 word2vec 并用向量探索数据

现在你已经深入理解了 word2vec、doc2vec 以及单词向量的惊人力量，现在该把注意力转向原始 IMDB 数据集了，在此我们将执行以下预处理：

- 通过空格对每个电影评论分词；
- 删除标点符号；
- 删除停用词和所有字母数字词；
- 使用前一章中的分词函数，以得到逗号分隔的单词数组。

注：因为我们已经在第 4 章中介绍了前面的步骤，所以在本节中将快速重现它们。

像往常一样，从启动工作环境 Spark shell 开始：

```
export SPARKLING_WATER_VERSION="2.1.12"
export SPARK_PACKAGES=\
"ai.h2o:sparkling-water-core_2.11:${SPARKLING_WATER_VERSION},\
ai.h2o:sparkling-water-repl_2.11:${SPARKLING_WATER_VERSION},\
ai.h2o:sparkling-water-ml_2.11:${SPARKLING_WATER_VERSION},\
com.packtpub:mastering-ml-w-spark-utils:1.0.0"

$SPARK_HOME/bin/spark-shell \
        --master 'local[*]' \
        --driver-memory 8g \
        --executor-memory 8g \
        --conf spark.executor.extraJavaOptions=-XX:MaxPermSize=384M \
        --conf spark.driver.extraJavaOptions=-XX:MaxPermSize=384M \
        --packages "$SPARK_PACKAGES" "$@"
```

在准备好的环境中，我们可以直接加载数据：

```
val DATASET_DIR =
s"${sys.env.get("DATADIR").getOrElse("data")}/aclImdb/train"
 val FILE_SELECTOR = "*.txt"

case class Review(label: Int, reviewText: String)

 val positiveReviews =
spark.read.textFile(s"$DATASET_DIR/pos/$FILE_SELECTOR")
     .map(line => Review(1, line)).toDF
 val negativeReviews =
spark.read.textFile(s"$DATASET_DIR/neg/$FILE_SELECTOR")
   .map(line => Review(0, line)).toDF
 var movieReviews = positiveReviews.union(negativeReviews)
```

我们还可以定义分词函数，将评论分割为标记，并删除所有的常用词：

```
import org.apache.spark.ml.feature.StopWordsRemover
 val stopWords = StopWordsRemover.loadDefaultStopWords("english") ++
Array("ax", "arent", "re")

 val MIN_TOKEN_LENGTH = 3
 val toTokens = (minTokenLen: Int, stopWords: Array[String], review:
String) =>
   review.split("""\W+""")
     .map(_.toLowerCase.replaceAll("[^\\p{IsAlphabetic}]", ""))
     .filter(w => w.length > minTokenLen)
     .filter(w => !stopWords.contains(w))
```

所有的构建模块准备就绪，我们将它们应用到加载的输入数据上，并用一个新的列（ReviewTokens）来扩展它们，该列包含从评论中提取的单词列表：

```
val toTokensUDF = udf(toTokens.curried(MIN_TOKEN_LENGTH)(stopWords))
movieReviews = movieReviews.withColumn("reviewTokens",
toTokensUDF('reviewText))
```

reviewTokens 列是对 word2vec 模型的完美输入。我们可以使用 Spark ML 库来构建它：

```
val word2vec = new Word2Vec()
   .setInputCol("reviewTokens")
   .setOutputCol("reviewVector")
   .setMinCount(1)
val w2vModel = word2vec.fit(movieReviews)
```

Spark 实现需要几个额外的超参数：

- setMinCount：这是我们可以创建一个单词的最低频率。它是另一个处理步骤，以确保该模型不会以非常低的计数在很罕见的术语上运行。
- setNumIterations：通常情况下我们看到，更多的迭代会得到更为精确的单词向量（将其视为传统前馈神经网络中 epoch 的数量）。默认值设置为 1。
- setVectorSize：我们在此声明向量大小。它可以是任何的整数，默认大小为 100。许多预先训练的公共词向量倾向于使用更大的向量；但这完全依赖于应用程序。
- setLearningRate：就像我们在第 2 章中学到的一个常规的神经网络一样，数据科学家在某种程度上需要谨慎——学习速率太小时，模型就将会需要很长的时间收敛。但是，如果学习速率太大，风险之一就是在网络中会训练到一组非最优加权值。其默认值是 0。

现在模型已经完成了，该来检查一些单词向量了！回想一下，只要你不确定你的模型能产生什么样的值，就按 tab 键，如下所示：

```
w2vModel.findSynonyms("funny", 5).show()
```

输出如下：

```
+---------------+------------------+
|           word|        similarity|
+---------------+------------------+
|        unfunny|0.7436722528455839|
|          jokes|0.7124677827208712|
|      hilarious|0.7034180541195023|
|           joke|0.7005909410410399|
|unintentionally|0.6939198533161667|
+---------------+------------------+
```

退后一步，思考一下我们刚才做了什么。首先，把单词 funny 压缩到一个由 100 个浮点数组成的向量（回想一下，这是 word2vec 算法 Spark 实现的默认值）。因为我们已经将评论语料库中所有的单词都压缩为同样长度的分布式表示了，所以可以使用余弦相似性进行比较，这反映在结果集中的第二个数值（在这里最高的余弦相似性是 nutty 一词）。

请注意，我们也可以使用 getVectors 函数访问 funny 或任何其他单词的向量，如下所示：

```
w2vModel.getVectors.where("word = 'funny'").show(truncate = false)
```

输出如下：

```
+-----+--------------------------------------------------------------------------------
|word |vector
+-----+--------------------------------------------------------------------------------
|funny|[-0.2903641164302826,0.17743447422981262,-0.15994349122047424,-0.0516541302204
+-----+--------------------------------------------------------------------------------
```

基于这些表示，对于相似单词的聚类也有许多有趣的研究。在下一节中，演示完一个 doc2vec 的 hack 版本之后，我们将尝试聚类相似的电影评论，届时再重新讨论聚类。

5.5 创建文档向量

因此，现在我们可以创建编码单词含义的向量了，对于任何给定的电影评论所得的都是 N 个单词的数组，我们可以通过计算所有评论单词的平均值去创建一个 poor man's doc2vec。也就是说，对于每个评论，通过对各个词向量进行平均，我们会丢失单词的特定顺序。这取决于你的应用的敏感性，可能会有差别：

$v(\text{word\_1}) + v(\text{word\_2}) + v(\text{word\_3}) + \cdots + v(\text{word\_Z}) / count(\text{words in reuiew})$

理想情况下，可以使用doc2vec的方式来创建文档向量；但是在编写本书时，doc2vec还没有在MLlib中实现，所以现在我们要使用简单的版本，如你所看到的那样，结果令人惊讶。幸运的是，如果模型包含一个标记列表，word2vec模型的Spark ML实现已经对词向量进行了平均。例如，我们可以看到，funny movie这个短语的向量等于funny和movie两个标记的向量平均值：

```
val testDf = Seq(Seq("funny"), Seq("movie"), Seq("funny",
"movie")).toDF("reviewTokens")
 w2vModel.transform(testDf).show(truncate=false)
```

输出如下：

```
+-------------+------------------------------------------------------------------
|reviewTokens |reviewVector
+-------------+------------------------------------------------------------------
|[funny]      |[-0.2903641164302826,0.17743447422981262,-0.15994349122047424,-0.0516
|[movie]      |[-0.13111236691474915,-0.10716702044010162,-0.3449690639972687,0.1149
|[funny, movie]|[-0.21073824167251587,0.0351337268948555,-0.25245627760887146,0.03162
+-------------+------------------------------------------------------------------
```

由此，可以通过一个简单的模型转换来准备简化版的doc2vec：

```
val inputData = w2vModel.transform(movieReviews)
```

注：作为这个领域的从业者，我们有独特的机会来处理各种风格的文档向量，包括单词平均、doc2vec、LSTM自动编码器和skip-thought向量。我们发现，对于排序不重要的单词片段，简单的单词平均作为监督学习任务出奇好用。也就是说，并不是说可以用doc2vec和其他变种来改进它，而是基于我们在各种客户应用中的许多用例所得到的观察。

5.6 监督学习任务

像上一章一样，我们需要准备训练和验证数据。在这里，我们将重新使用Spark API分割数据：

```
val trainValidSplits = inputData.randomSplit(Array(0.8, 0.2))
val (trainData, validData) = (trainValidSplits(0), trainValidSplits(1))
```

现在使用一棵简单的决策树和一些超参数进行网格搜索：

```
val gridSearch =
for (
     hpImpurity <- Array("entropy", "gini");
     hpDepth <- Array(5, 20);
```

```
    hpBins <- Array(10, 50))
yield {
println(s"Building model with: impurity=${hpImpurity}, depth=${hpDepth},
bins=${hpBins}")
val model = new DecisionTreeClassifier()
        .setFeaturesCol("reviewVector")
        .setLabelCol("label")
        .setImpurity(hpImpurity)
        .setMaxDepth(hpDepth)
        .setMaxBins(hpBins)
        .fit(trainData)

val preds = model.transform(validData)
val auc = new BinaryClassificationEvaluator().setLabelCol("label")
        .evaluate(preds)
      (hpImpurity, hpDepth, hpBins, auc)
    }
```

可以观测结果并显示最佳的模型 AUC：

```
import com.packtpub.mmlwspark.utils.Tabulizer.table
println(table(Seq("Impurity", "Depth", "Bins", "AUC"),
            gridSearch.sortBy(_._4).reverse,
Map.empty[Int,String]))
```

输出如下：

```
+--------+-----+----+------------------+
|Impurity|Depth|Bins|               AUC|
+--------+-----+----+------------------+
| entropy|   20|  50|0.7054182687609908|
| entropy|   20|  10|0.7001480059428118|
|    gini|   20|  10|0.6960269296966128|
| entropy|    5|  10|0.6640498095868637|
|    gini|   20|  50|0.6401798806729296|
|    gini|    5|  50|0.6172009865557911|
| entropy|    5|  50|0.6122491001774006|
|    gini|    5|  10|0.5999167496804949|
+--------+-----+----+------------------+
```

在决策树上使用这个简单的网格搜索，可以看到 poor man's doc2vec 产生 0.7054 的 AUC。我们还将训练和测试数据提供给 H2O，并使用 Flow UI 尝试深度学习算法：

```
import org.apache.spark.h2o._
val hc = H2OContext.getOrCreate(sc)
val trainHf = hc.asH2OFrame(trainData, "trainData")
val validHf = hc.asH2OFrame(validData, "validData")
```

现在已经成功地将数据集装换为 H2O frames，打开 Flow UI 并运行深度学习算法：

```
hc.openFlow()
```

首先，请注意如果运行 getFrames 命令，将看到从 Spark 无缝传递到 H2O 的两个 RDD：

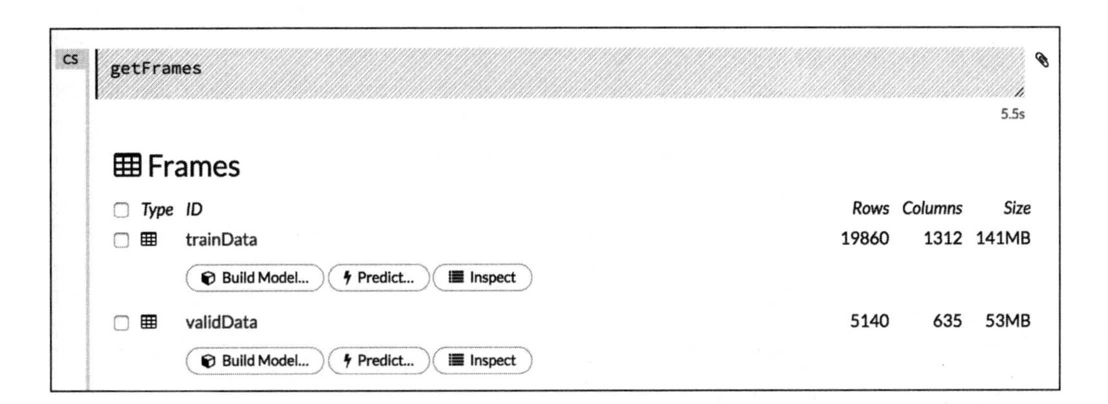

我们需要通过单击两个 frames 的 Convert to enum 来将标签列的类型从数值列更改为类别列：

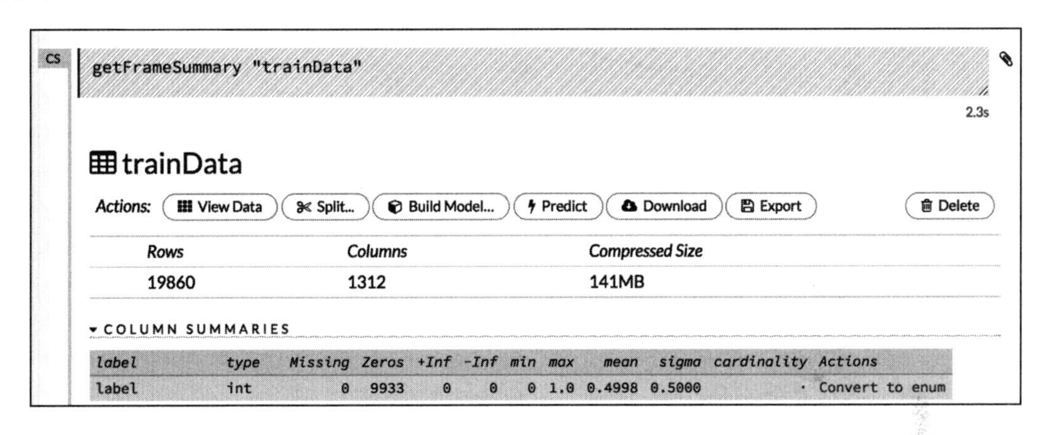

接下来运行一个深度学习模型，将所有超参数设置为默认值，并将第一列设置为标签：

Build a Model

Select an algorithm: Deep Learning

PARAMETERS GRID?

model_id	deeplearning-c65088a2-8	Destination id for this model; auto-generated if not specified.
training_frame	trainData	Id of the training data frame (Not required, to allow initial validation of model parameters).
validation_frame	validData	Id of the validation data frame.
nfolds	0	Number of folds for N-fold cross-validation (0 to disable or >= 2).
response_column	label	Response variable column.

如果你没有明确创建训练 / 测试数据集，也可以先使用 nfolds 超参数执行一个 n folds 交叉验证：

Job

Run Time 00:00:05.5

Type Model

Key deeplearning-82f80c0d-2ff8-436b-a21c-26e730e78718

Description DeepLearning

Status DONE

Progress 100%

DONE

Actions View

运行模型训练之后，我们可以通过点击 view 来查看模型输出，以查看训练数据集和验证数据集上的 AUC，如图 5-9 所示。

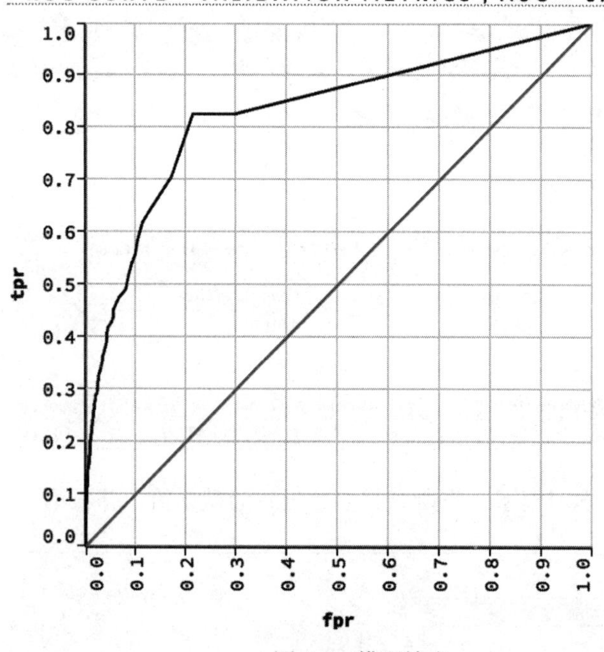

图 5-9 模型输出

我们可以看到具有较高 AUC 的是简单深度学习模型（～ 0.8289）。这是在没有任何调参或超参数搜索下的结果。

我们可以采取哪些其他步骤来进一步提高 AUC ？当然可以尝试一个新的算法，使用超参数的网格搜索，但更有意思的是我们是否可以调整文档向量？答案既是肯定也是否定的！这是一个部分否定，因为你会回想起来 word2vec 本质上是一个非监督的学习任务；然而，通过观察一些返回的类似词语，可以得知向量的能力。例如，我们以 drama 这个词为例：

```
w2vModel.findSynonyms("drama", 5).show()
```

输出如下：

```
+--------+------------------+
|    word|        similarity|
+--------+------------------+
|romantic|0.5887061236424739|
|  comedy|0.5794666493855709|
|suspense|0.5774424230995622|
|thriller|0.5643072940714097|
| romance|0.5606321459552696|
+--------+------------------+
```

直觉上，我们可以查看结果并询问这五个单词是否真的是单词 drama 最佳的同义词（即最好的余弦相似性）。现在尝试通过修改其输入参数来重新运行 word2vec 模型：

```
val newW2VModel = new Word2Vec()
   .setInputCol("reviewTokens")
   .setOutputCol("reviewVector")
   .setMinCount(3)
   .setMaxIter(250)
   .setStepSize(0.02)
   .fit(movieReviews)
    newW2VModel.findSynonyms("drama", 5).show()
```

输出如下：

```
+--------+-------------------+
|    word|         similarity|
+--------+-------------------+
|thriller| 0.6622763881272123|
|  comedy| 0.5814621487288816|
|suspense| 0.5144536036537819|
| romance| 0.5137010289175072|
|  action|0.47696545311978433|
+--------+-------------------+
```

你马上就注意到了，讨论中的单词就相似性而言，同义词显然更好，但也要注意，其他术语的余弦相似性也明显提高了。回想一下，word2vec 的默认迭代次数是 1，现在我们将其设置为 250，这样网络就可以真正地对一些高质量的单词向量进行三角测量，而且通过更多的预处理步骤还可以进一步提高，并进一步调整 word2vec 的超参数，这样应该会产生质量更高的文档向量。

5.7 小结

许多像 Google 这样的公司都免费提供各种维度的预训练的单词向量（在 Google News 的一个子集上进行训练，包含前 300 万个单词 / 短语），例如 25d、50d、100d、300d 等。你可以在这里找到代码（及单词向量结果）。除 Google News 之外，还有其他训练词向量的来源，比如维基百科和各种语言。你可能会问这样一个问题：如果像 Google 这样的公司能免费提供预训练词向量，为什么还要自己去训练呢？这个问题的答案当然取决于应用。基于大写字母，谷歌的预训练字典对于 java 这个词有三种不同的单词向量（JAVA、Java 和 java 意味着不同的东西），但是也许你的应用程序只是关于咖啡，所以只有 java 这一个版本才是真正需要的。

这一章的目的是给你一个清晰而简明的 word2vec 算法解释和这个算法受欢迎的扩展，如 doc2vec 和 sequence-to-sequence 学习模型，它们使用各种风格的循环神经网络。跟往常一样，一章无法涵盖自然语言处理这个令人万分激动的领域，但希望这足以吊起你的胃口！

作为这个领域的从业人员和研究人员，我们一直在思考将文档表示为固定向量的新方法，并且有大量的文章致力于这个问题。你可以考虑进一步阅读该主题的 LDA2vec 和 Skip-thought Vectors。

关于自然语言处理（NLP）和向量化，你也可以将其他的博客添加到你的阅读列表中：

- Google 研究博客（https://research.googleblog.com/）；
- NLP 博客（有很多深思熟虑的帖子，并给出了很多链接以供进一步阅读）（http://nlpers.blogspot.com/）；
- 斯坦福 NLP 博客（http://nlp.stanford.edu/blog/）。

在下一章中我们将再次看到单词向量，在那里我们将把迄今为止学到的所有内容结合起来，它需要不同的算法和各种处理任务以及模型输入。请别走开！

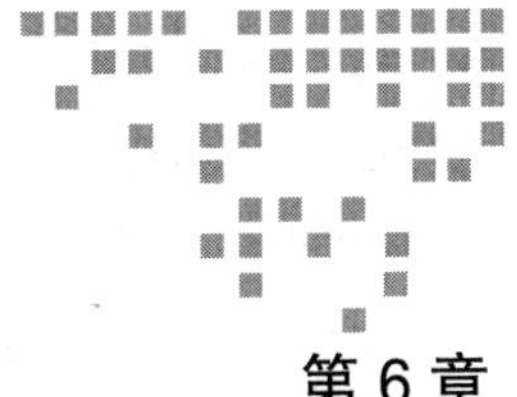

第6章 Chapter 6

从点击流数据中抽取模式

当我们在收集真实世界的指标数据或事件数据时，通常数据里包含着无法直接观察到的复杂关系。在本章中，我们将选择一个指导性的例子来观察用户在网站以及子网站中通过浏览所生成的点击事件。研究这样的数据，往往是既有意思又非常具有挑战性的。为什么说这是有意思的呢，因为用户群体的浏览行为往往包含了许多的模式，同样也遵循了某些规则。一般来说，发掘用户群体的内在模式是至关重要的，至少对于运营网站的公司来说，这可能是他们的数据科学团队所关注的重点。除了方法论的介绍，建立一个可以实时检测模式的生产系统（例如，发现恶意行为），在技术上可能非常具有挑战性。理解算法并且在技术上将其实现会有巨大的实际价值。

在本章中，我们将深入探讨两个主题：在 Spark 中进行模式挖掘和将其应用于流式数据。本章分为了两个主要的部分：第一部分，我们会分别介绍 3 个 Spark 现有的模式挖掘算法，并将其应用于数据集上；在第二部分，我们将更多地以工程的角度看待问题，并解决使用第一部分的算法部署到流式应用中所出现的核心问题。特别地，你将学习到以下内容：

- 频繁模式挖掘的基本原理。
- 应用程序相关的有用的数据格式。
- 如何加载和分析从 http://MSNBC.com 上所获得的关于用户行为的点击数据集。
- 理解和比较 Spark 所提供的 3 个模式挖掘算法：FP-growth、关联规则（association rules）和 prefix span。
- 如何将这些算法应用于 MSNBC 点击数据和其他例子来识别相关的模式。
- Spark Streaming 的基础知识以及涵盖的用例。
- 如何将前面的算法通过 Spark Streaming 部署到生产中。

- 通过实时聚合的点击事件来实现更为真实的流式应用。

通过这样的安排，在本章的最后会涉及更多工程方面的内容，同时在使用 Spark Streaming 时，我们也会介绍这一 Spark 生态圈中所引入的非常重要的工具。首先让我们介绍一些模式挖掘的基本问题，然后讨论如何解决它们。

6.1 频繁模式挖掘

当我们拿到一个新的数据集时，会产生一系列自然的问题：

- 我们所看到的数据是什么样的，也就是说，它具有什么样的结构？
- 哪些观察结果会在数据中频繁地被发现，或者说，在数据中可以找出哪些模式或规则？
- 如何评估什么是频繁，也就是说，有哪些好的相关性指标，我们应如何测试呢？

宏观上讲，频繁模式挖掘正是用来解决这些问题的。虽然一些更为先进的机器学习技术会首先跳入我们的脑海，但是这些模式挖掘算法可以包含丰富的信息量，有助于建立起对于数据的直观感受。

为了介绍频繁模式挖掘的一些关键概念，让我们首先考虑这样一个典型的例子——购物车。长久以来，研究客户对于某些商品的购买意愿已经成为全球营销人员的首要关注点。虽然在线商店无疑能够有助于进一步分析客户行为，比如，通过跟踪购物会话中的浏览数据可以找到哪些商品已被购买以及购买行为中包含哪些模式，但是分析客户行为不仅仅局限于在线商店，同样也适用于实体商店。在后面我们将会看到一个网站上所收集的所有点击流数据的例子；但是现在，我们只假设可以跟踪的数据是商品的实际支付交易。

就给定的数据而言，例如，对于超级市场或是在线商店的百货购物车，通常会引出很多有意思的问题，在这我们将主要关注以下三个方面：

- 哪些商品会经常一起被购买呢？比如，坊间的一些轶文常说到啤酒通常会和尿布在一起购买。寻找这些通常会一起被购买的商品的模式能够指导商家如何摆放商品，如：将这些相关的商品放得比较近，以增加购物体验或提高促销的价值，即使这些商品第一眼看上去并不十分相关。而对于网上商店，这样的分析或许会是简单推荐系统的基础。
- 基于上一个问题，在购物行为中是否可以观察到任何有意义的信息或是规则？继续我们购物车的例子，是否可以建立这样的一种联系，如果已经购买了面包和黄油，那么通常也会在购物车中发现奶酪？找到这样的关联规则可以说是非常有意义的，但是我们也需要解释什么样的情况可以称为“通常”，也就是说，“频繁”的定义是什么。
- 请注意，到目前为止，我们的购物车只是一个简单的没有任何附加结构的购物袋。

至少在网络购物的场景中，我们可以为数据赋予更多的信息。其中一个可以关注的方面是商品的顺序性；也就是说，我们会注意到商品放入购物车的顺序。考虑到这一点，类似于第一个问题，我们可能会问，在交易数据中通常会找到哪些商品顺序呢？例如，购买大型电子设备后可能会额外购买一些实用的配件。

之所以特别关注这三个问题，是因为 Spark MLlib 恰好提供了三种模式挖掘算法，大致对应于前面提到的三个问题，并且有能力来解决这些问题。具体地说，我们会按照顺序详细介绍 FP-growth、关联规则以及 prefix span 算法来解决上述这些问题，并展示 Spark 是如何实现的。在这之前，让我们退后一步，正式介绍一下迄今为止所引出的所有概念，并附以相应的例子。我们将在下面的小节中贯穿前面提及的三个问题。

模式挖掘术语

让我们从一组项集 $I=\{a_1, \cdots, a_n\}$ 开始，它将作为后续所有概念的基础。一个事务 T 可被看作 I 中的一组项集，如果其中包含 l 项，我们则称 T 是一个长度 l 为的事务。一个事务数据库 D 是一个存储事务 ID 以及相应事务的数据库。

给出一个具体的例子，考虑以下的情况。假定商店中所有商品的项集是 I = {bread, cheese, bananas, eggs, donuts, fish, pork, milk, garlic, ice cream, lemon, oil, honey, jam, kale, salt}。由于我们会看到很多的子项集，为了使它们更简短易读，我们将所有的商品使用首字母来缩写，重写为 I = {b, c, a, e, d, f, p, m, g, i, l, o, h, j, k, s}。对于这些给定的项，一个简单的事务数据库 D 看起来如表 6-1 所示。

表 6-1　一个包含 5 个事务的小型购物车数据库

事务 ID	事务
1	*a, c, d, f, g, i, m, p*
2	*a, b, c, f, l, m, o*
3	*b, f, h, j, o*
4	*b, c, k, s, p*
5	*a, c, e, f, l, m, n, p*

1. 频繁模式挖掘问题

有了事务数据库的定义后，假设模式 p 是一个事务，它包含在事务数据库 D 的一些事务中，其支持度 $supp(p)$ 是条件为“真”的事务数量除以中所有的事务并规范化：

$$supp(s) = supp_D(s) = \frac{|\{s' \in S | s < s'\}|}{|D|}$$

这里使用<表示 s 是 s' 的子模式（subpattern），相应地将 s' 称为 s 的超模式（superpattern）。请注意在一些文献中，有些时候可能会看到求解支持度的不同版本，在其中没有对支持度进行规范化。举个例子，模式 $\{a, c, f\}$ 可以在事务 1、2 和 5 中找到，这表示模式 $\{a, c, f\}$ 在我们这个有 5 个事务的数据库中其支持度是 0.6。

支持度是一个重要的概念，因为它给出了一个如何表示模式的频繁度的定义，这正是我们所想要实现的。因此，对于给定的最小支持度阈值 t，当且仅当 $supp(p)$ 大于等于 t 时，

我们称 p 是一个频繁模式。在我们的例子中，长度为 1，最小支持度为 0.6 的频繁模式包括支持度是 0.6 的模式 $\{a\}$、$\{b\}$、$\{c\}$、$\{p\}$ 和 $\{m\}$，和支持度是 0.8 的模式 $\{f\}$。在下面的内容中，对于项或者模式，我们会去掉括号书写，比如使用 f 来表示 $\{f\}$。

对于给定的最小支持度阈值，找出所有频繁模式被称为*频繁模式挖掘问题*，事实上这是上述第一个问题的形式化描述。继续我们的例子，对于 $t = 0.6$ 我们已经找出了所有长度为 1 的模式。那么如何找出更长的模式呢？从理论上讲，如果所提供的计算资源是无限的，这不是什么大问题，因为我们所要做的无非就是计算项的出现次数。然而，从实践角度来看，我们需要更聪明的方法来保持计算的高效性。尤其是对于那些大到足以让 Spark 棘手的数据库，解决频繁模式挖掘问题会变得非常的计算密集。

解决此问题的一个直观方法如下：

1）找出所有长度为 1 的频繁模式，它需要对整个数据库进行一遍扫描。我们在前面的例子中就是这样开始的。

2）对于长度为 2 的模式，首先生成 1- 项频繁集的所有组合，将其作为所谓的候选 2- 项集，并通过再次扫描 D 来测试他们是否超过最小支持度阈值。

3）重要的是，我们无需考虑非频繁模式的组合，因为包含非频繁模式的项集是不可能成为频繁模式的。这个基本原理被称为**先验原则**。

4）对于更长的模式，继续上述步骤直到没有更多的模式需要合并为止。

该算法使用生成和测试（generate-and-test）的方法进行模式挖掘，并使用先验原则来组合模式，该算法被称为 apriori 算法。此基线算法存在许多的变种，所有的算法都有共同的缺点，也就是可扩展性。比如，多次的全数据库扫描对于迭代操作是必不可少的，但是对于大型数据集来说，这会是非常耗时的操作。在这之上，生成所有的候选对象已非常耗时，而更可怕的是计算它们的组合更是不可实现的。因此，在下一小节中，我们将看到 Spark 中所提供的并行版本的算法（称为 FP-growth）是如何克服刚刚讨论的大部分问题的。

2. 关联规则挖掘问题

进一步介绍相关的概念，接下来让我们来看看关联规则，它的概念是在《Mining Association Rules between Sets of Items in Large Database》论文中首次引入的，该论文可从 http://arbor.ee.ntu.edu.tw/~chyun/dmpaper/agrama93.pdf 上下载到。相较于单纯地在数据库中统计项的出现次数，现在更想要了解模式的规则或是含义。它表示的是：对于给定的模式 P_1 和 P_2，我们想要知道无论何时当 P_1 在 D 中被发现时，此时 P_2 是否是频繁出现的，我们通过 $P_1 \Rightarrow P_2$ 表示该规则。为了使表述更为精确，我们需要一个类似于模式支持度这样的概念来表示规则的频繁度，称为*置信度*。对于规则 $P_1 \Rightarrow P_2$，置信度定义为

$$conf(P_1 \Rightarrow P_2) = \frac{supp(P_1 \cup P_2)}{supp(P_1)}$$

它可以被解释为 P_2 相对于 P_1 的条件支持度；也就是说，如果将 D 限制为所有支持 P_1

的事务，那么在这个受限的数据库中 P_2 的支持度就等于 $conf(P_1 \Rightarrow P_2)$。如果它超过最小置信度阈值，那么我们就称 $P_1 \Rightarrow P_2$ 为 D 中的一条规则，就像前面提到的频繁模式一样。对于给定的置信度阈值，找出所有的规则形式化地阐述了上面所提到的第二个问题，即关联规则挖掘。而且，在这种情况下，我们称 P_1 是关联规则的先导，P_2 是关联规则的后继。一般来说，对于先导或是后继的结构并没有任何的约束。然而，为了简单起见，下面我们假定后继的长度为 1。

在我们的例子中，模式 $\{f, m\}$ 出现了 3 次，而 $\{f, m, p\}$ 出现了 2 次，这意味着规则 $\{f, m\} \Rightarrow \{p\}$ 的置信度是 2/3。如果将最小置信度阈值设为 $t = 0.6$，我们可以很容易检查出以下的关联规则是否有效，其中这些关联规则的先导和后继的长度都为 1：

$$\{a\} \Rightarrow \{c\}, \{a\} \Rightarrow \{f\}, \{a\} \Rightarrow \{m\}, \{a\} \Rightarrow \{p\}$$
$$\{c\} \Rightarrow \{a\}, \{c\} \Rightarrow \{f\}, \{c\} \Rightarrow \{m\}, \{c\} \Rightarrow \{p\}$$
$$\{f\} \Rightarrow \{a\}, \{f\} \Rightarrow \{c\}, \{f\} \Rightarrow \{m\}$$
$$\{m\} \Rightarrow \{a\}, \{m\} \Rightarrow \{c\}, \{m\} \Rightarrow \{f\}, \{m\} \Rightarrow \{p\}$$
$$\{p\} \Rightarrow \{a\}, \{p\} \Rightarrow \{c\}, \{p\} \Rightarrow \{f\}, \{p\} \Rightarrow \{m\}$$

从前面置信度的定义来看，现在我们应该清楚一旦有了所有频繁模式的支持度，计算关联规则就相对简单了。事实上，正如我们即将看到的，Spark 关联规则计算的实现是基于先期频繁模式的计算的。

注： 至此，需要指出的是，虽然我们只提到了支持度和置信度这两种衡量标准，但是仍有许多其他有意思的衡量标准，受限于篇幅在此我们无法展开，比如确信度、杠杆率或者提升度这样的概念。对于其他衡量标准的深入比较可以参看 http://www.cse.edu/~ptan/papers/ID.pdf。

3. 序列模式挖掘问题

让我们继续形式化本章所讨论的第三个问题，也是最后一个关于模式匹配的问题。首先让我们详细地来看看序列。序列与前面看到的事务有所不同，在序列中要考虑顺序。对于给定的项集 I，长度为 l 的序列 s 定义如下：

$$s = <s_1, s_2, \cdots, s_l>$$

在这里，每一个单独的 s_i 是由项集构成的，即 $s_i = (a_{i1}, \cdots, a_{im})$，这里 a_{ij} 是 I 中的一个项。请注意我们关心的是序列项 s_i 的顺序，不关心 s_i 内部单独的 a_{ij} 的顺序。一个序列数据库 S 由序列 ID 和序列本身所组成，类似于之前提到的事务数据库。该数据库的一个例子如表 6-2 所示，在这里字母所表示的含义与之前提到的购物车例子中所表示的意思相同。

表 6-2　一个包含 4 个短序列的小型序列数据库

序列 ID	序列
1	<a(abc)(ac)d(cf)>
2	<(ad)c(bc)(ae)>
3	<(ef)(ab)(df)cb>
4	<eg(af)cbc>

请注意，在示例序列中我们使用圆括号将序列项集中的每个项分组。另外也请注意，如果序列项集中的项只包

含单个的子项，则去掉冗余的圆括号。重要的是，相较于无序结构，子序列的概念需要更为慎重地定义。我们将 $s=<s_1, s_2, \cdots, s_l>$ 的子序列称为 $u=<u_1, u_2, \cdots, u_n>$，在这里如果下标 $1 \leqslant i_1 < i_2 < \cdots < i_n \leqslant m$，我们将其简写为 $u < s$，因此有如下的定义：

$$u_1 < s_{i1}, \cdots, u_n < s_{in}$$

这里，符号 < 表示 u_j 是 s_{ij} 的子模式。粗略地说，如果 u 中的所有元素依照给定的顺序都是 s 的子模式，那么 u 就是 s 的子序列。同样 s 是 u 的超序列。在前面的例子中，我们可以看到 $<a(ab)ac>$ 和 $<a(cb)(ac)dc>$ 是 $<a(abc)(ac)d(cf)>$ 的子序列，而 $<(fa)c>$ 则是 $<eg(af)cbc>$ 的子序列。

有了子序列的概念，现在就可以定义序列 s 在给定序列数据库 S 中的*支持度*：

$$supp_S(s) = supp(s) = \frac{|\{s' \in S | s < s'\}|}{|S|}$$

请注意，在结构上，这与之前的无序模式的定义相同，但是符号 < 的意义有所不同，在这里指的是子序列而非子模式。如同前面一样，如果上下文所给出的信息是明确的，我们可以去掉*支持度*定义中数据库 S 的下标。有了*支持度*的概念，序列模式的定义完全类似于先前的概念。对于给定的最小支持度阈值 t，如果 $supp\ (s)$ 大于等于 t，则称 S 中的序列 s 为*序列模式*。因此先前的第三个问题可以形式化为所谓的*序列模式挖掘问题*，也就是说，对于给定的阈值 t 找出 S 中所有序列的序列模式。

即使在我们这个只有 4 个序列的小例子中，手动找出所有的序列模式已经是足够的挑战了。给出一个*支持度*为 1.0 的序列模式的例子，在所有 4 个序列中符合条件的长度为 2 的子序列是 $<ac>$。找出所有的序列模式是一个有趣的问题，我们将在接下来的小节中学习 Spark 实现的所谓的 prefix span 算法来解决这个问题。

6.2 使用 Spark MLlib 进行模式挖掘

受到本章最初的三个问题的启发，我们介绍了三种模式挖掘问题以及相应的必要概念。接下来讨论如何使用 Spark MLlib 中所提供的实现来解决这每一个问题。实际上，使用这些算法是相当简单的，因为大多数的算法都可以使用 Spark MLlib 所提供的简便的 run 方法来执行。更有挑战的是理解算法本身，以及它们所带来的复杂度。为此，我们会逐一解释这三种模式挖掘算法，并且学习它们是如何实现的，以及如何将它们使用到简单的例子上。在完成这些后，我们会将算法应用到 http://MSNBC.com 所获取的真实的点击流数据集。

Spark 中关于模式挖掘算法的文档可以从 https://spark.apache.org/docs/2.1.0/mllib-frequent-pattern-mining.html 找到。它作为一个很好的入口，提供了许多的例子供用户深入学习。

6.2.1　使用 FP-growth 进行频繁模式挖掘

在我们介绍频繁模式挖掘问题的时候，曾快速地讨论了一种基于先验原则的实现方法。该策略的基础是一次又一次地扫描整个事务数据库，以便生成长度增长的候选模式并检查其支持度。同样我们也分析了该策略对于非常大的数据集是不可用的。

而这个所谓的 FP-growth 算法，其中 FP 代表了**频繁模式**，为解决这样的数据挖掘问题提供了一个有趣的方案。该算法在《Mining Frequent Patterns without Candidate Generation》论文中首次被提及，论文可以从 https://www.cs.sfu.ca/~jpei/publications/sigmod00.pdf 下载到。我们从解释该算法的基础开始，然后讨论它的分布式版本——parallel FP-growth，该算法由《PFP：Parallel FP-Growth for Query Recommendation》论文引入，可以从 https://static.googleusercontent.com/media/research.google.com/en//pubs/archive/34668.pdf 中找到。虽然 Spark 的实现基于后者，但最好从基本算法开始了解并扩展。

FP-growth 的核心思想是只在开始的时候扫描一遍事务数据库 D，找出所有长度为 1 的频繁模式，并从这些模式中构建特殊的树结构，称为 FP-tree。一旦这一步完成后，我们只需在小得多的 FP-tree 上进行递归计算，而无需遍历整个事务数据库 D。这一步骤称为该算法的 FP-growth 步骤，因为它递归地从原树的子树构造新树来识别模式。我们将此过程称为片段模式增长（fragment pattern growth)，它不需要我们生成候选模式，而是基于分治（divide-and-conquer）策略构建，因此它大大减少了每个递归步骤的工作量。

更确切地说，让我们首先以一个例子来定义 FP-tree 是什么，它看起来是什么样的。回想我们在上一小节所用到的表 6-1 示例数据库。项集是由 15 个商品所组成，并由它们的首字母所表示：$b, c, a, e, d, f, p, m, i, l, o, h, j, k, s$。我们也讨论了对于最小支持度阈值 $t = 0.6$，长度为 1 的频繁项集为 $\{f, c, b, a, m, p\}$。在 FP-growth 中，首先应用这样的事实——项的顺序对于频繁模式挖掘问题来说是无关紧要的；也就是说，我们可以自由选择频繁项所呈现的顺序。在这里按照支持度降序将频繁项集进行排序。对上述的情况进行总结，我们来看看表 6-3。

表 6-3　表 6-1 示例的继续，使用有序频繁项集扩展表结构

事务 ID	事务	有序频繁项
1	a, c, d, f, g, i, m, p	f, c, a, m, p
2	a, b, c, f, l, m, o	f, c, a, b, m
3	b, f, h, j, o	f, b
4	b, c, k, s, p	c, b, p
5	a, c, e, f, l, m, n, p	f, c, a, m, p

可以看到，像这样有序的频繁项集已经能够帮助我们确定一些结构了。比如，我们看到项集 $\{f, c, a, m, p\}$ 出现了两次，并且轻微地改变了一次成为 $\{f, c, a, b, m\}$。FP-growth 的关键思想是使用这样的表示从有序的频繁项集中构建一棵树，这些项集反映了表 6-3 第三列中所示的结构和相互依赖性。在图 6-1 的右侧，我们可以看到它具体的意思。

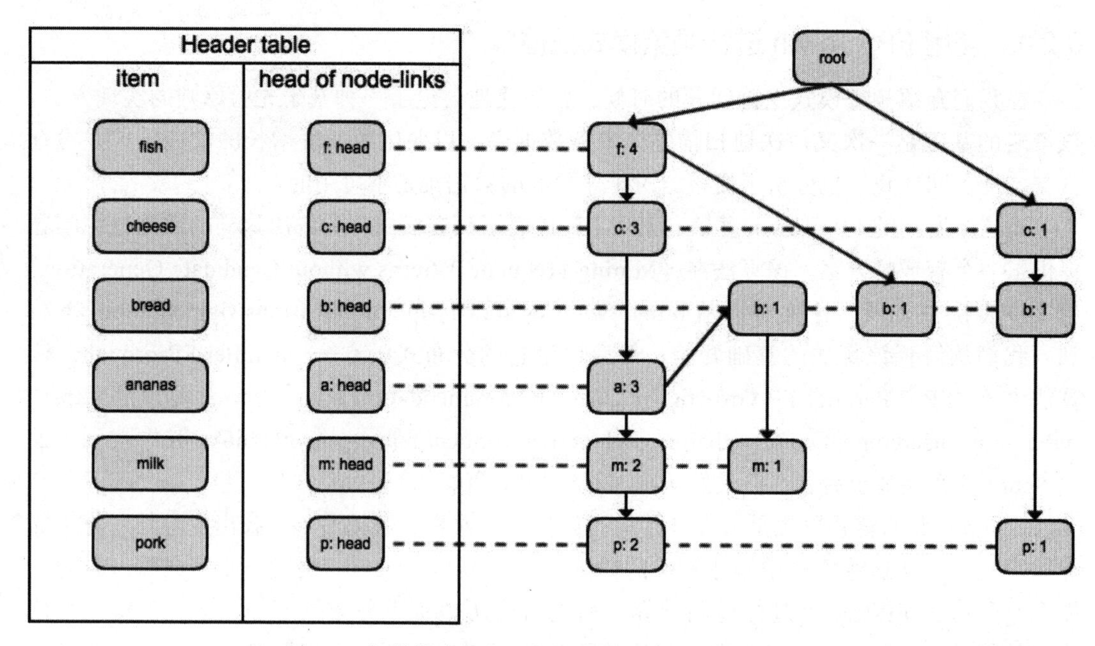

图 6-1　频繁模式挖掘运行示例中的 FP-tree 和项头表

图 6-1 的左侧所展示的是一个项头表，这我们将在稍后解释，而右边则是实际的 FP-tree。对于示例中的每个有序的频繁项集，都有一条从根节点开始的有向路径来表示。树中的每个节点不仅表示了频繁项本身，而且也表示了通过该节点的路径的数量。比如，5 个有序频繁项集中有 4 个以字母 *f* 开始，一个以字母 *c* 开始。因此，在 FP-tree 中，我们在顶层看到 f: 4 和 c: 1。该事实的另一种解释是 *f* 是 4 个项集的前缀，而 *c* 则是一个项集的前缀。换一个例子，让我们将注意力转向树的左下方，也就是叶节点 p: 2。*p* 的两次出现告诉我们，恰好有两条相同的路径在此结束，这我们已经知道了：$\{f, c, a, m, p\}$ 被表示了两遍。这个观察很有意思，因为它暗示了在 FP-growth 中所用到的技术——从树的叶节点开始，我们可以回溯每一个频繁项集，将所有这些连通根节点的唯一路径联合起来就可以得到所有的路径——这是并行化的一个重要的思路。

你在图 6-1 左边所看到的项头表是存储项的一种聪明方式。请注意，在树的构建中，节点是不同于频繁项的，节点是那些可以并且通常会出现多次的项，也就是说对于该节点所属的每一条不同的路径，所对应的项都会出现一次。为了追踪这些项及其关联方式，项头表本质上就是这些项的链表，换句话说，通过项头表每一个项出现次数连接着另一个。为了更好地说明，在图 6-1 中我们使用水平虚线来演示每个频繁项的连接。

有了这样的例子，现在让我们给出 FP-tree 的正式定义。FP-tree *T* 是一个由根节点和从根节点开始的频繁项前缀子树以及频繁项头表所组成的树。树的每一个节点由一个三元组组成，包括项的名称、它出现的次数和一个指向下一个同名节点的节点连接（如果没有这样的下一个节点，则为 null）。

我们来快速地回顾一下，为了构建 T，首先需要对于给定的最小支持度阈值 t 计算频繁项，然后从根节点开始，将事务的有序频繁模式列表所代表的每条路径插入到树中。现在，我们能从中得到什么呢？在 FP-tree 中最重要的特性是解决频繁模式挖掘问题所需的所有信息都已经被编码在 FP-tree T 中了，因为我们有效地使用"重复"来编码所有共同出现的频繁项。由于 T 的节点数量最多等同于频繁项的出现次数，通常 T 远远小于原始数据库 D。这意味着我们已经将挖掘问题映射到了一个较小的数据集上的问题了，相比于前面描述的朴素方法，这本身就减少了计算复杂度。

接下来，我们将讨论如何从构造后的 FP-tree 中所获得的片段递归地增长模式。为了做到这一点，让我们进行下面的观察。对于给定的任意频繁项 x，从项头表中 x 的条目开始，分析相应的子树，我们可以沿着 x 所对应的节点连接得到关于 x 的所有模式。为了准确地解释如何得到所有的模式，我们来进一步研究这个例子，并从项头表的底部开始分析包含 p 的模式。从 FP-tree T 中可以清楚地看到 p 出现在了两条路径上：沿着 p 的节点连接分别是 $(f{:}4, c{:}3, a{:}3, m{:}3, p{:}2)$ 和 $(c{:}1, b{:}1, p{:}1)$。在第一条路径中，p 只出现了两次，也就是说，在原始数据库 D 中模式 $\{f, c, a, m, p\}$ 最多可以出现两次。因此，p 存在的情况下，涉及 p 的路径实际上可以表示为 $(f{:}2, c{:}2, a{:}2, m{:}2, p{:}2)$ 和 $(c{:}1, b{:}1, p{:}1)$。事实上，对于 p，由于我们已经知道在分析关于它的模式，因此我们可以简化其表示，写为 $(f{:}2, c{:}2, a{:}2, m{:}2)$ 和 $(c{:}1, b{:}1)$。这就是我们所说的 **p 的条件模式基**（conditional pattern base）。更进一步，我们可以从这个条件数据库中构建新的 FP-tree。对于 p 出现三次这样的条件，这棵新的树只包含一个单独的节点，即 $(c{:}3)$。这意味着除了 p 本身，涉及 p 的模式只有 $\{c, p\}$。为了更好地讨论这种情况，让我们引入下面的符号：p 的条件 FP-tree 可以表示为 $\{(c{:}3)\}|p$。

为了获得更多的直观感受，让我们再考虑另一个频繁项，并讨论它的条件模式基。继续自底向上地分析频繁项 m，我们又看到了两条相关的路径：$(f{:}4, c{:}3, a{:}3, m{:}2)$ 和 $(f{:}4, c{:}3, a{:}3, b{:}1, m{:}1)$。请注意，在第一条路径中，我们舍弃了最后的 $p{:}2$，因为这已经在频繁项 p 的情况中包括了。遵循相同的逻辑基于 m 的条件去掉所有额外的出现次数，我们就可以得到条件模式基 $\{(f{:}2, c{:}2, a{:}2), (f{:}1, c{:}1, a{:}1, b{:}1)\}$。在这种情况下条件 FP-tree 可以由 $\{f{:}3, c{:}3, a{:}3\}|m$ 给出。现在很容易看出，实际上 m 与 f、c 和 a 的每一种可能的组合组成了一个频繁模式。给定 m，所有模式的集合是 $\{m\}$、$\{am\}$、$\{cm\}$、$\{fm\}$、$\{cam\}$、$\{fam\}$、$\{fcm\}$ 和 $\{fcam\}$。现在应该非常清楚如何继续进行计算，我们不会在这完全地展开，而是简单地把结果总结在表 6-4 中：

表 6-4　运行示例中的条件 FP-tree 和条件模式基的完整列表

频繁项	条件频繁基	条件 FP-tree
p	$\{(f{:}2, c{:}2, a{:}2, m{:}2), (c{:}1, b{:}1)\}$	$\{(c{:}3)\}\|p$
m	$\{(f{:}2, c{:}2, a{:}2), (f{:}1, c{:}1, a{:}1, b{:}1)\}$	$\{f{:}3, c{:}3, a{:}3\}\|m$
b	$\{(f{:}1, c{:}1, a{:}1), (f{:}1), (c{:}1)\}$	*null*
a	$\{(f{:}3, c{:}3)\}$	$\{(f{:}3, c{:}3)\}\|a$

（续）

频繁项	条件频繁基	条件 FP-tree
c	{(*f*:3)}	{(*f*:3)}|*c*
f	null	null

由于这个推导需要注意很多的细节，让我们回过头来总结一下到目前为止的情况：

1）从原始的 FP-tree *T* 开始，使用节点连接来遍历所有的频繁项。

2）对于每一项 *x*，构建它的条件模式基和条件 FP-tree。这样做，我们使用以下两个约定：

- 对每个潜在的模式，丢弃所有项中最后的 *x*，也就是说，只保留 *x* 的前缀。
- 修改条件模式基中项的次数以匹配 *x* 的次数。

3）使用上面的两个约定修改路径，我们称为 *x* 的转换前缀路径。

为了最终说明算法的 FP-growth 步骤，我们还需要两个基本的事实，它们已经隐含在这个例子中了。首先，在条件模式基中项的支持度与原始数据库中的表示相同。其次，假定原始数据库中的一个频繁模式 *x* 和任意项集 *y*，当且仅当 *y* 是频繁模式时，我们才认为 *xy* 是频繁模式。这两个事实可以很容易地被推导出来，并且应该已经在前面的例子中清楚地说明了。

这意味着我们可以完全专注于在条件模式基中寻找模式，因为频繁模式连接起来又是新的频繁模式，这样我们就可以找到所有的模式。因此这种通过计算条件模式基递归增长模式的机制被称为模式增长，这就是为什么将其命名为 FP-growth。有了这一切，现在我们可以用伪代码来总结 FP-growth 的过程，如下所示：

```
def fpGrowth(tree: FPTree, i: Item):
    if (tree consists of a single path P){
        compute transformed prefix path P' of P
        return all combinations p in P' joined with i
    }
    else{
        for each item in tree {
            newI = i joined with item
            construct conditional pattern base and conditional FP-tree
newTree
            call fpGrowth(newTree, newI)
        }
    }
```

通过这个过程，我们将完整的 FP-growth 算法描述为：

1）从 *D* 中计算频繁项，并且从这些项中计算原始的 FP-tree *T*（FP-tree 计算）。

2）运行 fpGrowth（T, null）(FP-growth 计算）。

在了解了基本构造之后，现在我们可以继续讨论基础 FP-growth 算法的并行扩展，这也是 Spark 实现的基础。Parallel FP-growth（或者简称为 PFP）是 FP-growth 算法对于如 Spark 这样的并行计算引擎的自然演进。它解决了基线算法以下的问题：

- *分布式存储*：对于频繁模式挖掘，内存可能无法容纳我们的数据库 D，这使得原始的 FP-growth 算法变得不适用。基于这样的原因，Spark 在分布式存储方面确有帮助。
- *分布式计算*：有了分布式存储后，我们不得不考虑将算法的所有步骤适当并行化，PFP 算法的初衷也正是如此。
- *适当的支持度*：在处理如何寻找合适的频繁模式时，通常我们不希望将最小阈值设得太高，以防止只能在长尾中找到感兴趣的模式。但是，对于一个足够大的 D，较小的 t 可能会阻碍我们将 FP-tree 放到内存中，这反过来迫使我们增加 t。我们将看到，PFP 成功地解决了这个问题。

考虑 Spark 的实现，PFP 的基本框架如下所示：

- **分片**：将数据库 D 分布到多个分区中，而不是将其存储到单台机器中。忽略具体的存储层是如何实现的，使用 Spark 可以创建 RDD 来加载 D。
- **并行频繁项计数**：第一步从 D 中计算频繁项可以自然地通过 RDD 上的 map-reduce 操作来实现。
- **建立频繁项的组**：将频繁项集分为多个组，每个组以唯一的组 ID 表示。
- **并行 FP-growth**：将 FP-growth 分为两个步骤来实现并行化：
  - **Map 阶段**：Mapper 的输出是包含组 ID 和相应事务的对；
  - **Reduce 阶段**：Reducer 根据组 ID 收集数据，并对这些组相关的事务应用 FP-growth 算法。
- **聚合**：算法的最后一步是基于组 ID 聚合结果。

鉴于我们已经在 FP-growth 算法本身上面花费了大量的时间，因此在这里我们不再过多涉及 Spark PFP 的实现细节，相反让我们来看看在用过的例子上如何使用实际的算法：

```
import org.apache.spark.mllib.fpm.FPGrowth
import org.apache.spark.rdd.RDD
val transactions: RDD[Array[String]] = sc.parallelize(Array(
  Array("a", "c", "d", "f", "g", "i", "m", "p"),
  Array("a", "b", "c", "f", "l", "m", "o"),
  Array("b", "f", "h", "j", "o"),
  Array("b", "c", "k", "s", "p"),
  Array("a", "c", "e", "f", "l", "m", "n", "p")
))

val fpGrowth = new FPGrowth()
  .setMinSupport(0.6)
  .setNumPartitions(5)
val model = fpGrowth.run(transactions)

model.freqItemsets.collect().foreach { itemset =>
  println(itemset.items.mkString("[", ",", "]") + ", " + itemset.freq)
}
```

代码相当简单。我们将数据加载到 transactions 中并且初始化 Spark 的 FPGrowth 实现，使用最小支持度 0.6 和 5 个分区。这将返回一个模型，我们可以把它应用到先前构造的

transactions 上并执行 run。对于指定的最小支持度，通过调用 freqItemsets 我们可以访问模式或是频繁项集，在上面的例子中，以格式化后的方式打印模式，我们会得到总共 18 个模式的输出：

```
[m], 3
[m,c], 3
[m,c,f], 3
[m,a], 3
[m,a,c], 3
[m,a,c,f], 3
[m,a,f], 3
[m,f], 3
[f], 4
[c], 4
[c,f], 3
[p], 3
[p,c], 3
[a], 3
[a,c], 3
[a,c,f], 3
[a,f], 3
[b], 3
```

注： 回想一下，我们已经将事务定义成了集合，并称其为项集。这意味着在一个项集中，特定的项只能出现一次，并且 FPGrowth 的实现依赖于此。假如我们用 Array("b", "b", "h", "j", "o") 代替前面例子中的第三个事务，那么在这些事务上执行 run 就会抛出错误消息。稍后我们会看到如何处理这种情况。

在以同样的方式解释完关联规则和 prefix span 算法后，我们将转向真实的数据集并将这些算法应用其上。

6.2.2 关联规则挖掘

回想一下关联规则的介绍，在计算关联规则时，一旦有了频繁项集，也就是在指定的最小阈值下所求得的模式，关联规则的计算就已经进行了一半了。事实上，Spark 中关联规则的实现假定我们已经提供了一个 FreqItemsets[Item] 的 RDD，这在前面例子中调用 model.freqItemsets 可以看到。最重要的是，计算关联规则不仅作为一个独立的算法提供给用户，而且还可以通过 FPGrowth 供用户使用。

在演示如何使用相应的算法运行示例之前，让我们快速地解释一下在 Spark 中关联规则是如何实现的：

1）在该算法的实现中已经提供了频繁项集，因此我们不必再计算它们。

2）对于每一个模式对——X 和 Y，计算 X 和 Y 共同出现的频繁度，并存储 (X,(Y,

$supp(X \cup Y)$))。我们将这样的模式对称为候选对，其中 X 作为潜在的先导，而 Y 则是后继。

（3）将所有的模式与候选对进行连接以得到这样的形式：$(X,((Y, supp(X \cup Y)), supp(X)))$。

（4）然后我们可以使用期望的最小置信度过滤表达式 $(X,((Y, supp(X \cup Y)), supp(X)))$ 来得到所有具有相应置信度的规则 $X \Rightarrow Y$。

假设我们没有使用上一小节的 FP-growth 计算方式，而是直接给出了频繁项集的完整列表，我们可以用 FreqItemset 序列创建 RDD，然后在 AssociationRules 实例上基于此 RDD 运行算法：

```
import org.apache.spark.mllib.fpm.AssociationRules
import org.apache.spark.mllib.fpm.FPGrowth.FreqItemset

val patterns: RDD[FreqItemset[String]] = sc.parallelize(Seq(
  new FreqItemset(Array("m"), 3L),
  new FreqItemset(Array("m", "c"), 3L),
  new FreqItemset(Array("m", "c", "f"), 3L),
  new FreqItemset(Array("m", "a"), 3L),
  new FreqItemset(Array("m", "a", "c"), 3L),
  new FreqItemset(Array("m", "a", "c", "f"), 3L),
  new FreqItemset(Array("m", "a", "f"), 3L),
  new FreqItemset(Array("m", "f"), 3L),
  new FreqItemset(Array("f"), 4L),
  new FreqItemset(Array("c"), 4L),
  new FreqItemset(Array("c", "f"), 3L),
  new FreqItemset(Array("p"), 3L),
  new FreqItemset(Array("p", "c"), 3L),
  new FreqItemset(Array("a"), 3L),
  new FreqItemset(Array("a", "c"), 3L),
  new FreqItemset(Array("a", "c", "f"), 3L),
  new FreqItemset(Array("a", "f"), 3L),
  new FreqItemset(Array("b"), 3L)
))

val associationRules = new AssociationRules().setMinConfidence(0.7)
val rules = associationRules.run(patterns)

rules.collect().foreach { rule =>
  println("[" + rule.antecedent.mkString(",") + "=>"
    + rule.consequent.mkString(",") + "]," + rule.confidence)
}
```

请注意，在初始化算法后，并在收集结果之前，我们将最小置信度设置为 0.7。运行 AssociationRules 返回的是 Rule 类型的规则对象 RDD。这些对象具有 antecedent、consequent 和 confidence 属性，我们可以收集这些属性并将其以如下的方式显示：

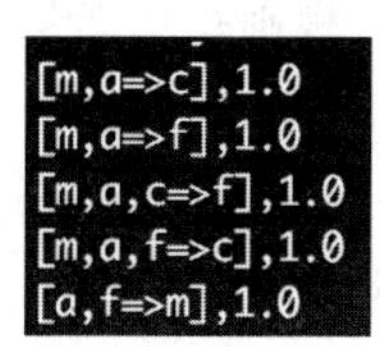
```
[m,a=>c],1.0
[m,a=>f],1.0
[m,a,c=>f],1.0
[m,a,f=>c],1.0
[a,f=>m],1.0
```

```
[a,f=>c],1.0
[m,c=>f],1.0
[m,c=>a],1.0
[a=>m],1.0
[a=>c],1.0
[a=>f],1.0
[a,c=>m],1.0
[a,c=>f],1.0
[m,f=>c],1.0
[m,f=>a],1.0
[m,c,f=>a],1.0
[c,f=>m],1.0
[c,f=>a],1.0
[a,c,f=>m],1.0
[m=>c],1.0
[m=>a],1.0
[m=>f],1.0
[f=>m],0.75
[f=>c],0.75
[f=>a],0.75
[p=>c],1.0
[c=>m],0.75
[c=>f],0.75
[c=>p],0.75
[c=>a],0.75
```

在这个例子中，之所以从头开始构建频繁项集 RDD 而不是直接使用 FP-growth 算法的输出结果，我们想表达的思想是关联规则在 Spark 中是一个独立的算法。但是由于目前在 Spark 中计算模式的唯一内置方法是使用 FP-growth，并且关联规则的计算依赖于 FreqItemset 的概念（从 FPGrowth 子模块中导入），因此直接使用关联规则算法不是非常实际。使用之前 FP-growth 例子中的结果，我们可以写为如下的形式并获得相同的结果：

```
val patterns = model.freqItemsets
```

有意思的是，关联规则也可以直接通过 FPGrowth 的接口进行计算。继续早前 FP-growth 的例子，我们可以简单地写成如下的形式，得到与上例相同的规则集：

```
val rules = model.generateAssociationRules(confidence = 0.7)
```

从实践的角度来看，虽然两种编写方法都是有用的，但后者看上去更加简洁。

6.2.3 使用 prefix span 进行序列模式挖掘

接下来我们将讨论序列模式匹配问题，prefix span 算法相比于关联规则会稍微复杂一点，因此我们需要在这稍作逗留，先解释清楚相关的基础知识。prefix span 算法在论文 http://hanj.cs.illinois.edu/pdf/tkde04_spgjn.pdf 中首次提及，它是作为 FreeSpan 算法的自然延伸。算法本身比其他方法（如 Generalized Sequential Patterns（GSP）)，有显著的改进。

后者是基于先验原则实现的，这和我们前面所讨论的许多基于此原则的算法一样，拥有该原则所带来的所有缺点，比如耗时的候选生成、多次数据库遍历等。

prefix span 算法，在其基本的构造中采用了与 FP-growth 相同的基本思想，即将原始数据库映射到一个通常较小的结构中进行分析。在 FP-growth 中，我们递归地为原始 FP-tree 每个分支的后缀建立新的 FP-tree。而顾名思义，prefix span 算法则是通过前缀来增长或者扩展新结构。

首先从直观上定义序列前缀和后缀的概念。在接下来的表述中，我们始终假定序列中的项是按字母顺序排列的，也就是说，如果 $s = <s_1, s_2, \cdots, s_l>$ 是 S 中的一个序列，并且每个 s_i 是一组项的集合，即 $s_i = (a_{i1}, \cdots, a_{im})$，这里 a_{ij} 是项集 I 中的项，我们假定在 s_i 中的所有的 a_{ij} 是按照字母顺序排序的。在这样的前提下，当且仅当下面三个特性被满足时，元素 $s' = < s'_1, s'_2, \cdots, s'_m >$ 被称为 s 的前缀：

- 对于所有的 $i < m$ 都具有相同的序列项，即 $s'_i = s_i$；
- $s'_m < s_m$，即 s' 的最后一项是 s_m 的子模式；
- 如果我们从 s_m 中减去 s'_m，也就是从 s_m 中删掉子模式 s'_m，那么所有留在 $s_m - s'_m$ 中的频繁项都必须按字母顺序出现在 s'_m 的元素的后面。

虽然前两点看起来相当自然，但最后一点似乎有些颇为费解，因此让我们用一个例子来解释一下。给定数据库 D 中的序列——$<a(abc)>$，其中 a、b 和 c 都是频繁项，那么 $<aa>$ 和 $<a(ab)>$ 就是 $<a(abc)>$ 的前缀，而 $<ab>$ 却不是，这是由序列最后项的差异造成的，$<(abc)>-<b>=<ac>$，字母 a 按照字母序不应该出现在 b 后面。从本质上讲，第三个特性告诉我们前缀只能从序列最后项的头部开始取出一部分，而不能随意地取出子模式。

在定义了前缀的概念后，现在可以很容易说出后缀是什么。与前面的概念相同，如果将 s' 定义为 s 的前缀，则对应于此前缀的后缀就是 $s'' = <(s_m - s'_m), s_{m+1}, \cdots, s_l>$，我们可以将其表示为 $s'' = s/s'$。而转换成乘积表示，则 $s = s's''$。例如，给定 $<a(abc)>$ 是原始序列，同时 $<aa>$ 是前缀，那么对应于此前缀的后缀表示如下：

$$<(\_bc)>=<a(abc)>/<aa>$$

请注意，我们使用下划线符号表示序列除去前缀剩余的部分。

前缀和后缀的概念对于将原始序列模型挖掘问题分割成更小的部分非常有用。令 $\{<p_1>, \cdots, <p_n>\}$ 为长度为 1 的序列模式的完整集合。那么，我们可以观察到如下几点：

- 所有的序列模式都是以 P_i 中的一个开始的。反过来这意味着我们可以将所有的序列模式划分成 n 个不相交的集合，且这些集合以 p_i 开始，i 在 1 ～ n 之间。
- 递归地应用上述的结论，最终会得到以下的结论：如果 s 是一个给定的长度为 1 的序列模式，而 $\{s^1, \cdots, s^m\}$ 是长度为 $l+1$ 的 s 的序列超模式的完整集合，那么所有以 s 为前缀的序列模式可以通过前缀 s^i 划分成 m 个集合。

两个结论都非常容易理解，但是它们提供了强大的能力，能将原来的问题划分成若干个互不相关的小问题。这种策略被称为分治法。考虑到这一点，现在我们可以使用类似于

之前在 FP-growth 中所使用的条件数据库的方法来解决序列模式问题，即基于给定的前缀映射数据库。给定序列模式数据库 S 和前缀 s，**s- 映射数据库** $S|_s$ 是 S 中关于 s 的所有后缀的集合。

最后我们还需要一个定义来陈述和分析 prefix span 算法。如果 s 是 S 中的一个序列模式，并且 x 是前缀为 s 的模式，那么 x 在 $S|_s$ 中的支持度 $supp_{S|s}(x)$，是 $S|_s$ 中序列的个数 y，因此 $x < sy$；也就是说，我们简单地将支持度的概念延伸到了 s- 映射数据库。这里有一些有趣的特性可以从定义中得到，这会使我们所处理的情况变得更容易些。例如，可以看到对于任何具有前缀 s 的序列 x，我们有如下的形式：

$$supp_S(x) = supp_{S|s}(x)$$

在这种情况下，无论是从原始数据库中计算支持度还是从映射数据库中计算已经变得无关紧要了。而且，如果 s' 是 s 的前缀，那么显然 $S|_s = (S|_{s'})|_s$，这意味着我们可以连续地计算前缀而不会丢失信息。从计算复杂性的角度来看，最后也是最重要的一点是，映射数据库的大小不会超过原始数据库。这个特性可以从定义中再次得到明确，这对于判断 prefix span 算法的递归特性是非常有帮助的。

给出所有这些信息，现在我们可以以下述的伪代码来描述 prefix span 算法。请注意，我们区分了项 s' 添加到序列模式 s 的末尾，以及从 s' 生成的序列 <*s'*> 添加到 s 的末尾这两种情况。举例来说，可以将字母 *e* 添加到 <*a*(*abc*)> 的末尾构成 <*a*(*abce*)>，或将 <*e*> 添加到末尾构成 <*a*(*abc*)*e*>：

```
def prefixSpan(s: Prefix, l: Length, S: ProjectedDatabase):
  S' = set of all s' in S|s if {
    (s' appended to s is a sequential pattern) or
    (<s'> appended to s is a sequential pattern)
  }
  for s' in S' {
    s'' = s' appended to s
    output s''
    call prefixSpan(s'', l+1, S|s'')
  }
}
call prefixSpan(<>, 0, S)
```

如上面所述，prefix span 算法的目的是查找所有的序列模式，也就是说，它展示了一种解决序列模式挖掘问题的方法。在这里我们无法列出对于该算法的证明，但是我们希望能提供足够多的直观感受来看看它是如何工作的。

让我们转向 Spark 的例子，请注意，在这里我们没有讨论如何有效地并行化基线算法。如果你对实现细节有兴趣，请参阅 https://github.com/apache/spark/blob/v2.2.0/mllib/src/main/scala/org/apache/spark/mllib/fpm/PrefixSpan.scala，因为并行化的版本有点过于复杂了，所以我们在这就不展开了。我们将使用表 6-2 所提供的例子，也就是四个序列 <*a*(*abc*)(*ac*)*d*(*cf*)>、<(*ad*)*c*(*bc*)(*ae*)>、<(*ef*)(*ab*)(*df*)*cb*> 和 <*eg*(*af*)*cbc*>。为了对嵌套的序列结构进行编码，使用字符串数组的数组，并行化它们并创建 RDD。初始化和运行 PrefixSpan 实例与其他两种算法几无差别。这里唯一值得注意的是，除了通过 setMinSupport 将最小支持度阈值设置为 0.7 之外，我们还通过 setMaxPatternLength 将模式的最大长度指定为 5。这里最后一个参数是为了限制递归深度。尽管 Spark 巧妙地实现了算法，但是算法（尤其是计算数据库映射）仍然需要很长的计算时间：

```
import org.apache.spark.mllib.fpm.PrefixSpan

val sequences:RDD[Array[Array[String]]] = sc.parallelize(Seq(
  Array(Array("a"), Array("a", "b", "c"), Array("a", "c"), Array("d"),
Array("c", "f")),
 Array(Array("a", "d"), Array("c"), Array("b", "c"), Array("a", "e")),
 Array(Array("e", "f"), Array("a", "b"), Array("d", "f"), Array("c"),
Array("b")),
 Array(Array("e"), Array("g"), Array("a", "f"), Array("c"), Array("b"),
Array("c")) ))
val prefixSpan = new PrefixSpan()
  .setMinSupport(0.7)
  .setMaxPatternLength(5)
val model = prefixSpan.run(sequences)
model.freqSequences.collect().foreach {
  freqSequence => println(freqSequence.sequence.map(_.mkString("[", ", ",
"]")).mkString("[", ", ", "]") + ", " + freqSequence.freq) }
```

在你的 Spark shell 中运行上面的代码就会得到如下所示的 14 个序列模式的输出：

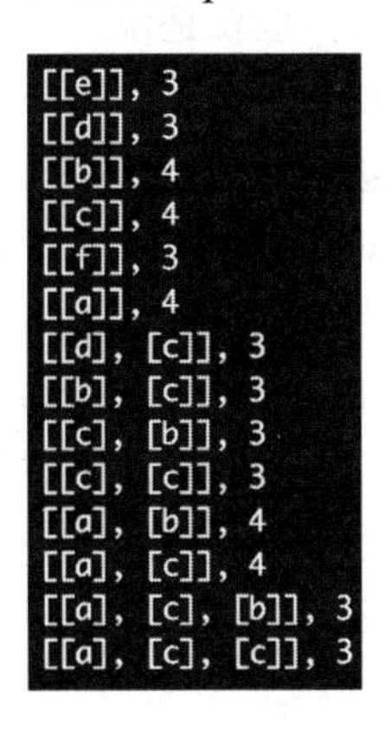

[[e]], 3
[[d]], 3
[[b]], 4
[[c]], 4
[[f]], 3
[[a]], 4
[[d], [c]], 3
[[b], [c]], 3
[[c], [b]], 3
[[c], [c]], 3
[[a], [b]], 4
[[a], [c]], 4
[[a], [c], [b]], 3
[[a], [c], [c]], 3

6.2.4 在 MSNBC 点击流数据上进行模式挖掘

我们已经花了相当多的时间来解释模式挖掘的基础。接下来让我们转向更为实际的应用。在这里所要讨论的数据是 http://msnbc.com 上的服务器日志（部分与新闻相关的数据来自 http://msn.com），它表示了用户在这些网站上的一整天的页面浏览行为。这些 1999 年 9 月收集的数据可以从 http://archive.ics.uci.edu/ml/machine-learning-databases/msnbc-mld/msnbc990928.seq.gz 下载到。将此文件存储在本地并解压，就会得到 msnbc990928.seq 这样一个文件，这个文件包含了文件头，并且每一行是不定长的整数数组，以空格分隔。下面是这个文件的前几行：

```
% Different categories found in input file:

frontpage news tech local opinion on-air misc weather msn-news health
living business msn-sports sports summary bbs travel

% Sequences:

1 1
2
3 2 2 4 2 2 2 3 3
5
1
6
1 1
6
6 7 7 7 6 6 8 8 8 8
```

在这个文件中的每一行是一个编码后的序列，表示用户在这一天中的页面访问数据。页面访问并没有按最细的粒度收集，而是将其划分为 17 个新闻相关的类别，并把这些类别编码为整数。对应于这些类别的类别名字在前面的文件头中已经列出了，大部分是不言自明的（除了 bbs，它表示的是**电子公告板服务**）。在列表中的第 *n* 项对应于类别 *n*；例如，1 表示 frontpage，而 travel 则被编码为 17。举个例子，在文件中第 4 个用户点击了一次 opinion 页面，而第 3 个用户则有 9 次页面浏览，以 tech 开始并结束。

需要注意的是，每一行中的页面访问实际上是按时间顺序存储的，也就是说，这些数据是按页面访问顺序的序列数据。所收集的数据总共包含了 989 818 个用户，即这个数据集恰好有这些数量的序列。不幸的是我们无法得知每一个类别究竟包含了多少个 URL，但是大概知道它的范围是从 10 ～ 5000 不等。请参阅 http://archive.ics.uci.edu/ml/machine-learning-databases/msnbc-mld/msnbc.data.html 中的描述以获得更多的信息。

从数据集的描述中我们应该很清楚，迄今为止所讨论的所有三种模式挖掘问题都可以应用在此数据上——我们可以从序列数据库中搜索序列模式，且我们可以忽略顺序性分析频繁模式以及关联规则。为此，我们需要首先使用 Spark 加载数据。在下面的内容中，假定文件头已经去掉了，并且已经从保存上述序列文件的路径中创建了 Spark shell 会话：

```
val transactions: RDD[Array[Int]] = sc.textFile("./msnbc990928.seq") map {
line =>
  line.split(" ").map(_.toInt)
}
```

首先我们将序列文件以整数数组的形式加载到 RDD 中。回忆前面的小节，在频繁模式挖掘中事务的一个假设是，项集是不包含重复项的集合。为了使用 FP-growth 和关联规则挖掘，我们必须要删掉重复的项，如：

```
val uniqueTransactions: RDD[Array[Int]] =
transactions.map(_.distinct).cache()
```

请注意，我们不仅限制了每个事务中项的唯一性，同时也将结果 RDD 缓存到内存中，这对于三种模式挖掘算法都是推荐的。有了上面的 RDD，我们就可以运行 FP-growth 算法，为此我们需要找到合适的最小支持度阈值 t。到目前为止，在之前的简单例子中我们都选择了相当大的阈值（在 0.6 ～ 0.8 之间），实际上在较大的数据库中期望任何的模式能有如此大的支持度是不现实的。虽然我们只需处理 17 种类别，但是用户之间的浏览行为通常有很大的差异。因此，在这里我们选择了一个 5% 的阈值以期能获得一些结果：

```
val fpGrowth = new FPGrowth().setMinSupport(0.05)
val model = fpGrowth.run(uniqueTransactions)
val count = uniqueTransactions.count()

model.freqItemsets.collect().foreach { itemset =>
    println(itemset.items.mkString("[", ",", "]") + ", " + itemset.freq /
count.toDouble )
}
```

此计算的输出显示对于 $t = 0.05$ 只得到了 14 个频繁模式，如下所示：

```
[9], 0.09111978161641837
[2], 0.17708912143444552
[2,1], 0.07547246059376572
[4], 0.1229710916552336
[13], 0.0777395440373887
[10], 0.05112657074330836
[12], 0.11333699730657555
[1], 0.3164026113891645
[11], 0.05818948533972912
[14], 0.12036354158037134
[8], 0.09659856660517388
[6], 0.21933426145008475
[7], 0.08134222655073962
[3], 0.12320244731859796
```

所获得的模式不仅比你预想的要少得多，而且这些模式中除了一个以外其他的长度都是 1。稍微在意料之中的是，frontpage 的点击量最高，为 31%，其次是 on-air 和 news。当天同时访问 frontpage 和 news 网站的用户只占 7%，并且其他同时被访问的类别没有一个超过 5% 的用户群。类别 5、15、16 和 17 甚至没有出现在频繁模式列表中。如果我们用 1% 的 t 值重复上面的实验，现在模式的数量上升到了 74。

让我们来看看在这里有多少长度为 3 的模式：

```
model.freqItemsets.collect().foreach { itemset =>
  if (itemset.items.length >= 3)
    println(itemset.items.mkString("[", ",", "]") + ", " + itemset.freq /
count.toDouble )
}
```

使用最小支持度阈值 $t = 0.01$，在 FPGrowth 实例中运行上述代码可以得到如下的结果：

```
[2,6,1], 0.015261391488132162
[4,2,1], 0.016736410127922506
```

```
[10,2,1], 0.01219820209371824
[12,2,1], 0.015683691345277615
[11,2,1], 0.013232735715050646
[14,2,1], 0.012118389441291228
[7,2,1], 0.013082202990852864
[7,4,2], 0.010486776356865606
[7,4,1], 0.014752206971382617
[7,6,1], 0.011334406931375263
[3,2,1], 0.014854245932080443
```

正如一般所猜测的，最频繁的长度 1 模式同样在长度 3 模式中也是占主导的。在这 11 个模式中，其中 10 个涉及 frontpage，9 个涉及 news。有趣的是，类别 misc 在我们先前的分析中只占了 7% 的浏览量，但是却出现在了 4 个长度 3 模式中。如果我们有更多关于用户的背后的信息，也许能挖掘出一些有趣的信息。据推测，许多对 miscellaneous 主题感兴趣的用户通常会出现在这些包含其他类别的混合模式中。

接着上面的分析，关联规则的计算在技术上很简单；我们只需以 0.4 的置信度阈值运行以下几行代码，从现有的 FP-growth 模型中获取所有的规则：

```
val rules = model.generateAssociationRules(confidence = 0.4)
rules.collect().foreach { rule =>
  println("[" + rule.antecedent.mkString(",") + "=>"
    + rule.consequent.mkString(",") + "]," + (100 * rule.confidence).round
/ 100.0)
}
```

可以看到我们是如何得到各个规则的先导、后继以及置信度的。它的输出如下所示，在这里我们将置信度圆整为两位小数：

```
[2,6=>1],0.59
[3,2=>1],0.58
[7=>6],0.41
[7=>1],0.45
[14,2=>1],0.63
[4,1=>2],0.42
[3,1=>2],0.44
[11,2=>1],0.75
[5=>1],0.49
[4,2=>1],0.6
[7,1=>4],0.4
[7,2=>1],0.65
[7,2=>4],0.52
[11=>1],0.57
[10=>1],0.52
[12,2=>1],0.66
[15=>6],0.48
[11,1=>2],0.4
[7,4=>1],0.54
[10,1=>2],0.46
[2=>1],0.43
[10,2=>1],0.68
```

同样，最频繁的长度1模式出现在许多的规则中，其中最多的是作为后继的frontpage。在整个例子中，我们选择了合理的支持度以及置信度阈值，以便能够输出较短的结果，这可以很容易地通过手动进行验证。但是现在先让我们在规则集上做一些自动化计算：

```
rules.count
val frontPageConseqRules = rules.filter(_.consequent.head == 1)
frontPageConseqRules.count
frontPageConseqRules.filter(_.antecedent.contains(2)).count
```

执行上面的代码，我们可以看到大约2/3的规则以frontpage作为后继，也就是总共22条规则中的14条，而在这14条中有9条是以news作为先导的。

接下来继续在这个数据集上讨论序列模式挖掘问题，首先我们需要将原始的transactions转换为Array[Array[Int]]类型的RDD，因为嵌套数组是Spark中prefix span编码序列的方式，这在之前已经见过了。虽然读者可能已经知道了，但在这仍重新指出，对于序列我们不必丢弃重复的项，这与我们之前在FP-growth所做的不同。

事实上，在单条记录上施加顺序后，我们甚至能获得更多的结构信息。为了实现之前提到的转换，我们可以简单地写成如下的形式：

```
val sequences: RDD[Array[Array[Int]]] =
transactions.map(_.map(Array(_))).cache()
```

同样，将结果进行缓存以提高prefix span算法的性能。运行算法本身与之前一样：

```
val prefixSpan = new
PrefixSpan().setMinSupport(0.005).setMaxPatternLength(15)
val psModel = prefixSpan.run(sequences)
```

我们将最小支持度设置得非常低，仅为0.5%，希望这次能获得更大的结果集。请注意，这里搜索不长于15个序列项的模式。通过运行以下的代码来分析频繁序列的长度分布：

```
psModel.freqSequences.map(fs => (fs.sequence.length, 1))
  .reduceByKey(_ + _)
  .sortByKey()
  .collect()
  .foreach(fs => println(s"${fs._1}: ${fs._2}"))
```

在这个操作链中，我们首先将每个序列映射为由序列长度和计数1所组成的键值对。接下来我们进行reduce操作将所有的值按照键进行相加，也就是计算该长度所出现的次数。剩下的就是简单的排序和格式化，它产生了如下的结果：

```
1: 16
2: 132
3: 193
4: 184
5: 137
6: 99
```

```
7: 41
8: 17
9: 8
10: 6
11: 4
12: 3
13: 3
14: 1
```

可以看到最长的序列它的长度是 14，这意味着最大值 15 并没有限制搜索空间，我们找出了支持度阈值 $t = 0.005$ 下所有的序列模式。有趣的是，在 http://msnbc.com 上浏览的绝大多数用户的访问都是介于 2 ～ 6 次点击之间。

为了完成这个例子，让我们来看看每个长度下最频繁的模式分别是什么，同时最长的序列模式究竟是什么样的。在回答第二个问题的时候同样也会给出第一个问题的答案，因为只有一个长度 14 的模式。具体的代码如下所示：

```
psModel.freqSequences
  .map(fs => (fs.sequence.length, fs))
  .groupByKey()
  .map(group => group._2.reduce((f1, f2) => if (f1.freq > f2.freq) f1 else
f2))
  .map(_.sequence.map(_.mkString("[", ", ", "]")).mkString("[", ", ", "]"))
  .collect.foreach(println)
```

这是我们迄今为止所面对的最为复杂的 RDD 操作之一了，让我们来讨论涉及的所有步骤。首先将每个频繁序列映射为由序列长度和序列本身组成的对。这初看起来有点奇怪，但它允许我们将所有的序列按照长度进行分组，这是在下一步要做的。每个组由它的键值和基于频繁序列的迭代器组成。接下来将每个组映射到它的迭代器，并且通过仅保留最大频繁度序列这样的方式来归约迭代器。为了合理地显示这个操作的结果，我们使用了两遍 mkString 从不可读的嵌套数组创建字符串。上述操作链的结果如下所示：

```
[[1], [1], [1], [1], [1], [1]]
[[1], [1], [1]]
[[1], [1], [1], [1], [1], [1], [1], [1], [1], [1], [1], [1]]
[[1], [1], [1], [1], [1], [1], [1], [1], [1]]
[[1], [1], [1], [1], [1], [1], [1], [1], [1], [1], [1], [1], [1]]
[[1], [1], [1], [1]]
[[1]]
[[1], [1], [1], [1], [1], [1], [1]]
[[1], [1], [1], [1], [1], [1], [1], [1], [1], [1]]
[[1], [1], [1], [1], [1], [1], [1], [1], [1], [1], [1]]
[[1], [1], [1], [1], [1], [1], [1], [1], [1], [1], [1], [1], [1], [1]]
[[1], [1], [1], [1], [1], [1], [1], [1]]
[[1], [1], [1], [1], [1]]
[[1], [1]]
```

在之前已经讨论过了，frontpage 是到目前为止访问最为频繁的项，这从直觉上来看这就是很合理的，因为这是网站的自然入口。然而对于所选择的阈值，奇怪的是，所有长度下最为频繁的序列都只包含 frontpage 的点击。很显然，与其他类别的页面相比，许多用户在 frontpage 上花费了大量的时间浏览，这正是体现其广告价值的地方。正如我们在本章的介绍中所指出的那样，分析这样的数据，尤其是通过其他不同的数据源丰富数据，对于各个网站的所有者来说具有有巨大价值的，我们希望所展示的频繁模式挖掘技术能够服务于这样的点击数据分析。

6.3 部署模式挖掘应用

上一小节所介绍的例子是一个很好的试验场，能够把整个章节中所阐述的算法应用到这个例子上。但是我们必须认识到一个事实——*数据已经给到了我们手边*。这通常是公司构建数据产品团队的一种方式，这一点上*数据科学*和*数据工程*之间有一条清晰的界限，也就是说，实时数据收集和聚合是属于数据工程的一部分，而数据分析（通常是离线的）和随后的报告反馈到生产系统则属于数据科学的范畴。虽然这种团队划分方式有其价值所在，但同时也存在一些缺点。例如，如果对整个数据处理没有全景式的了解，我们可能并不知道数据收集的细节。像这样的信息缺失可能会导致错误的假设，并最终得出错误的结论。虽然分工化在某种程度上是有用和必要的，但是从业者至少应该力求对端到端的应用有一个基本的了解。

当我们在上一小节介绍 MSNBC 数据集的时候，我们说到这些数据是从网站的服务器日志上获得的，这样简单的描述极度简化了整个过程的复杂性，因此让我们来更详细地看一下：

- *高可用性和容错性*：一天中的任何时刻都需要跟踪网站上的点击事件，而不能有停机。一些企业，特别是涉及任何支付相关的网站（比如网上商店），不能够允许某些事件的丢失。
- *实时数据的高吞吐量和扩展性*：我们需要一个系统能够实时存储和处理这些事件，并且可以在不降速的情况下承受一定的负载。例如，MSNBC 数据集中大约有 100 万个独立的用户，这意味着平均每秒大约有 11 个用户的访问。更要知道还有许多其他的事件需要跟踪，在这个数据集中仅仅只跟踪了页面浏览而已。
- *流式数据和批处理*：原理上，前两点可以通过将事件写入足够复杂的日志系统来解决。但是，我们目前还没有涉及数据聚合的话题，最好有一个在线处理系统能够来做这样的事。首先，每个事件都必须归属于一个用户，而用户则需要通过某种 ID 来表示。其次，我们必须考虑用户会话的概念。虽然在 MSNBC 数据集中，用户数据是按天来聚合的，但是这样的粒度往往无法满足许多其他的目的。通常需要在用户实际活动期间分析用户相关的行为。为此，我们会习惯性地考虑*窗口*这样一个概念，并且以*窗口*为单位聚合点击事件以及其他事件。
- *流式数据分析*：假设我们有一个像刚刚描述的系统，并且可以实时访问聚合后的用户会话数据，我们希望实现什么呢？我们需要有一个分析平台能够应用算法并从数据中发现规律。

在 Spark 中解决这些问题的方式是 Spark Streaming 模块，下面我们将简要介绍这个模块。使用 Spark Streaming，我们将构建一个应用，它可以生成和聚合事件，并将我们所学到的模式挖掘算法应用到事件流上。

Spark Streaming 模块

在这里我们没有足够的篇幅和时间来深入介绍 Spark Streaming，但是至少可以涉及一些关键的概念，提供相关的示例，并就更高级的主题给出一些指导。

Spark Streaming 是 Spark 中的流式数据处理模块，事实上它具备有了前面所解释的所有特性：它是一个高容错、可扩展的，并且是高吞吐量的系统，被用于处理和分析实时数据流。它的 API 是 Spark 自身的一个自然扩展，许多用于 RDD 和 DataFrame 的工具可以直接在 Spark Streaming 上使用。

Spark Streaming 的核心抽象是 DStream 的概念，它代表*离散化的流*。为了解释它的命名是如何产生的，通常我们把数据流看作一种连续的事件流，当然这只是一种理想化的场景，因为我们所能衡量的都是离散化的事件。无论如何，这种连续的数据流都将进入到系统以进行进一步处理，我们将进入的数据流离散化为不相关的批量数据。这样的离散化的批量数据流在 Spark Streaming 中被实现为 DStream，并在内部被表示为 RDD *的序列*。

图 6-2 给出了数据流以及 Spark Streaming 转换的概览：

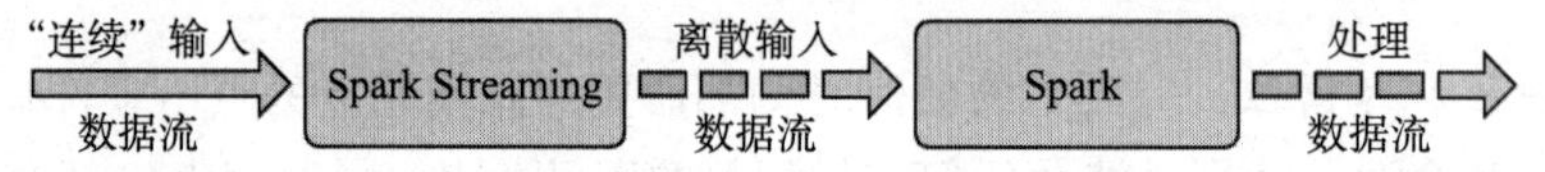

图 6-2　输入数据被传输到 Spark Streaming 中，并被离散化为所谓的 DStream。这些组成 DStream 的 RDD 的序列可以被 Spark 和其他模块进行进一步转换和处理

如图 6-2 所示，数据通过输入数据流进入到 Spark Streaming 中。这些数据可以从许多不同的数据源中生成和获取，这我们将在稍后进一步讨论。当我们提到一些系统，它们可以产生事件以供 Spark Streaming 进行处理，我们将这样的系统称为*数据源*。输入 DStream 通过这些数据源的*接收器*从数据源中获取数据。一旦一个输入 DStream 创建好以后，就可以使用丰富的 API 对数据进行处理，从而实现许多有趣的转换。将 DStream 视为 RDD 的序列或集合，我们就可以用非常类似于 Spark 核心 RDD 的接口进行操作了。例如，map-reduce 和 filter 等操作同样也适用于 DStream，并简单地将各个 RDD 中的相应功能搬到了 RDD 序列上。我们将详细地讨论上述所有的细节，但是在这之前，先让我们来看看一个基本的例子。

作为开始使用 Spark Streaming 的第一个示例，让我们来考虑以下的场景。假设我们已经加载了早先的 MSNBC 数据集，并从中训练了 prefix span 模型（psModel）。这个模型是由用户在一天中的浏览活动数据训练而成的，假定是昨天的数据。那么如何处理今天用户新的浏览活动事件呢？我们将创建一个简单的 Spark Streaming 应用程序和一个基本数据源，这个数据源可以根据 MSNBC 数据的结构生成用户数据；也就是说，数据源所产生的数据是以空格分隔的字符串，其中包含了 1 ～ 17 之间的数字。然后，应用程序将获取这些事件并创建相应的 DStream。接着，我们可以将之前的 prefix span 模型应用于 DStream 中的数据，以确定输入系统的新序列是否是根据 psModel 所确定的频繁序列。

要开始一个 Spark Streaming 应用程序，首先需要创建一个所谓的 StreamingContext 对象，按照惯例，该对象被命名为 ssc。假定从头开始实现一个应用程序，我们需要创建以下这些对象：

```
import org.apache.spark.streaming.{Seconds, StreamingContext}
import org.apache.spark.{SparkConf, SparkContext}

val conf = new SparkConf()
  .setAppName("MSNBC data first streaming example")
  .setMaster("local[2]")
val sc = new SparkContext(conf)
val ssc = new StreamingContext(sc, batchDuration = Seconds(10))
```

如果你使用的是 Spark shell，除了第一行和最后一行之外，其他所有行都是不需要的，因为在 Spark shell 中 SparkContext（sc）已经被创建出来了。在这里我们的目标是创建一个独立的应用程序，因此也需要包括 SparkContext 的创建。StreamingContext 对象的创建需要两个参数，分别是 SparkContext 和 batchDuration，在这里我们将批处理间隔设为 10 秒。批处理间隔是一个值，它告诉我们应如何为 DStream 离散化流数据，通过指定时间间隔，将该时间段内的流式数据收集为 DStream 中的一个批次。另一个值得注意的细节是，Spark master 通过 local[2] 设置为拥有 2 个 core。这是因为首先我们假定该应用是在本地运行的，其次至少应为该应用分配 2 个 core。理由是一个线程将被用来接收输入数据，而另一个则可以用来处理数据。如果在更高级的应用中需要有多个接收器，则要为每个接收器预留一个 core。

接下来为了应用的完整性，我们重复了 prefix span 模型训练的部分代码。和之前一样，序列是从本地文本文件中加载的。请注意，这一次我们假定该文件位于项目的资源文件夹中，但你可以选择将其存储在任意位置：

```
val transactions: RDD[Array[Int]] =
sc.textFile("src/main/resources/msnbc990928.seq") map { line =>
  line.split(" ").map(_.toInt)
}
val trainSequences = transactions.map(_.map(Array(_))).cache()
val prefixSpan = new
PrefixSpan().setMinSupport(0.005).setMaxPatternLength(15)
val psModel = prefixSpan.run(trainSequences)
val freqSequences = psModel.freqSequences.map(_.sequence).collect()
```

在上述计算的最后一步中，我们将所有的频繁序列收集到了 Driver 节点并存储为 freqSequences。这样做的目的是比较这些数据和输入的数据，看看对于当前的模型（psModel）

新输入的序列是否是频繁的。不幸的是，与 MLlib 中的许多算法不同，Spark 中这三种模式挖掘模型都无法在模型训练好以后再接受新的数据，因此我们不得不使用 freqSequences 手动进行比较。

接下来，我们可以创建一个字符串类型的 DStream 对象。为此，我们在 StreamingContext 上调用 socketTextStream 方法，它允许我们通过监听 TCP 套接字，从运行于 localhost、端口为 8000 的服务器端中获取数据：

```
val rawSequences: DStream[String] = ssc.socketTextStream("localhost", 8000)
```

我们将收集到的数据称为 rawSequences，它以 10 秒为间隔进行切分。在讨论如何实际发送数据之前，我们首先继续数据处理的例子，假定已经接收到了输入数据。回想一下，输入数据的格式与之前是相同的，因此我们需要以相同的方式进行预处理，如下所示：

```
val sequences: DStream[Array[Array[Int]]] = rawSequences
 .map(line => line.split(" ").map(_.toInt))
 .map(_.map(Array(_)))
```

这里的两个 map 操作与之前在 MSNBC 数据上进行的操作结构上是相同的，但是请注意，这里的 map 操作有不同的上下文环境，因为这里使用的是 DStream 而不再是 RDD。在定义好 sequences（一组 Arrary[Array[Int]] 类型的 RDD 序列）后，就可以使用它来匹配 freqSequences。通过迭代序列中的每个 RDD，对每个 RDD 中的数组进行匹配，并计算 freqSequences 中找到匹配数组的次数；如果找到的话，打印“is frequent!”：

```
print(">>> Analyzing new batch of data")
sequences.foreachRDD(
 rdd => rdd.foreach(
   array => {
     println(">>> Sequence: ")
     println(array.map(_.mkString("[", ", ", "]")).mkString("[", ", ",
"]"))
     freqSequences.count(_.deep == array.deep) match {
       case count if count > 0 => println("is frequent!")
       case _ => println("is not frequent.")
     }
   }
 )
)
print(">>> done")
```

请注意，在上面的代码中，我们需要比较数组的深度拷贝，因为不能够准确把比较嵌套数组。更准确地说，即使比较它们得到了相同的结果，但实际上结果却是错的。

在完成了这些转换后，剩下的步骤就是告诉应用的接收端开始接收进来的数据：

```
ssc.start()
ssc.awaitTermination()
```

通过 StreamingContext ssc，我们告诉应用程序启动并等待它的终结。请注意，在这个具体例子中，同时对于大多数以这种方式实现的应用程序，我们通常不希望终止程序。因为它设计的初衷就是想让应用成为一个长时间运行的作业，在理论上，我们希望它能够永远地接收并分析数据。当然，会有维护的情况发生而停止应用程序，比如我们希望使用新获得的数据定期更新（重新训练）psModel。

注： 至此已经介绍了 DStream 上的一些操作，我们建议你参考最新的 Spark Streaming 文档（http://spark.apache.org/docs/latest/streaming-programming-guide.html）以获取更为详细的内容。本质上来说，许多在基本 Scala 集合上可用的（函数式）编程语言功能都被借鉴到 RDD 的设计当中去了，而又被无缝地移植到了 DStream 中。仅举几个例子，比如这些 fliter、flatMap、map、reduce 和 reduceByKey 操作。其他的一些类 SQL 的功能，比如 cogroup、count、countByValue、join 或者 union，同样也可以供你使用。我们将在第二个例子中看到一些更高级的功能。

我们已经介绍了接收端的示例代码，下面来看看如何为我们的应用创建一个数据源。发送输入数据的最简单方式之一就是使用 Netcat 通过 TCP 套接字来发送命令行数据，Netcat 通常预装在大多数的操作系统上。假定我们要在端口 8000 上启动 Netcat，请在终端上运行如下的命令：

```
nc -lk 8000
```

假定你已经启动了 Spark Streaming 应用程序来接收数据，现在可以在 Netcat 终端窗口中输入一些新的序列，并在每一行输入后面敲击回车键。例如，在 10 秒钟之内输入如下四个序列：

你将看到 Spark Streaming 中如下的输出：

```
>>> Analysing new batch of data
>>> Sequence:
[[1]]
is frequent!
>>> Sequence:
[[2]]
is frequent!
>>> Sequence:
[[23]]
is not frequent.
>>> Sequence:
[[4], [5]]
is not frequent.
>>> done
```

如果你的输入速度比较慢，或者不巧的是恰好在10秒窗口快结束的时候开始输入，那么输出就有可能被分成了多个部分。来看看实际的输出，你可以看到经常讨论的类别frontpage和news，分别由类别1和2代表，它们是频繁序列。而且，由于23不是原始数据集中所包括的序列项，因此也是不频繁的。最后，序列明显是不频繁的，这我们在之前并未察觉。

注： 受限于本章时间和篇幅的考虑，使用Netcat是一个非常自然的选择，但在真正的生产环境中，你是不会看到Netcat作此用途的。一般来说，Spark Streaming主要有两种类型的数据源可供使用：基本数据源和高级数据源。基本数据源可以是RDD的队列，也可以是除了文件流以外的一些自定义的输入源，这在之前的示例中已经有所展示了。在高级数据源这方面，Spark提供了许多有趣的连接器：Kafka、Kinesis、Flume和其他高级的自定义源。这些广泛使用的高级数据源同时促使Spark Streaming被整合进生产组件中，与其他基础组件一起提供给用户使用。

让我们后退几步，回过头来思考一下在这个例子中我们获得了什么，你可能会倾向于说，除了介绍Spark Streaming本身和编写了数据产生以及数据收集代码之外，应用本身并没有解决我们之前提到的许多顾虑。这是对的，因此在第二个例子中，我们想要以我们的方法来解决剩余的问题：

- DStream的输入数据与离线数据有相同的格式，也就是说，这些数据已经按照用户预先聚合好了，这并不是真实的情况。
- 除了两个map调用和一个foreachRDD调用，我们并没有看到DStream更多的功能和所体现出的价值。
- 在数据流上我们没有做任何的分析，只是简单地将它和预先计算的模式进行比较而已。

为了解决这样的问题，让我们稍微调整一下示例。这一次，假设一个用户点击一次站点为一个事件，每个这样的站点属于类别1～17之一，如同前面一样。由于我们现在不可能模拟一个完整的生产环境，因此在这里做了一个假设，每个用户已经有了一个ID。根据这些信息，我们可以认为输入事件是由键值对组成的，包括用户ID和点击事件的类别。

有了这样的设定，我们还需要考虑如何聚合这些事件并从中生成序列。为此需要在给定的窗口中根据每个用户ID来收集数据。在原始数据集中，这个窗口显然是一整天，但是根据应用程序的需要，选择一个更小的窗口可能更有意义。如果考虑用户浏览他最喜欢的网上商店的情况，几个小时之前的点击和其他事件可能不太会影响他现在购买某些东西的欲望。因此，在网络营销和相关领域中，一个合理的假设是将感兴趣的窗口限制在20～30分钟内，称之为用户会话。为了能更快地看到结果，我们将在应用中使用更小的窗口——20秒，我们称这为**窗口长度**（window length）。

虽然我们已经知道了想要分析给定时间点之前多久的数据，但仍然需要定义多久一次执行聚合的步骤，称之为滑动间隔（sliding interval）。一个合理的选择是将两者设置为相同的时间量，从而实现不相交的聚合窗口，即每 20 秒。但是更短的滑动窗口（10 秒）也可能是一个有意思的选择，这会导致聚合数据 10 秒的重叠。图 6-3 说明了我们之前讨论的概念。

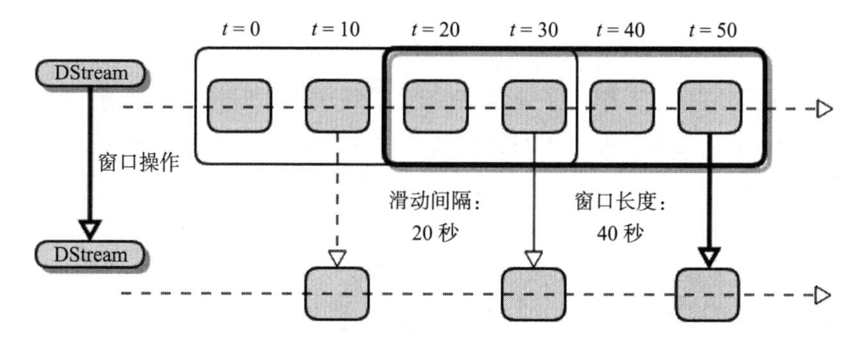

图 6-3　可视化窗口操作，将一个 DStream 转换为另一个。在这个例子中，Spark Streaming 的批处理间隔被设置为 10 秒。批量数据转换操作的窗口长度是 40 秒，并且每 20 秒执行一次操作，这会导致 20 秒的重叠，并且 DStream 的结果是 20 秒长度的块

将上面的概念转化为具体的例子，假定事件数据的格式是 key:value，也就是一个事件可以是 137:2，意思是 ID 137 的用户点击了类别为 news 的网页。为了处理这样的事件，我们必须修改之前的预处理过程，如下所示：

```
val rawEvents: DStream[String] = ssc.socketTextStream("localhost", 9999)
val events: DStream[(Int, String)] = rawEvents.map(line => line.split(":
"))
 .map(kv => (kv(0).toInt, kv(1)))
```

通过这些键值对，现在我们可以用用户 ID 对事件进行聚合。如之前所述，我们将基于 20 秒的给定窗口长度和 10 秒的滑动间隔进行聚合：

```
val duration = Seconds(20)
val slide = Seconds(10)

val rawSequencesWithIds: DStream[(Int, String)] = events
  .reduceByKeyAndWindow((v1: String, v2: String) => v1 + " " + v2,
duration, slide)
val rawSequences = rawSequencesWithIds.map(_.2)
// remainder as in previous example
```

在上面的代码中，我们使用了 DStream 的高级的操作，即 reduceByKeyAndWindow，在其中指定了键值对的聚合函数，以及窗口长度和滑动间隔。在计算的最后一步，我们去掉了用户 ID，从而构造出与前面例子的 rawSequences 相同的结构，这表示我们已经成功地将例子工作在了未处理的事件上，并且它仍然会基于基线模型检查频繁序列。在这我们不再展示此应用的输出结果，但是仍鼓励你去尝试这个应用，看看在键值对上聚合是如何工

作的。

总结该例和本章，让我们来看看另一种聚合事件数据有趣的方式。假设我们想要动态地统计事件流中每个 ID 出现的次数，即用户的页面点击次数。我们已经有了前面定义的 events DStream，因此可以通过如下的方式实现这样的统计：

```
val countIds = events.map(e => (e._1, 1))
val counts: DStream[(Int, Int)] = countIds.reduceByKey(_ + _)
```

这会以我们想要的方式工作，并按照 ID 统计事件次数。但是，请注意，它返回的结果仍然是一个 DStream，也就是说，我们实际上并没有在整个流上聚合数据，而仅仅是在其中的 RDD 序列上进行了聚合。为了聚合整个流上的事件，我们需要从一开始就跟踪计数状态。为此 Spark Streaming 提供了 DStream 的一种方法，即 updateStateByKey。它可以通过提供 updateFunction 来使用，将当前状态和新值输入并返回更新状态。让我们来看看在事件计数中它实际上是如何工作的：

```
def updateFunction(newValues: Seq[Int], runningCount: Option[Int]):
Option[Int] = {
  Some(runningCount.getOrElse(0) + newValues.sum)
}
val runningCounts = countIds.updateStateByKey[Int](updateFunction _)
```

首先定义了更新函数本身。请注意，updateStateByKey 的签名要求返回一个 Option 对象，但实际上，我们只是计算了当前值和传入值的总和而已。接下来，我们提供 Int 类型签名，并将先前创建的 updateFunction 方法传递给 updateStateBykey。这样做就可以得到我们想要的聚合结果。

总结一下，我们介绍了事件聚合，两个更为复杂的 DStream 操作（reduceByKeyAndWindow 和 updateStateByKey)，并用这个例子来计算流中的事件。虽然这个例子所做的操作仍然是非常简单的，但是我们希望为读者提供一个切入点，去实现更为高级的应用。例如，可以扩展此示例来计算事件流上的移动平均值，或将其改为按每个窗口计算频繁模式。

6.4 小结

在本章中，我们介绍了一组新的算法——频繁模式挖掘应用，并向你展示了如何将算法部署到实际场景中。我们首先讨论了模式挖掘的基础知识，以及使用这些技术可以解决的问题。特别地，我们看到了 FP-growth、关联规则和 prefix span 这三种算法在 Spark 中是如何实现的。作为一个可供运行的例子，我们选择了 MSNBC 所提供的点击流数据，它有助于我们定性地比较这些算法。

接下来，我们介绍了 Spark Streaming 的基本术语和使用方式，并思考了一些实际场景。首先讨论了如何使用流式上下文环境来部署和评价频繁模式挖掘算法。之后阐述了如何从原始数据流中聚合用户会话数据的问题。最后介绍了一个模拟发送点击流数据的方法。

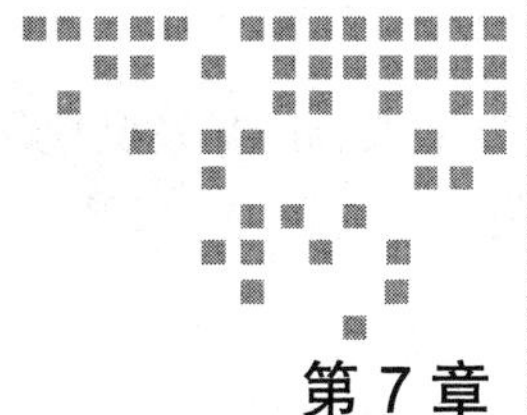

第7章 Chapter 7

使用 GraphX 进行图分析

在我们这个互联的世界中，图无处不在。**万维网**（WWW）因其复杂而又互联的架构而可以被视为图的例子，在万维网中网页代表实体，它们之间由入链和出链相互链接。Facebook 的社交图则是图的又一个例子，数百万的用户构成了一个网络，连接着世界各地的朋友。现如今我们所见到的以及可搜集到的各种重要的数据结构，都天然具备了图的结构；也就是说，它们可以在非常基本的层面被解释为通过所谓的边（edge）以某种方式彼此连接的顶点（vertice）的集合。从这样的角度来看，图结构是普遍存在的。图的价值在于，它是经过深入研究的结构，且有许多能帮助我们从中洞察出重要信息的算法可用。

Spark GraphX 是研究大规模图结构的一个非常自然的入口。依靠 Spark 核心模块所提供的 RDD 分布式数据集对顶点和边进行编码，我们可以使用 GraphX 来进行大规模的图分析。总的来讲，你将在本章了解到以下主题：

- 基本的图特性以及重要的图操作。
- 如何使用 GraphX 表示和操作属性图（property graph）。
- 使用不同的方法加载图数据，以及生成仿真图数据进行实验。
- 使用 GraphX 的核心引擎计算图的基本特性。
- 使用开源工具 Gephi 对图进行可视化。
- 使用 GraphX 所提供的关键 API 来编写高效的图并行算法。
- 使用 GraphFrame——DataFrame 在图上的扩展所提供的优雅的查询语言。
- 在社交图上运行 GraphX 中所提供的重要图算法，其中包括推文转发图和电影中出现的演员构成图。

7.1 基本的图理论

在深入到 Spark GraphX 及其应用之前，首先需要定义图的基本概念，并解释其可能带来的特性以及值得研究的结构。随着图特性学习的深入，我们也会介绍更多日常生活中图的具体例子。

7.1.1 图

下面将之前简单提到的图定义数学化，图 $G=(V, E)$ 可以被描述为顶点 V 和边 E 所构成的集合对，其中

$$V=\{v_1, \cdots, v_n\}$$
$$E=\{e_1, \cdots, e_m\}$$

我们将集合 V 中的元素 v_i 称为顶点，集合 E 中的元素 e_i 称为边，这里每一条边连接着两个顶点 v_1 和 v_2，即 $e_i=(v_1, v_2)$。让我们来构建一个简单的图，由 5 个顶点和 6 条边组成，图数据如下所示：

$$V=\{v_1, v_2, v_3, v_4, v_5\}$$
$$E=\{e_1=(v_1, v_2), e_2=(v_1, v_3), e_3=(v_2, v_3),$$
$$e_4=(v_3, v_4), e_5=(v_4, v_1), e_6=(v_4, v_5)\}$$

这个图如图 7-1 所示。

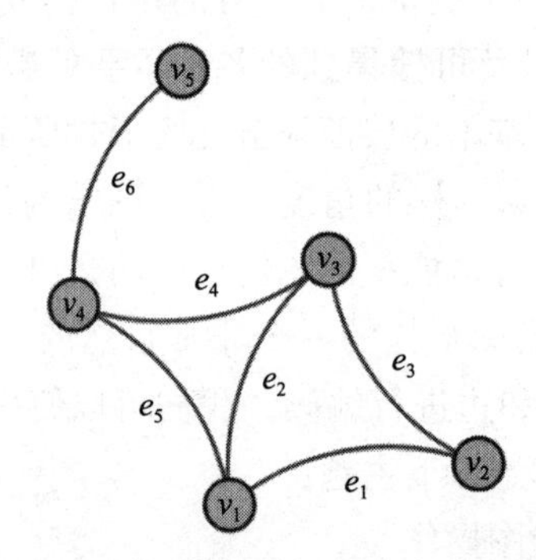

图 7-1　一个由 5 个顶点和 6 条边组成的简单的无向图

需要注意的是，当我们在认识图 7-1 所描述的图的时候，图中点之间的相对位置、边的长度以及其他一些视觉上的属性对于图来说并不重要。事实上，我们可以通过其他的方式将图变形，从而显示出不同的样子。但是从本质上来说，图的定义完全决定了其拓扑结构。

7.1.2 有向和无向图

在组成边 e 的顶点对中，惯例上我们称第一个顶点为源顶点，第二个顶点为目标顶点。那么自然地，由边 e 表示的连接是有方向的，它从源顶点指向了目标顶点。需要注意的是，

图 7-1 所示的图是没有方向的，也就是说我们并不区分源顶点和目标顶点。

使用同样的数据集定义，我们可以创建出图的有向版本，如图 7-2 所示。值得注意的是，图所呈现出来的样子略有不同，但是顶点和边之间的连接关系仍是保持不变的。

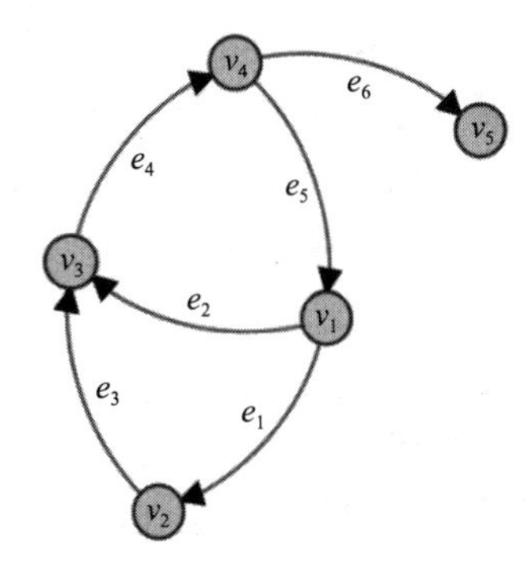

图 7-2　与图 7-1 相同的拓扑结构所描述的有向图。将其方向忽略就会得到与图 7-1 相同的图

简单地忽略所有边的方向，每个有向图都能得到其对应的无向图版本。从实践的角度来看，绝大多数的图结构内部都是由有向边构建起来的，并在需要时抹去了方向信息。举个例子，我们可以将之前的图结构想象成 5 个由*朋友关系*连接起来的图。我们会说朋友关系是相互的，因为如果你是我的朋友，那么自然地我也是你的朋友。据此可得，方向性在这个例子中并不十分重要，因此实际上我们最好将这样的结构表示为无向图。相反，如果我们有这样一个社交网络，它允许用户主动发送好友邀请给另一个用户，这样的信息最好是用有向图来表示。

7.1.3　阶和度

对于任何图，无论是有向还是无向的，都有一些基本的特性，这些特性在本章的后续内容中会反复提及。我们将图的顶点集合 $|V|$ 的大小定义为图的阶，边集合 $|E|$ 的大小定义为图的度，通常图的度也可以称为图的价（valency）。顶点的度是指与该顶点相连的边的总数。在有向图中对于顶点 v，我们又分为：*入度*（in-degree），即所有以顶点 v 为终点的边的数量；*出度*（out-degree），即所有以顶点 v 为起点的边的数量。举个例子，图 7-1 中无向图的阶是 5、度是 6，图 7-2 的有向图也是一样的。在图 7-2 中，顶点 v_1 的出度是 2、入度是 1；而顶点 v_5 的出度是 0、入度是 1。

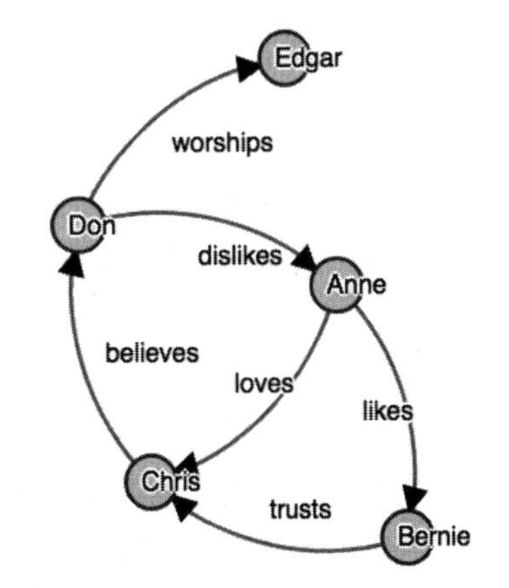

图 7-3　显示人与人之间的关系的有向标号图

在前两个例子中，我们使用图的定义 $G=(V, E)$ 中所指定的标识符来注释顶点和边。对于大多数的可视化图结构来说，通常假定顶点和边的含义已经包含在定义中，取而代之我们会用额外的信息来标识图结构。为什么要明确地区分标识符和标号呢？在下节中可以看到，因为 GraphX 中的标识符是不能为字符串的。图 7-3 所展示的是一组人与人之间的关系所构成的标号图。

7.1.4 有向无环图

接下来我们所要讨论的一个概念是无环性（acyclicity）。有环图是这样一种图，在这张图上至少存在这样一个顶点，能够在图上找到一条路径，使得该顶点能够连接到自身。我们将这样的路径称为环路。在无向图中任何一条串联起环的路径都被称为环路，而在有向图中我们只将跟随有向边到达起始顶点的路径称为环路。以前面出现过的图为例，在图 7-2 中存在 $\{e_2, e_4, e_5\}$ 所构成的一个环路；而参看图 7-2 的无向图表示——图 7-1，则有两个环路 $\{e_2, e_4, e_5\}$ 和 $\{e_1, e_2, e_3\}$。

在有环图中有一些特殊的例子需要注意。第一，如果顶点有一条边连接自身，我们称这样的图结构包含单边循环。第二，如果有向图中不存在一组含有双边循环的顶点对，也就是说，不存在通过两个方向互相连接的顶点对，我们称这样的有向图为定向图。第三，有三边循环的图结构被称为包含三角形。三角形是一个重要的概念，它通常用来评估图的连通性，我们将在后续的内容中展开讨论。下面这个人为设计的图结构（见图 7-4）就展示了不同类型的循环。

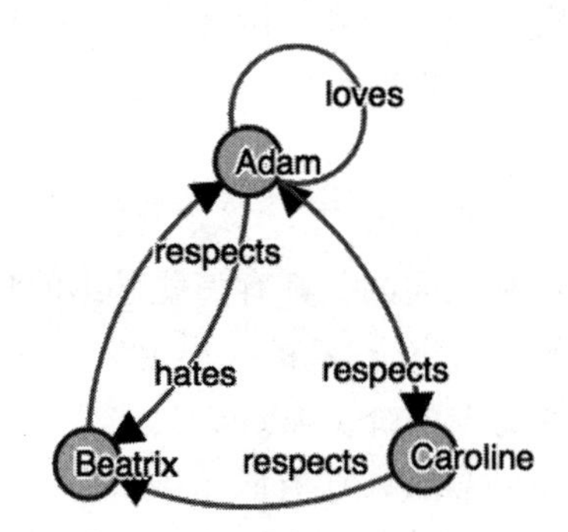

图 7-4 一个由单边循环、双边循环和三角形构成的图结构

总的来说，对于任意自然数 n，通过发掘图中的 n 边循环可以获得许多有用的信息，但是三角形（三边循环）往往是最为常见的。因为计算有向环路不仅更为复杂，而且相比其无向版本更为少见，我们通常只会在图中查找无向三角形，而忽略其方向性。

在许多的应用中，有一种重要的图结构被反复提及，那就是**有向无环图**（DAG）。从上面我们已经知道什么是有向无环图，也就是其图结构没有环路，但是因为有向无环图是如此普遍的存在，因此需要花更多的时间来了解它。

有向无环图的一个例子是我们在本书所有章节中都使用到但却没有显式提及的一个概念——Spark 的作业执行图。大家是否记得 Spark 的作业是由一系列的阶段以特定的顺序执行的。而每个阶段又由许多的任务组成，这些任务在各自的分区上执行，有些任务是独立的，而另一些则是依赖于其他任务的执行。因此我们可以将 Spark 作业的执行解释为一种由阶段（或任务）作为顶点所构成的有向图，在这张图里，边代表了一个计算的输出，并作为下一个计算的输入。一个非常典型的例子是，reduce 阶段需要前序 map 阶段的输出作为其计算的输入。自然地，在这样一个执行图中没有包含任何环路，这就避免了一些算子的输出会被无限地重复调用而阻止程序的结束。因此这样的执行图可被视为有向无环图，而在 Spark 的调度器中也是这样来实现的，如图 7-5 所示。

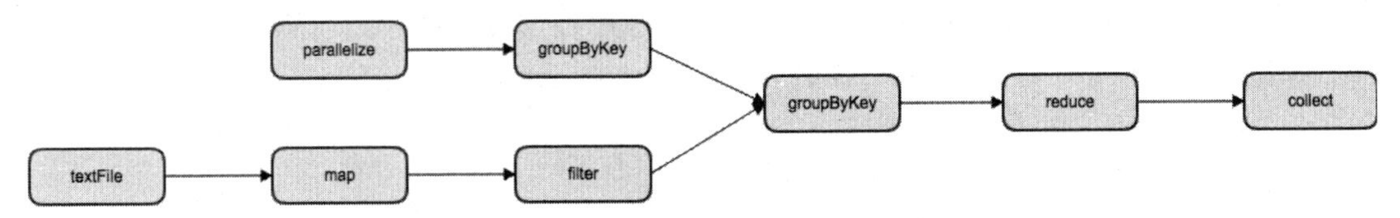

图 7-5　由 Spark 的 RDD 算子所构成的执行链。它的执行图就是一个有向无环图

7.1.5　连通分量

图的另一个重要特性是连通性（connectivity）。如果忽略图中边的方向性，任意两个顶点之间存在着由边构成的路径，那么我们就称这样的图是连通的。因此，对于有向图来说，我们完全忽略了方向性的定义。那么什么是有向图连通性的更严格的定义呢？如果图中任意两个顶点之间存在由有向边构成的路径，那么这样的图就是强连通的（strongly connected）。请注意强连通性是施加在有向图上的一个强假设。特别是，任何的强连通图都是有环图。上述定义使我们能够得出与之相关的（强）连通分量的定义。每一张图可以分解为若干个连通分量。如果图是连通的，那么只存在一个连通分量。而对于非连通的图，则存在至少两个连通分量。下面正式地定义它的概念：对于给定图的连通分量，是指图中所能够连通的最大子图。此定义同样也适用于强连通分量。连通性是一个非常重要的衡量指标，据此可以将图的顶点聚合成自然归属在一起的组。

举个例子，我们可能想要知道由好友关系组成的社交图中连通分量的数量。在一个小图中，往往会存在多个独立的连通分量。然而当图越大时，越有可能图中只存在一个连通分量，因为有一个普遍认可的理论，那就是所有人都通过大约 6 个好友相互联系。

在下一小节中，我们会介绍如何使用 GraphX 计算连通分量。在这里先来看一个简单的例子。图 7-6 是一个由 12 个顶点构成的有向图。

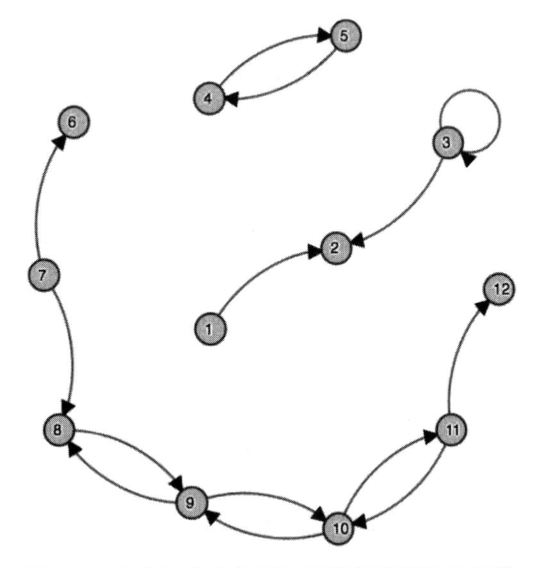

图 7-6　在小图中我们可以轻易得到图的连通性以及强连通分量，这在大图中就会变得异常困难

我们可以直观地看到三个连通分量，分别是三组顶点集 {1, 2, 3}、{4, 5} 和 {6, 7, 8, 9,

10, 11, 12}。找出强连通分量可能并不是那么显而易见的。可以看到 {4, 5} 构成了一个强连通分量，同样 {8, 9, 10, 11} 也是。其他 6 个顶点各自构成了其自身的强连通分量，也就是说，它们是各自独立的。从这个例子中可以看出，如果选用合适的可视化工具，对于一个即使有几百万个顶点的大图来说，还是可以大致找出连通分量的，然而想要找出强连通分量，那就有点困难了，这就是为什么我们需要 Spark GraphX 这样的工具。

7.1.6 树

有了连通分量的定义后，我们接着来看另一种有趣的图结构——树。树是这样的一种连通图，在树中任意两个顶点之间有且只有一条路径相互连接。图可以由互不相交的树组成，我们称此种图结构为森林。图 7-7 是一棵从 Iris 数据集中得到的决策树。请注意，图 7-7 只是为了展示树的结构，也就是说，展示如何将算法的输出视为图。

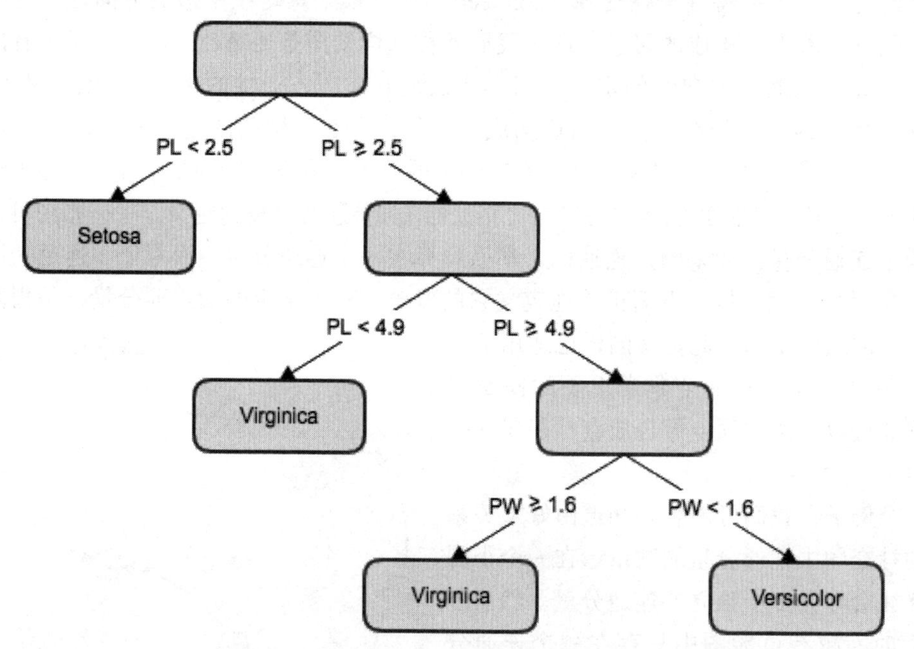

图 7-7 基于 Iris 数据集的简单决策树示例。通过花瓣长度（petal length，PL）和花瓣宽度（petal width，PW）两个特征将花分成三种类别：Setosa、Virginica 和 Versicolor

7.1.7 多重图

如果图中没有包含循环或是多重边，这样的图称为简单图。在本章节的应用中所涉及的绝大多数图并不具备此特性。同时，现实世界中由真实数据所构成的图，往往顶点之间具有多重边。在许多文献中，这种具有多重边的图被称为多重图或伪图。在整个章节中，我们将贯穿使用多重图的概念，同时将遵循这样一个惯例，即多重图可以包含循环。既然

Spark 支持多重图（也包括循环），这个概念在应用中将变得非常有用。在图 7-8 中，我们可以看到由多个连通分量所组成的复杂多重图。

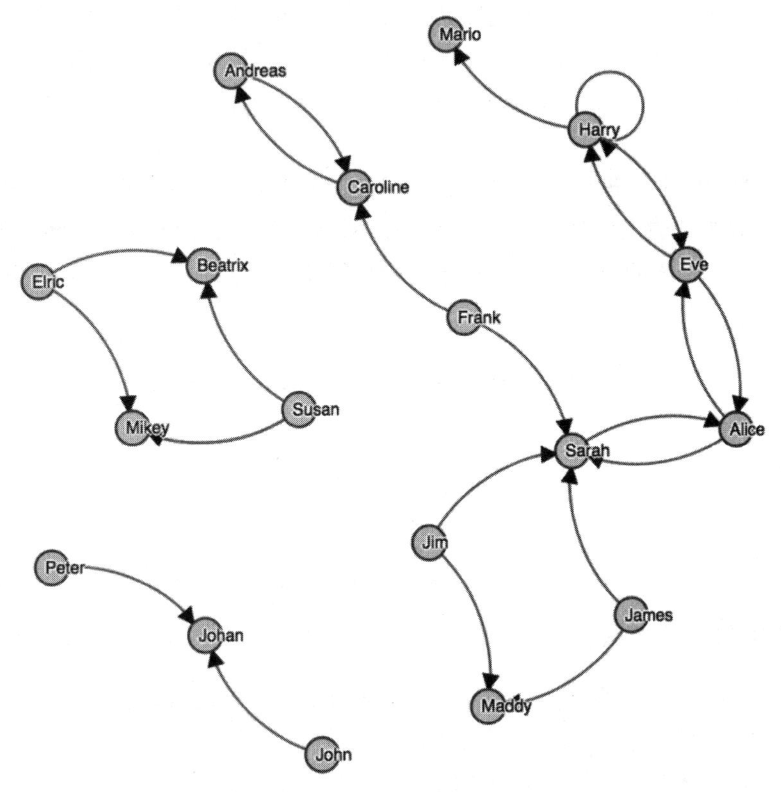

图 7-8 包含循环以及多重边的多重社交图

7.1.8 属性图

在介绍 GraphX 图计算引擎之前，先来看看之前有所提及的一种图的扩展。标号图是标识顶点和边的一种便捷方式。一般来说，在实际应用中图数据往往需要附加更多的信息到顶点和边上，为此我们需要一种方法能够在图中表示出这些附加信息。而属性图的概念正好可以应用到此处。

图的基本定义将图视为顶点和边的集合，直接将信息附加到这两个集合中是不可能的。传统上，一种方法是拆分原有的图结构，并创建与属性相对应的更多的新顶点，通过添加与新顶点相关联的边将新顶点连接到原有的顶点上。举个例子，在之前的好友图示例中，每一个表示人的顶点都和一个表示住址的顶点通过表示住在哪里的边相连。不难想象，这种方法增加了许多复杂度，尤其是顶点之间有相互的关系。在所谓的**资源描述框架**（RDF）中，已经形式化了主体 – 谓词 – 对象三元组（subject-predicate-object triples），用来表示图中所包含的属性，我们将这样的表述称为 RDF 模型。RDF 是一个独立的主题，它有更高的灵活性。无论如何，熟悉这个概念并且理解它的局限性是非常有好处的。

相反，在属性图中，我们可以在顶点和边上增加任意的附加结构。但如同任何事情一样，便利性的增加通常意味着性能的妥协。对于这个好友图的例子，许多图数据库对基本图结构的实现进行了高度的查询优化，而在使用属性图时，则往往需要在性能方面更加注意。我们在下面的章节介绍如何使用 Spark GraphX 实现属性图时，会更详细地介绍这个主题。

在本小节的剩余部分里，我们将对属性图使用以下约定。所有附加到顶点上的数据称为*顶点数据*，附加到边上的数据称为*边数据*。图 7-9 给出一个涉及顶点和边数据的例子，展示了一种扩展好友图的思路。同时这个例子也展示了*三元组*的定义：边及其相邻顶点的边和所有关于它们的属性。

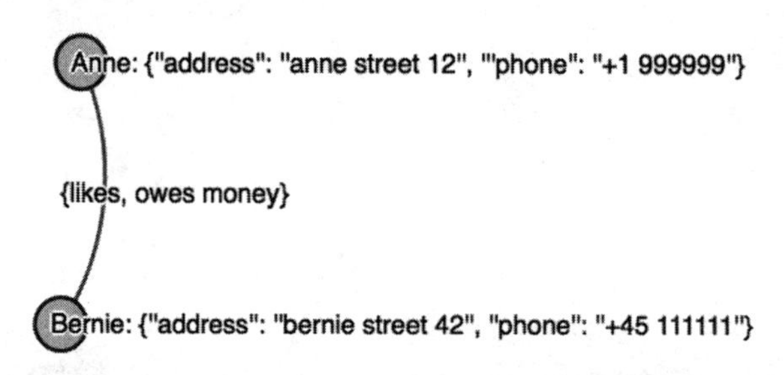

图 7-9　增加了住址数据并由多于一种的关系所连接的属性图。属性数据以 JSON 格式进行编码

请注意，在上面这个例子中，我们刻意使其简单，但在现实情况中往往需要嵌套的数据结构以表示更多的属性，例如表示欠款多少以及何时到期。

在本文中，属性图的一个有趣的特例是*权重图*。在权重图中，边、顶点或者两者是具有权重的，例如，附加到边、顶点上的信息为整数或浮点数。一个典型的例子是一组由城市作为顶点组成的图，其中连接着城市的边带有距离信息。在这种情况下就会有一些经典问题。一个例子是找到两个给定城市之间的最短路径。另一个相关的问题是*旅行推销员问题*，其中假设推销员被要求使用尽可能短的路线访问每个城市。

作为本节的结束，重要的是要知道在一些文献中顶点有一个被广泛使用的同义词——节点。在本书中我们不会混用这个术语，因为在 Spark 的上下文中，它可能很容易与执行任务的计算“节点”相混淆。相反，我们在本章中始终使用顶点这一术语。此外，每当我们提及图的时候，通常假定它是一个有限的图，也就是说，顶点和边的数量是有限的，实际上这几乎不算是什么限制。

7.2 GraphX 分布式图计算引擎

如同我们在本书中多次提及的 Spark 机器学习库 MLlib，以及将在第 8 章中介绍的 Spark Streaming 那样，Spark GraphX 也是 Spark 生态圈中的一个核心组件。GraphX 通过构建在 RDD 之上的图计算抽象层，更适合于高效地处理大型图数据。

沿用前面小节所提及的概念，GraphX 中所描述的图是带有循环的有限多重图，并通过图，更准确地说是前面所讨论的属性图进行扩展。接下来我们将会看到在 GraphX 内部图是如何构建的。

作为例子，我们推荐在本机启动 spark-shell 进行实验，它已经提供了 GraphX 相关的依赖。为了测试你的启动环境是否可以工作，你可以尝试使用 Scala 的通配符规则来加载完整的 GraphX 核心模块，例如：

```
import org.apache.spark.graphx._
```

在你的终端上将会看到如下提示字符：

```
scala> import org.apache.spark.graphx._
import org.apache.spark.graphx._
```

如果你想要仿照示例代码那样使用 sbt 来打包你的程序，可以在 build.sbt 中添加如下的 libraryDependencies：

```
"org.apache.spark" %% "spark-graphx" % "2.1.1"
```

这样的写法允许你如同前面所述那样加载 GraphX，以此创建应用程序并通过 spark-submit 来执行。

7.2.1　GraphX 中图的表示

让我们来回想一下，属性图是一个包含循环的有向多重图，其中顶点和边含有自定义的数据对象。GraphX 中的核心入口是 Graph API，它有如下的签名形式：

```
class Graph[VD, ED] {
  val vertices: VertexRDD[VD]
  val edges: EdgeRDD[ED]
}
```

可以看到，在 GraphX 内部，图是由一个表示顶点的 RDD 和表示边的 RDD 组成的。这里，VD 代表了属性图中顶点的数据类型，而 ED 则是边的数据类型。接下来，我们会详细地讨论 VertexRDD 和 EdgeRDD，因为它们对于后面的内容至关重要。

在 Spark GraphX 中，每一个顶点含有一个 Long 型的唯一标识符，称作 VertexId。实际上，VertexRDD[VD] 不过是 RDD[(VertexId, VD)] 的扩展，在其上优化并添加了一组有用的功能而已，这些会在后面详细说到。因此简单地说，GraphX 的顶点是含有标识符以及顶点数据的 RDD，这与我们之前的猜测是一致的。

为了解释 EdgeRDD 的概念，我们首先来快速地看一下 GraphX 中边的实现形式。简单来说，GraphX 中边的定义如下所示：

```
case class Edge[ED] (
  var srcId: VertexId,
  var dstId: VertexId,
  var attr: ED
)
```

可以看到，边是由源顶点 ID srcId、目标顶点 ID dstId 和数据类型为 ED 的属性对象 attr 组成的。与前面介绍的顶点 RDD 类似，我们可以将 EdgeRDD[ED] 理解为 RDD[Edge[ED]] 的扩展。因此在 GraphX 中边是由 ED 类型的边 RDD 构成的，这再次印证了到目前为止的讨论。

注：我们现在知道了在 Spark 2.1 中，GraphX 中图的构成是一个顶点和边的 RDD 对。这是一个非常重要的信息，因为这至少在原理上允许我们使用 Spark 核心模块的所有方法来操作图数据。需要注意的一点是，许多图相关的方法针对图进行了相应的优化。当我们试图使用基本 RDD 所提供的方法去计算时，最好看看有没有对应的图计算方法，通常来说这会提供更好的性能。

举一个具体的例子，让我们使用前面所学到的知识从头构建一张图。假定环境中已有 Spark Context (sc) 可供使用。我们将利用前面小节图 7-3 所示的标号图来创建好友图。从上面了解到的 GraphX 知识可知，创建图结构需要指定顶点和边的数据类型，在这里我们将其表示为字符串类型。这样就可以使用 parallelize 来创建顶点 RDD：

```
import org.apache.spark.rdd.RDD
val vertices: RDD[(VertexId, String)] = sc.parallelize(
  Array((1L, "Anne"),
    (2L, "Bernie"),
    (3L, "Chris"),
    (4L, "Don"),
    (5L, "Edgar")))
```

使用相同的方法，我们可以创建边 RDD。请注意下面所示的 Edge 的用法：

```
val edges: RDD[Edge[String]] = sc.parallelize(
  Array(Edge(1L, 2L, "likes"),
    Edge(2L, 3L, "trusts"),
    Edge(3L, 4L, "believes"),
    Edge(4L, 5L, "worships"),
    Edge(1L, 3L, "loves"),
    Edge(4L, 1L, "dislikes")))
```

有了这两个 RDD 就足以创建 Graph，它非常简单，如同下面这行代码所示：

```
val friendGraph: Graph[String, String] = Graph(vertices, edges)
```

请注意，为了代码的清晰性，我们在每个变量后面显式地声明了其类型。实际上我们可以去掉这些声明，让 Scala 编译器自动探测数据类型。此外，如前面的签名所示，可以通过 fridendGraph.vertices 访问顶点数据，通过 friendGraph.edges 访问边数据。先来看看对于这些数据我们可以做什么，比如可以将所有的顶点数据收集到 Driver 节点并打印出来，如下所示：

```
friendGraph.vertices.collect.foreach(println)
```

而下面所示的则是输出结果：

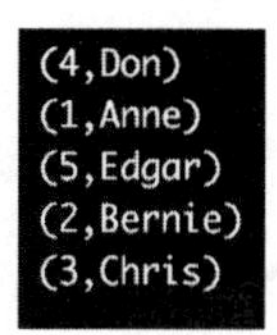

请注意在这里我们并没有使用任何 GraphX 所特有的方法，仅仅使用了已知的 RDD 方法。在另一个例子中，我们来计算源 ID 大于目标 ID 的所有边，可以通过如下的方式实现：

```
friendGraph.edges.map( e => e.srcId > e.dstId ).filter(_ == true).count
```

这给出了符合预期的结果——1，但是这样的实现有一个问题。一旦在图上调用 .edges 进行计算，我们就完全丢失了先前所描述的图的结构信息。假设我们要进一步处理的图具有转换边，这样的实现就行不通了。在这种情况下，我们最好使用 Graph 内置的方法来代替，如下面所使用的 mapEdges 方法：

```
val mappedEdgeGraph: Graph[String, Boolean] =
  friendGraph.mapEdges( e => e.srcId > e.dstId )
```

需要注意的是，mapEdges 的返回值仍然是图，只不过现在边的数据类型变成了布尔型。我们将在稍后看到图处理更多的可能性。看过这个例子后，让我们仔细想想为什么 Spark GraphX 需要将图以这种方式来实现。一个理由是这样的设计可以同时保证数据并行化（data parallelism）和图并行化（graph parallelism）。在前面的章节中，我们已经看到了 Spark 中的 RDD 和 DataFrame 是如何通过将数据分布到集群的各个节点上，并缓存在每个节点的内存中来并行地处理数据。因此，如果我们撇开顶点和边之间的相互关系，单单只关注顶点或是边所构成的分布式数据集，这样处理数据是非常高效的。

另一方面，图并行化是基于图的概念所进行的并行操作。例如，图并行的任务需要将每个顶点的所有入边的权重进行求和。为了执行这个任务，我们同时需要顶点和边的数据，这就涉及多个 RDD。高效地执行这样的任务需要有一个合适的内部表示。为此，GraphX 试图在两种不同的范式之间取得平衡，而在其他类似的项目中这是鲜有提供的。

7.2.2 图的特性和操作

看完了上述简单的例子后，接下来讨论一个更为有趣的例子，我们将用它来研究上一小节所学到的关于图的核心特性。本节中所涉及的数据可以从 http://networkrepository.com/ 上找到，它是一个开放的网络数据仓库，拥有大量有趣的数据。首先我们会加载一个从 Twitter 上获取的相对较小的数据集，这个数据集可以从 http://networkrepository.com/rt-occupywallstnyc.php 下载到。从该网页中找到可供下载的 zip 文件，该文件名为 rt_occupywallstnyc.zip，解压后可以得到这样一个文件——rt_occupywallstnyc.edges。这个文件的格式是以逗号分隔的 CSV 格式。其中每一行是关于纽约市占领华尔街运动相关推文的转发。每一行中前两列表示的是 Twitter 用户的 ID，第三列指的是该条转发的 ID；它代表的意思是，第二列所表示的用户转发了第一列所表示用户的推文。

前 10 条记录如下所示：

```
3212,221,1347929725
3212,3301,1347923714
3212,1801,1347714310
3212,1491,1347924000
3212,1483,1347923691
3212,1872,1347939690
1486,1783,1346181381
2382,3350,1346675417
2382,1783,1342925318
2159,349,1347911999
```

比如，我们可以看到用户 3212 所发的推文被转发了至少 6 次。但是因为我们并不清楚文件中的内容是以何种形式排列的，而且该文件包含了 3600 个顶点，因此我们需要使用 GraphX 来帮助我们回答诸如这样的问题。

为了构建图结构，首先我们需要通过 Spark 所提供的基本功能从文件创建边 RDD，也就是 RDD[Edge[Long]]：

```
val edges: RDD[Edge[Long]] =
  sc.textFile("./rt_occupywallstnyc.edges").map { line =>
    val fields = line.split(",")
    Edge(fields(0).toLong, fields(1).toLong, fields(2).toLong)
  }
```

回想一下 GraphX 中的 ID 所需的类型是 Long 型的，这就是为什么在将数据加载进来并把每一行按逗号分隔后，我们需要将所有的值转化为 Long 型，也就是说在这个例子中边的数据类型是 Long 型。在这里，我们假定该文件存放在启动 spark-shell 的当前目录下；如有必要，你需要根据文件的相对路径修改上面的代码。有了边 RDD，我们就可以使用 Graph 的伴随对象所提供的 fromEdges 方法构建图对象，如下所示：

```
val rtGraph: Graph[String, Long] = Graph.fromEdges(edges, defaultValue =
"")
```

该方法需要 edges 作为参数，这并不奇怪，然而 defaultValue 参数的含义则需要更多的解释。注意到目前为止，我们只有边的相关信息，而顶点 ID 则暗含在边的起点和终点中，我们仍然没有设置 GraphX 图所需的顶点数据类型 VD。defaultValue 允许我们设置默认的顶点值以及相应的类型。在这个例子中，选择空字符串作为 rtGraph 的表示。

在有了真实数据所构建起来的图后，让我们来看看它的基本特性。利用之前提到的概念，图的阶和度可以通过如下的方式计算得到：

```
val order = rtGraph.numVertices
val degree = rtGraph.numEdges
```

上面的代码得到的结果分别是 3609 和 3936。而对于每一个顶点的度，GraphX 提供了 degrees 方法来计算顶点的度，它返回一张以整数作为顶点数据类型的图，其中每个顶点的值表示该顶点的度。让我们计算一下这个推文转发图平均的度是多少：

```
val avgDegree = rtGraph.degrees.map(_._2).reduce(_ + _) / order.toDouble
```

该操作返回的结果大概是 2.18，它表示每个顶点大约有两条边与它相连。上面这样简洁的书写方式使用了许多 Scala 符号，尤其是通配符，让我们来详细地解释一下每一步的含义。首先调用 degrees 方法获得顶点的度所对应的图，如上面所述。接下来，由于只需要顶点中关于度的数据，因此我们忽略了顶点二元组中的顶点 ID，只取出第二个元素。这样我们就得到了一个由整数值构成的 RDD，通过加法归约就可以求出这个 RDD 中所有值的总和。最后一步是使用 order.toDouble 将图的阶强制转换成浮点类型，以确保我们所使用的是浮点数除法，将这个总数除以阶就得到了顶点的度的平均值。下面这段代码详细地显示了扩展后的四个步骤：

```
val vertexDegrees: VertexRDD[Int] = rtGraph.degrees
val degrees: RDD[Int] = vertexDegrees.map(v => v._2)
val sumDegrees: Int = degrees.reduce((v1, v2) => v1 + v2 )
val avgDegreeAlt = sumDegrees / order.toDouble
```

接下来，通过调用 inDegrees 和 outDegrees 方法，我们就可以计算出有向图的入度和出度。让我们来做点更有意思的，计算一下图中所有顶点的最大入度和最小出度，并且同时返回顶点 ID。首先计算一下最大入度：

```
val maxInDegree: (Long, Int) = rtGraph.inDegrees.reduce(
  (v1,v2) => if (v1._2 > v2._2) v1 else v2
)
```

通过计算你会看到 ID 为 1783 的顶点的入度是 401，意味着该 ID 的用户转发了 401 条不同的推文。所以，接下来的一个有意思的问题是“这个用户转发了几个不同用户的推文”。同样，通过在所有边中找出以该用户为目标顶点的所有不同源顶点，我们就可以快速得到这个结果：

```
rtGraph.edges.filter(e => e.dstId == 1783).map(_.srcId).distinct()
```

执行上面的代码将得到结果 34，因此大体上来说，用户 1783 在这个数据集中从不同的用户处平均转发了 12 条推文。这反过来意味着，我们发现了一个有意思的多重图例子——这张图中存在着顶点对，它们彼此之间有很多不同的连接。现在回答图中顶点的最小出度就变得非常直接：

```
val minOutDegree: (Long, Int) = rtGraph.outDegrees.reduce(
  (v1,v2) => if (v1._2 < v2._2) v1 else v2
)
```

在这个例子中答案是 1，这表示在这个数据集中每一条推文至少被转发了一次。

回忆一下属性图中三元组的概念，它由边、边数据以及连接边的两个顶点和其各自的数据组成。在 Spark GraphX 中，这个概念用一个名为 EdgeTriplet 的类来表示，在其中我们可以通过 attr 得到边数据，同样通过 srcAttr、dstAttr、srcId 和 dstId 可以得到顶点数据以及顶点 ID。简单地调用以下的方法，我们可以从这个推文转发图中得到三元组：

```
val triplets: RDD[EdgeTriplet[String, Long]] = rtGraph.triplets
```

三元组往往非常有用，利用它我们可以直接检索相应的边和顶点数据，否则它们存在于图中各自的 RDD 中。比如，通过执行下面的代码，我们可以快速转换三元组，将每条推文表示为某种可读化形式：

```
val tweetStrings = triplets.map(
  t => t.dstId + " retweeted " + t.attr + " from " + t.srcId
)
tweetStrings.take(5)
```

上面代码的输出结果如下所示：

```
scala>   tweetStrings.take(5).foreach(println)
17/06/20 11:24:48 WARN Executor: 1 block locks were not released by TID = 22:
[rdd_3_0]
1783 retweeted 1343119747 from 26
1783 retweeted 1346025855 from 41
1783 retweeted 1345453950 from 57
877 retweeted 1347395797 from 84
1783 retweeted 1347883683 from 90
```

之前讲到 friendGraph 例子的时候，我们注意到 mapEdges 方法在某种程度上优于在图上先调用 edges 再调用 map 进行转换。这个结论同样适用于顶点和三元组。比方说我们想要将顶点数据简单地转换为顶点 ID，来替换前面所选择的默认值。通过映射顶点集合可以既快速又高效地实现：

```
val vertexIdData: Graph[Long, Long] = rtGraph.mapVertices( (id, _) => id)
```

同样，我们可以在原始图上直接使用 mapTriplets 进行三元组转换，而无须预先获得该图的三元组，这会返回一个修改了边数据的图对象。为了得到与之前 tweetString 相同的结果，但仍保持图结构不变，可以运行下面的代码：

```
val mappedTripletsGraph = rtGraph.mapTriplets(
  t => t.dstId + " retweeted " + t.attr + " from " + t.srcId
)
```

作为图处理基本功能的最后一个例子，我们来看一下怎样获得给定图的子图，以及如何对多张图进行连接。考虑这样一个任务：在这个图中找出所有转发 10 次以上的 Twitter 用户信息。我们已经知道了如何从 rtGraph.outDegrees 中得到出度，为了使这些信息在原图中可访问，需要将该信息与原图进行连接。为此 GraphX 提供了 outerJoinVertices 方法。为了使用该方法，需要提供顶点数据类型为 U 的 VertexRDD，以及一个表示如何聚合顶点数据的函数。它的方法签名如下所示：

```
def outerJoinVertices[U, VD2](other: RDD[(VertexId, U)])
  (mapFunc: (VertexId, VD, Option[U]) => VD2): Graph[VD2, ED]
```

需要注意的是，因为我们实现的是外连接，所以并非在原图中所有的 ID 在 other 中都有相应的值，这就是为什么我们在映射函数中看到 Option 类型的原因。用我们手边的具体例子来实现，如下所示：

```
val outDegreeGraph: Graph[Long, Long] =
  rtGraph.outerJoinVertices[Int, Long](rtGraph.outDegrees)(
    mapFunc = (id, origData, outDeg) => outDeg.getOrElse(0).toLong
  )
```

我们将原图与表示出度的 VertexRDD 进行连接，同时通过映射函数，简单地丢弃了原先的顶点数据，并将其替换为顶点的出度。如果没有出度的话，通过 Option 的 getOrElse 将其设置为 0。

接下来，我们要从这个图中找出子图，该子图中每个顶点至少有 10 条以上的推文转发。一个图的子图是由原图顶点和边的子集构成的。形式上，我们将子图定义为在边、顶点或两者上进行谓词操作的结果。因此这就意味着，施行在顶点或边上的求值表达式返回的结果为“真”或“假”。据此获得子图的方法的签名如下所示：

```
def subgraph(
  epred: EdgeTriplet[VD,ED] => Boolean = (x => true),
  vpred: (VertexId, VD) => Boolean = ((v, d) => true)): Graph[VD, ED]
```

请注意，由于方法的参数已经提供了默认的函数实现，因此可以选择只提供 vpred 或是 epred 的实现。在我们的例子中，要求顶点的度至少为 10，因此可以实现为：

```
val tenOrMoreRetweets = outDegreeGraph.subgraph(
  vpred = (id, deg) => deg >= 10
)
tenOrMoreRetweets.vertices.count
tenOrMoreRetweets.edges.count
```

所得的结果图只有 10 个顶点和 5 条边，但是有意思的是，这些有影响力的人之间似乎相互是有连接的，其相互之间的连接数和平均值差不多。

在结束这一小节之前，介绍一个有趣的功能：掩膜（masking）。假设我们现在想要得到一个由转发小于 10 的顶点所构成的子图，这正好与前面提到的子图 tenOrMoreRetweets 相反。当然同样可以通过子图的定义得到，但是也可以通过将原图对 tenOrMoreRetweets 掩膜得到，如下所示：

```
val lessThanTenRetweets = rtGraph.mask(tenOrMoreRetweets)
```

如果想要的话，我们甚至可以通过连接子图 tenOrMoreRetweets 和子图 lessThanTen-Retweets 得到原图 rtGraph。

7.2.3 构建和加载图

在上一小节中，通过对推文转发图的讨论，我们在图分析中有了长足的了解。在深入到更复杂的操作之前，让我们稍作逗留，来看看使用 GraphX 构建图的其他方法。在讲完这块内容以后，我们将快速了解可视化工具，然后再深入到更多的应用中去。

事实上，我们已经看到了 GraphX 创建图的两种方法：一是显式地创建顶点和边的 RDD，然后通过 RDD 来创建图；二是使用 Graph.fromEdges 方法。另一种非常方便的方法是通过加载所谓的*边列表文件*。这种格式的一个例子如下所示：

```
1 3
5 3
4 2
3 2
1 5
```

可以看到，边列表文件是这样一个文件，其中每一行包含一对 ID，以空格分隔。假设我们将前面出现的数据在当前工作目录内存储为 edge_list.txt，那么就可以使用 GraphLoader 接口构建图对象：

```
import org.apache.spark.graphx.GraphLoader
val edgeListGraph = GraphLoader.edgeListFile(sc, "./edge_list.txt")
```

当我们有了正确的数据格式后，这就是一个构建图对象非常方便的入口。然而，在加载边列表文件后，额外的顶点和边数据则必须显式地连接到结果图上。使用上述数据构建图的另一个类似的方法是使用 Graph 对象所提供的 fromEdgeTuples 方法，可以参看如下代码片段所示的方法：

```
val rawEdges: RDD[(VertexId, VertexId)] =
sc.textFile("./edge_list.txt").map {
  line =>
    val field = line.split(" ")
    (field(0).toLong, field(1).toLong)
}
val edgeTupleGraph = Graph.fromEdgeTuples(
  rawEdges=rawEdges, defaultValue="")
```

与之前的构建方式不同的是，我们创建了一个包含顶点 ID 对的 raw-edge RDD，它与默认的顶点数据一起提供给了图构建方法 fromEdgeTuples。

在上面的例子中，对于给定的图数据，我们已经介绍了 GraphX 所支持的每一个方法来构建图对象。但是，有可能的话，我们仍希望能生成随机但又确定性的图结构，这对于测试、快速检查和演示非常有帮助。为此，需要导入以下类：

```
import org.apache.spark.graphx.util.GraphGenerators
```

这个类提供了许多不同的方法。其中两种构建确定性图结构的方法是星形图和网格。星形图由单个中心顶点和仅通过单边连接到中心顶点的若干顶点所构成。以下是如何创建包含有连接到中心顶点的 10 个顶点的星形图的代码示例：

```
val starGraph = GraphGenerators.starGraph(sc, 11)
```

图 7-10 是星形图的图形表示。

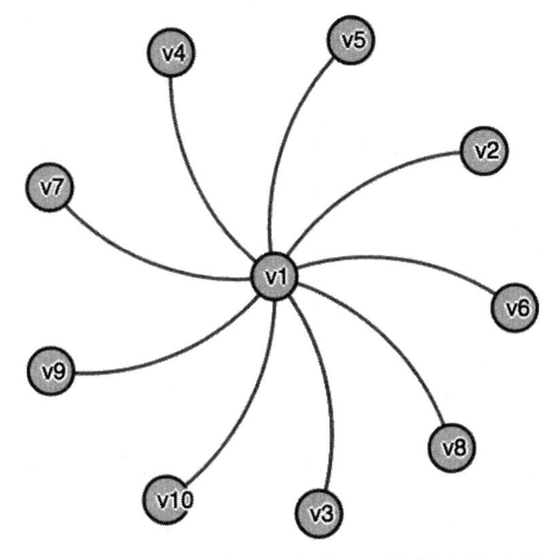

图 7-10　由 10 个顶点和 1 个中心顶点构成的星形图

另一种确定性的方法可以用来构建网格，它的意思是所有的顶点组成一个矩阵，每个顶点垂直和水平地连接到它的直接邻居。一个 n 行 m 列的网格图中，它只可能有 $n(m-1)+m(n-1)$ 条边，其中第一项表示所有的垂直连接，第二项表示所有的水平连接。图 7-11 是一个包含 12 条边的 3×3 的网格的图形表示。如下表示在 GraphX 中构建一个具有 40 条 5×5 边的网格：

```
val gridGraph = GraphGenerators.gridGraph(sc, 5, 5)
```

说到随机图，我们将介绍一种创建方法，它大致能够反映出现实世界的图结构，称为对数正态图。现实生活中的许多结构遵循幂律，其中一个实体的度量是由另一个实体决定的。一个具体的例子是帕累托定律，通常也称为 80/20 法则，它表示 80% 的财富通常由 20% 的人所掌握，也就是说，大部分的财富被少数人占有。它的一个变种（Zipf 定律）适用于我们现在介绍的场景，即少数的顶点具有非常高的度，而大多数的顶点则只有非常少的连接。在社交图谱的场景中，少数的人往往有大量的粉丝，而绝大多数人却只有很少的关注者。这样的图结构，它的顶点的度遵循对数正态分布。图 7-10 中的星形图是这种分布一个极端变种，其中所有的边连接到了中心顶点。

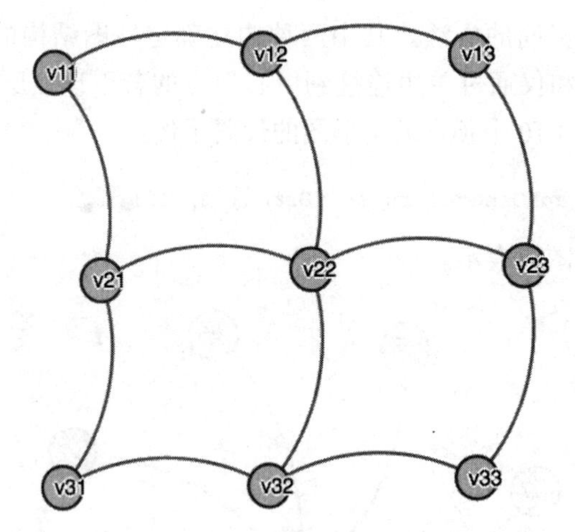

图 7-11　包含 12 条边的 3 × 3 网格

使用 GraphX 创建一个含有 20 条边的对数正态图，可以简单地用以下的方式实现：

```
val logNormalGraph  = GraphGenerators.logNormalGraph(
  sc, numVertices = 20, mu=1, sigma = 3
)
```

在上面的代码片段中，我们还施加了这样的约束：每个顶点含有平均为 1，标准偏差为 3 的出度。让我们来看看顶点的出度是否满足对数正态分布：

```
logNormalGraph.outDegrees.map(_._2).collect().sorted
```

它的结果为如下所示的 Scala 数组：

```
Array[Int] = Array(1, 1, 2, 2, 3, 4, 6, 7, 9, 10, 11, 12, 13, 15)
```

请注意你可能会得到不同的结果，因为图是随机生成的。接下来介绍如何可视化目前为止所构建的一些图结构。

7.2.4　使用 Gephi 可视化图结构

GraphX 没有内建图的可视化工具，为了解决大量的图可视化问题，我们需要寻找一些其他的选项。市面上已经存在了许多通用的可视化库，以及少量专门用来进行图可视化的工具。在这一节中，基于两个基本原因，我们选择 Gephi 作为图可视化工具：

- 它是一个开源的工具，支持所有的主流操作系统。
- 我们可以使用简单的可交换格式（GEXF）来保存 GraphX 图，并可以通过 Gephi 的界面加载并可视化。

虽然第一点普遍认为是一个加分项，但并不是所有人都是 GUI 的粉丝，而且大多数的开发人员更倾向于以编程的方式来定义可视化形式。请注意，其实 Gephi 也支持这么做，更多的内容将在后面提及。我们选择 Gephi 的原因是，我们想要本书关于代码的部分只涉及 Spark 相关的，而让 Gephi 只作为一个强大的可视化工具来使用。

1. Gephi

在开始使用 Gephi 之前，首先请从 https://gephi.org/ 上下载并安装。在编写这本书的时候，稳定的版本是 0.9.1，我们会使用这个版本。当你打开 Gephi 应用程序后，系统会提示你欢迎信息，并可以选择几个示例。让我们使用 Les Miserables.gexf 来熟悉这个工具。稍后我们会详细讨论 GEXF 文件格式，现在只需关心应用程序本身。该示例中的图数据是从《百年孤独》中摘选出来的，其中顶点是由书中出现的人物所组成，而边则表示了人物之间的关系，边的权重由相互之间关系的重要性来决定。

Gephi 包含非常丰富的功能，然而在这我们只介绍一些基本的功能。当你打开前面提到的文件后，应该可以看到示例图结构的预览。Gephi 有三个主要的视图：

- Overview：在这个视图中，我们可以操作图的所有视觉属性并得到预览结果。出于我们的需要，这是一个最重要的视图，将在之后详细地讨论。
- Data Laboratory：在这个视图中，原始的图数据会以表的格式显示，分为 Nodes 和 Edges，我们可以根据需求增加或修改其中的数据。
- Preview：预览视图就是用来查看结果的，即图可视化，同时它可以选择各种不同的格式导出，如 SVG、PDF 和 PNG。

如果尚未激活，请选择 Overview 继续。在应用程序的主菜单中，Window 中选择不同选项卡。请确保打开 Graph、Preview、Settings、Appearance、Layout 和 Statistics 这些选项卡，如图 7-12 的截图所示。

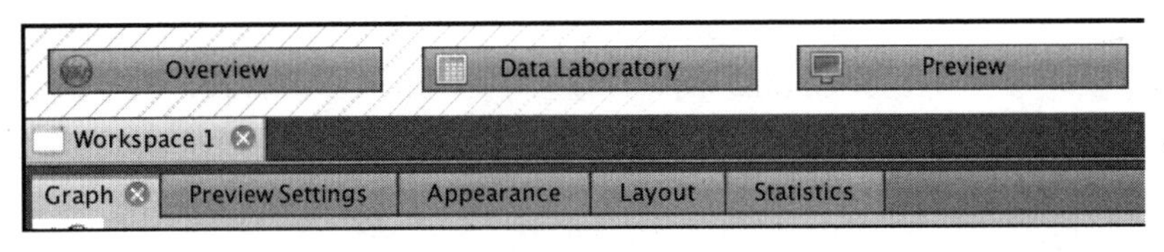

图 7-12　Gephi 的三个主要视图以及 Overview 视图下一些基本的标签

在 Graph 选项卡中，你应该已经可以看到示例 les misreables 图的可视化表示了，它可用于最终的调整以及检查。例如，相应窗口左侧的矩形选项允许你通过选择顶点来选出子图，而通过拖动，则可以将顶点移动到你喜欢的位置。

Preview Settings 选项卡可能是最有意思的选项卡了，在这里我们可以调整图的大部分可视化配置。Presets 允许你改变图的一般样式，例如选择是曲线绘制的边或是直线的边。在这我们将保持 Default 设置。你可能已经注意到了，图的预览并没有包含顶点或边的标签，因此也就无从知道每个顶点代表了什么。我们可以通过在 Node Labels 列表中选择 Show Labels 来显示标签，同时反选 Proportional size 复选框以保证所有的标签大小相同。

现在如果转到 Preview 视图，你看到的图应该如图 7-13 所示。

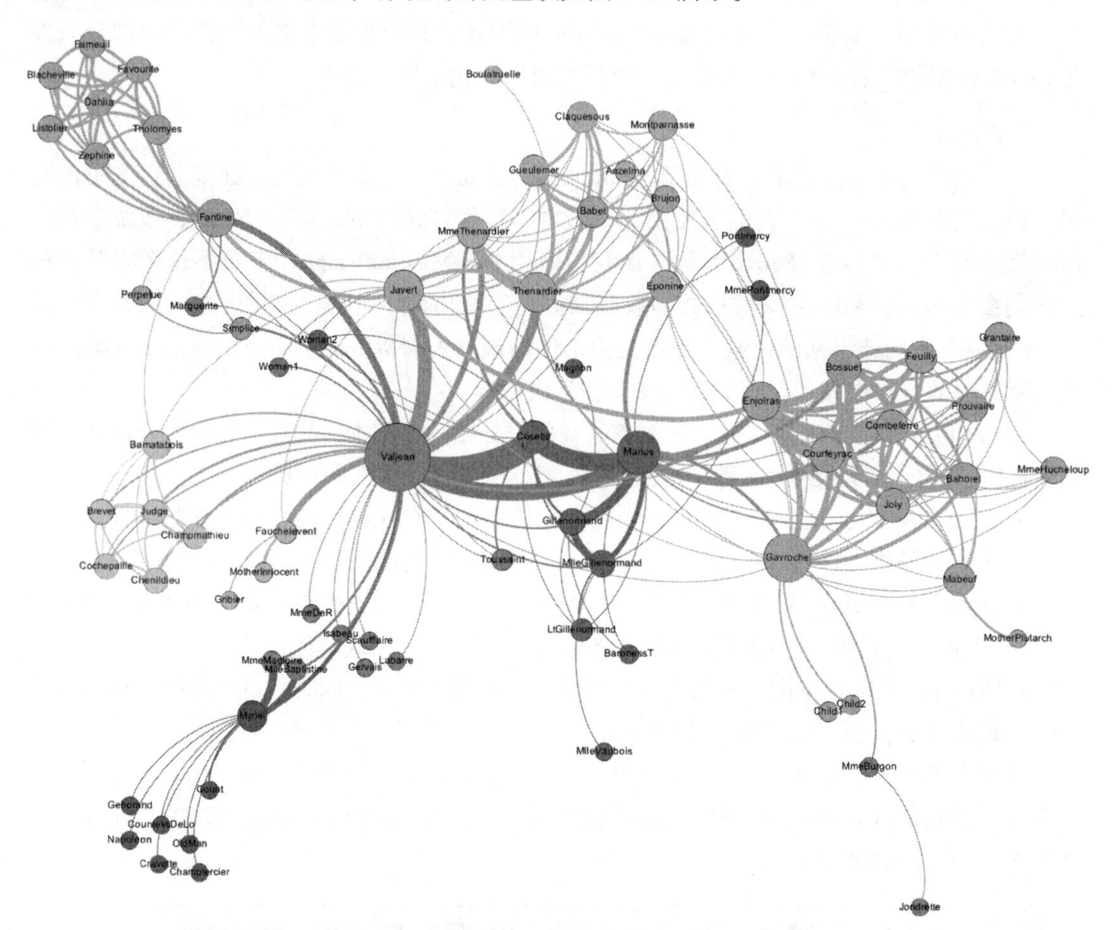

图 7-13 Les miserable 示例图，通过 Gephi 进行了简单的修改。顶点代表了书中的人物，边的宽度表示了连接的重要性。顶点的大小是由度决定的，顶点额外地通过颜色进行分组，这表示了家族成员关系，这些颜色信息将无法在印刷版中体现出来

请注意图 7-13 包含了一些我们并未显式定义的可视化属性。顶点的大小是由顶点的度决定的，而边的宽度则是由权重定义。色彩编码的图显示了每一个人物所属的不同家族。想要知道这是如何实现的，我们就需要来看看 Appearance 选项卡，该选项卡同样是区分 Nodes 和 Edges 的。在此选项卡的右上角，有四个选项可供选择，我们选择其中的 Size，它的图标是由几个圈组成。点击了该图标后，我们可以先在左上角选择 Nodes，然后选择下方的 Ranking。在下拉菜单中，我们可以选择一个属性来决定顶点的大小，在上面的这个例子中所选择的是度。同样，前面讨论的其他两个属性也可以进行配置。

接下来，下一个所要介绍的选项卡是 Layout，在这里我们可以选择不同的方式自动排列图的结构。其中包含了两个有意思的 Force Atlas 布局方式，这种方式模拟了顶点之间根

据可配置的重力属性互相吸引的布局。在图 7-13 中，我们并没有选择任何一种布局方式，但是可以试着选择不同的布局方式来看看有什么不同。无论你选择什么样的布局方式，最后都需要点击 Run 按钮来触发变化。

通过使用 Statistics 选项卡，我们可以使用 Gephi 来查看图的一些属性，比如连通分量和 PageRank。因为在下文中我们会使用 GraphX 来计算这些属性，同时它的效率更高，所以在这就不展开了。但是我们仍鼓励你尝试此选项卡中的功能，因为它能帮你快速地了解这些属性。

当根据需要配置完这些属性后，现在我们就可以切换到 Preview 视图来看看结果图是否是我们所预期的。如果一切都已经顺利，现在就可以点击 Preview settings 选项卡中的 SVG/PDF/PNG 按钮导出最终的信息图，以供你的产品使用，无论是用作报告、进一步分析还是其他的场景。

2. 从 GraphX 图中创建 GEXF 文件

为了将 Spark GraphX 的图通过 Gephi 可视化，我们需要找到一种方法来连接两者。其中的一种候选方案是使用 Gephi 所定义的**可交换 XML 图格式**（GEXF），可以从 https://gephi.org/gexf/format/ 中找到它的描述。以下的代码简单地展示了如何将图以此格式表示：

```
<?xml version="1.0" encoding="UTF-8"?>
<gexf xmlns="http://www.gexf.net/1.2draft" version="1.2">
    <meta lastmodifieddate="2009-03-20">
        <creator>Gexf.net</creator>
        <description>A hello world! file</description>
    </meta>
    <graph mode="static" defaultedgetype="directed">
        <nodes>
            <node id="0" label="Hello" />
            <node id="1" label="Word" />
        </nodes>
        <edges>
            <edge id="0" source="0" target="1" />
        </edges>
    </graph>
</gexf>
```

除了 XML 的头信息和元数据外，对于图的编码本身是自描述的。要知道上面的 XML 文件是描述图结构所需的最基本要求，事实上 GEXF 格式可以添加其他的属性，比如边的权重或图的一些可视化属性，它会被 Gephi 自动识别并展示。

为了能够使用 GraphX 输出 GEXF 格式文件，让我们来编写一个帮助函数，它的输入是图 Graph，输出是以 XML 格式所描述的字符串 String：

```
def toGexf[VD, ED](g: Graph[VD, ED]): String = {
  val header =
    """<?xml version="1.0" encoding="UTF-8"?>
      |<gexf xmlns="http://www.gexf.net/1.2draft" version="1.2">
      |  <meta>
      |    <description>A gephi graph in GEXF format</description>
```

```
      |  </meta>
      |     <graph mode="static" defaultedgetype="directed">
    """.stripMargin

  val vertices = "<nodes>\n" + g.vertices.map(
    v => s"""<node id=\"${v._1}\" label=\"${v._2}\"/>\n"""
  ).collect.mkString + "</nodes>\n"

  val edges = "<edges>\n" + g.edges.map(
    e => s"""<edge source=\"${e.srcId}\" target=\"${e.dstId}\"
label=\"${e.attr}\"/>\n"""
  ).collect.mkString + "</edges>\n"

  val footer = "</graph>\n</gexf>"

  header + vertices + edges + footer
}
```

虽然初看这段代码有点令人费解，但是经过解释它其实是非常易懂的。首先我们定义了 XML 的头和脚注信息；其次需要将顶点和边的属性分别映射为 <nodes> 和 <edges> 的 XML 标签。为此使用 Scala 所提供的 ${ } 符号将变量直接插入到字符串中。让我们稍作变化，展示一个在完整的 Scala 应用程序中使用 toGexf 方法，这个应用使用了前面所介绍的简单的好友关系图。请注意，为了使该应用程序正常工作，需要确保 GephiApp 可以访问 toGexf 方法。为此可以将该方法放在同一个类中，或将其放在另一个文件中并在 GephiApp 中导入这个方法。如果你想要使用 spark-shell 操作这个例子，只须 import 此方法或将 main 函数中的主要内容拷贝到 spark-shell 中即可，但请不要拷贝创建 conf 和 sc 的代码：

```
import java.io.PrintWriter
import org.apache.spark._
import org.apache.spark.graphx._
import org.apache.spark.rdd.RDD

object GephiApp {
  def main(args: Array[String]) {

    val conf = new SparkConf()
      .setAppName("Gephi Test Writer")
      .setMaster("local[4]")
    val sc = new SparkContext(conf)

    val vertices: RDD[(VertexId, String)] = sc.parallelize(
      Array((1L, "Anne"),
        (2L, "Bernie"),
        (3L, "Chris"),
        (4L, "Don"),
        (5L, "Edgar")))

    val edges: RDD[Edge[String]] = sc.parallelize(
      Array(Edge(1L, 2L, "likes"),
        Edge(2L, 3L, "trusts"),
        Edge(3L, 4L, "believes"),
        Edge(4L, 5L, "worships"),
```

```
        Edge(1L, 3L, "loves"),
        Edge(4L, 1L, "dislikes")))

    val graph: Graph[String, String] = Graph(vertices, edges)

    val pw = new PrintWriter("./graph.gexf")
    pw.write(toGexf(graph))
    pw.close()
  }
}
```

该应用程序将好友关系图存储为 graph.gexf 文件，我们可以将该文件导入 Gephi 中。为此，请转到 File 菜单，点击 Open 选择并导入该图文件。图 7-14 显示了使用上面介绍的选项卡以及方法调整图的可视化属性后所得到的结果：

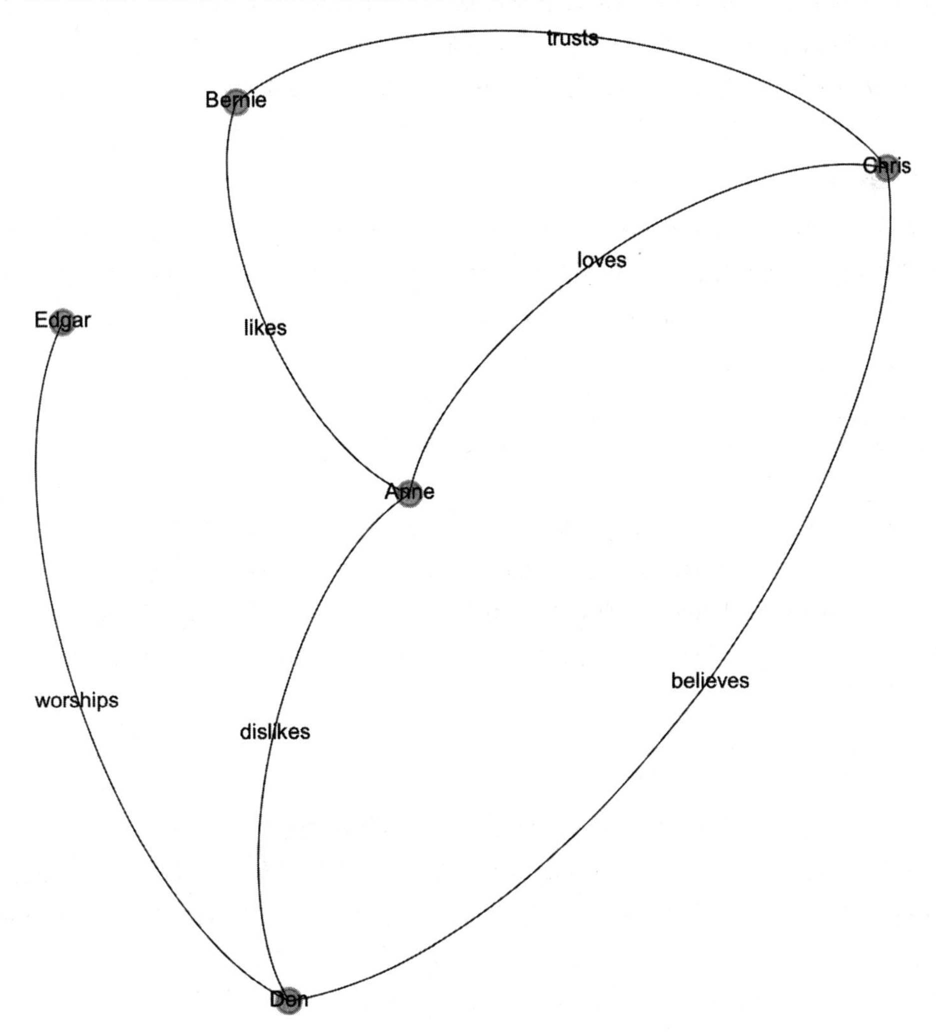

图 7-14 使用 Gephi 显示好友关系图的例子

注：前面已经提到了使用程序化的方式定义可视化属性的可能性，通过使用 Gephi Tookit 这样一个 Java 类库就可以实现。同样还有其他语言封装的类库可供使用。关于该工具包的讨论已经超出了文本的范畴，如果有兴趣的话，你可以参考 https://gephi.org/tookit/，它是一个很好的入口。

7.2.5 图计算进阶

在快速地了解完图的构建以及可视化后，让我们来看看更具挑战性的应用和更为高级的图分析技术。迄今为止，所有的图计算方法都只是使用到了 GraphX 图底层的边和顶点 RDD 的基本属性，以及一些转换操作，包括 mapVertices、mapEdges 和 mapTriplets。正如我们所看到的，这些技术非常有用，但是它们不够强大，不足以实现图并行算法。为此 GraphX 图提供了两种强大的方法，我们将在下面讨论。GraphX 中绝大多数的内置算法，包括三角形计数、PageRank 等都可以以其中一种或两种方法来实现。

1. 消息聚合

首先我们来讨论一下 GraphX 图所提供的 aggregateMessages 方法。它的基本思想是沿着整个图的边并行地传递消息，以适当的方法聚合消息，并存储结果以供进一步处理。我们来仔细看看 aggregateMessages 是如何定义的：

```
def aggregateMessages[Msg: ClassTag](
  sendMsg: EdgeContext[VD, ED, Msg] => Unit,
  mergeMsg: (Msg, Msg) => Msg,
  tripletFields: TripletFields = TripletFields.All
): VertexRDD[Msg]
```

可以看到，要实现一个 aggregateMessages 算法，我们需要指定消息类型 Msg 并提供三个方法，具体将在下面解释。你可能注意到了该定义出现了两种之前没遇到过的额外的类型，即 EdgeContext 和 TripletFields。简单地说，EdgeContext 是已知的 EdgeTriplets 的扩展，也就是边和相邻顶点的所有信息，唯一的区别是现在可以向源顶点和目标顶点发送信息，定义如下：

```
def sendToSrc(msg: A): Unit
def sendToDst(msg: A): Unit
```

TripletFields 允许用户限制 EdgeContext 在计算中使用的范围，默认所有的范围均可使用。实际上，在下面的介绍中对于 tripletFields 始终赋予其默认值，并且仅关注 sendMsg 和 mergeMeg 这两个参数。正如前面所介绍的，sendMsg 用于沿着边传递消息，而 mergeMsg 则用来聚合消息并将该操作的结果以 Msg 类型存储到顶点 RDD 中。为了使上述的介绍更为具体，请参看下面的例子，它采用了另一种方法计算前面提到的好友关系图中所有顶点的入度：

```
val inDegVertexRdd: VertexRDD[Int] = friendGraph.aggregateMessages[Int](
  sendMsg = ec => ec.sendToDst(1),
  mergeMsg = (msg1, msg2) => msg1+msg2
)
assert(inDegVertexRdd.collect.deep == friendGraph.inDegrees.collect.deep)
```

在这个例子中，发送消息被定义为通过EdgeContext所提供的sendToDst方法向每个目标顶点发送一个整数消息，即数字1。这里的意思是指对于每一条边，我们并行地发送消息1给所有边指向的顶点。这样顶点就会得到需要合并的消息。这里的mergeMsg方法可被理解为与RDD所提供的reduce方法相同，即指定两条消息的合并方式；它会被用来将所有的消息合并成一条。在这个例子中，我们将所有的消息求和，这样就得到了每一个顶点的入度。通过将inDegVertexRdd和friendGraph.inDegrees的数据各自汇总到数组中并进行比较，我们可以确定上述方法的正确性。

需要注意的是，aggregateMessges方法返回的结果是顶点RDD，而并非图。因此，为了能在迭代中使用该方法，我们需要在每个迭代中生成新的图对象，这并不是十分理想。由于Spark能够在内存中保存分区数据，它特别适合于迭代算法，而许多有趣的图算法恰巧又都是迭代的，为此我们将介绍一个稍微复杂但却十分强大的框架Pregel API。

2. Pregel

Pregel是Google内部开发的一套系统，关于它的论文可以从http://www.dcs.bbk.ac.uk/~dell/teaching/cc/paper/sigmod10/p135-malewicz.pdf下载到。它表示了一种高效的、迭代的图并行计算模型，并允许一大类的图算法基于其模型实现。GraphX中所介绍的Pregel的实现与论文中的描述略有不同，在这我们不详细介绍。

在风格上，GraphX的Pregel实现与aggregateMessages非常接近，但有一些关键的区别。两种方法都具有发送消息和合并消息的机制。更重要的是，使用Pregel可以定义所谓的*顶点程序*vprog，它在发送之前执行，用以转换顶点数据。此外，在开始时所有的顶点共享一条初始消息，并且可以指定执行vprog-send-merge循环的迭代次数，因此迭代也是Pregel模型规范的一部分。

Pregel所实现的apply方法在下面已经列出。请注意，该方法需要两组输入。其中第一组输入是一个四元组，它由图本身、初始消息、最大迭代次数和一个称为activeDirection的参数组成。这里最后的一个参数值得更多的关注。Pregel模型规范中我们并未提到的一个细节是：*只从先前迭代中收到消息的顶点发送新消息*。默认的方向是Either，但是也可以设置为Both、In或Out。这种约束自然地使算法在许多情况下收敛，并且这也解释了为什么第三个参数被称为maxIterations——算法可能早于指定的迭代次数停止：

```
object Pregel {
  def apply[VD: ClassTag, ED: ClassTag, A: ClassTag]
    (graph: Graph[VD, ED],
     initialMsg: A,
     maxIterations: Int = Int.MaxValue,
```

```
     activeDirection: EdgeDirection = EdgeDirection.Either)
    (vprog: (VertexId, VD, A) => VD,
     sendMsg: EdgeTriplet[VD, ED] => Iterator[(VertexId, A)],
     mergeMsg: (A, A) => A)
  : Graph[VD, ED]
}
```

Pregel 所需要的第二组参数是一个三元组，这个三元组在前面已经看到过了，即顶点程序，发送消息函数和合并消息函数。唯一值得关注的区别点是 sendMsg 签名，它返回的是顶点 ID 和消息对的迭代器。对我们来说这并没有多大的不同，相反有趣的是，在 aggregateMessage 中 sendMsg 的签名直到 Spark 1.6 的版本一直用的是迭代器，升级到 Spark 2.0 以后才改成我们上面看到的版本。很可能 Pregel 的方法签名也会相应的改变，但是到目前为止，直到 Spark 2.1.1 仍然如上述所示。

为了展示 Pregel API 的可能性，让我们来实现一个计算连通分量的算法。下面的代码对 GraphX 中已有的实现进行了一点修改。我们定义了 ConnectedComponents 类，并在其中实现了一个方法 run，它接受任意图对象以及最大迭代次数作为参数。该算法的核心思想非常容易理解。对于每一条边，每当连接它的源顶点 ID 小于目标顶点，将源顶点 ID 作为消息发送给目标顶点，反之亦然。而聚合消息则是简单地将求出所有消息的最小值，将该过程迭代足够多的次数直到图中不再有更新消息。此时，所有连通的顶点都具有相同的顶点数据，即原图中可用的最小顶点 ID。

```
import org.apache.spark.graphx._
import scala.reflect.ClassTag

object ConnectedComponents extends Serializable {

  def run[VD: ClassTag, ED: ClassTag](graph: Graph[VD, ED],
                                      maxIterations: Int)
  : Graph[VertexId, ED] = {

    val idGraph: Graph[VertexId, ED] = graph.mapVertices((id, _) => id)

    def vprog(id: VertexId, attr: VertexId, msg: VertexId): VertexId = {
      math.min(attr, msg)
    }

    def sendMsg(edge: EdgeTriplet[VertexId, ED]): Iterator[(VertexId,
VertexId)] = {
      if (edge.srcAttr < edge.dstAttr) {
        Iterator((edge.dstId, edge.srcAttr))
      } else if (edge.srcAttr > edge.dstAttr) {
        Iterator((edge.srcId, edge.dstAttr))
      } else {
        Iterator.empty
      }
    }

    def mergeMsg(v1: VertexId, v2: VertexId): VertexId = math.min(v1, v2)
```

```
    Pregel(
      graph = idGraph,
      initialMsg = Long.MaxValue,
      maxIterations,
      EdgeDirection.Either)(
      vprog,
      sendMsg,
        mergeMsg)
    }
  }
```

让我们一步一步地介绍该算法的执行过程。首先忽略原图上已有的顶点数据，得到 idGraph。接下来，定义顶点程序求得当前顶点数据和当前消息两者的较小值。这样就可以将最小顶点 ID 存储为顶点数据。sendMsg 方法将每一条边上的两个顶点的较小值发送到源顶点或是目标顶点，如前所述。而 mergeMsg 方法则再次求取顶点 ID 的最小值。定义了这三个关键方法后，我们就可以在 idGraph 上以指定的 maxIterations 运行 Pregel 程序了。请注意，我们并不关心消息的流向，因此在这里选用了 EdgeDirection.Either。此外，因为我们的算法始终是求取顶点 ID 的最小值，因此使用最大的长整型值作为迭代的初始消息是可行的。

有了上述的定义，我们就可以使用前面介绍的推文转发图 rtGraph 计算连通分量，这里将最大迭代次数设置为 5：

```
val ccGraph = ConnectedComponents.run(rtGraph, 5)
cc.vertices.map(_._2).distinct.count
```

通过统计结果图中不同数据的顶点个数我们就可以求得连通分量的个数（在这里只有 1 个连通分量），也就是说，如果忽略方向性，该数据集中所有的推文都是相连的。有趣的是，在这里实际上需要 5 次迭代来使算法收敛。如果使用较少的迭代次数，比如 1、2、3 或 4，则会分别得到 1771、172、56 和 4 个连通分量。由于每个图中至少有一个连通分量，因此进一步增加迭代次数并不会改变结果。然而，一般来说，我们倾向于不指定具体的迭代次数，除非计算时间或是计算能力是一个问题。通过将上述的 run 方法封装成以下的形式，我们就可以无须指定迭代次数，而直接在图上运行该算法：

```
def run[VD: ClassTag, ED: ClassTag](graph: Graph[VD, ED])
: Graph[VertexId, ED] = {
  run(graph, Int.MaxValue)
}
```

将该方法添加到 ConnectedComponents 类中，对于推文转发图，现在代码可以重写为以下的形式。我们已经介绍了 aggregateMessage 和 Pregel 两种方法，想必读者应该有能力使用这两种方法来实现自己的图算法：

```
val ccGraph = ConnectedComponents.run(rtGraph)
```

7.2.6 GraphFrame

到目前为止，为了计算给定图上的一些有趣的指标，我们都需要使用图的计算模型，它是我们所知的 RDD 的一种扩展。考虑到 Spark 中 DataFrame 和 Dataset 概念，读者可能会想知道是否有可能使用类 SQL 的语法对图进行查询分析。查询语言通常提供了一种便捷的方式来获取结果。

使用 GraphFrame 将这种可能得以实现。该库是由 Databricks 开发，作为 GraphX 在 Spark DataFrame 上的扩展。不幸的是，GraphFrame 并不是 Spark GraphX 的一部分，它以 Spark package 的方式提供。想要在启 spark-submit 的时候加载 GraphFrame，只需简单地运行：

```
spark-shell --packages graphframes:graphframes:0.5.0-spark2.1-s_2.11
```

并选择与你所使用的 Spark 和 Scala 版本相匹配的版本。将 GraphX 图转换为 GraphFrame 非常简单，反之亦然；下面的代码展示了如何将前面介绍的好友关系图转换为 GraphFrame，并从 GraphFrame 转换回 GraphX 图：

```
import org.graphframes._

val friendGraphFrame = GraphFrame.fromGraphX(friendGraph)
val graph = friendGraphFrame.toGraphX
```

如前所述，GraphFrame 的一个优点是可以使用 Spark SQL 进行操作，因为它是构建在 DataFrame 上的。这也意味着 GraphFrame 会比 Graph 快得多，因为 Spark 核心团队在 DataFrame 上使用了 Catalyst 和 Tungsten 框架以改进其速度。希望在 Spark 下几个发布版本中能看到 GraphFrame 进入到 GraphX 中。

想必 Spark SQL 的示例在之前的章节中已经十分熟悉了，在这里我们来看 GraphFrame 所提供的另一种查询语言，它具有非常直观的计算模型。GraphFrame 从图数据库 neo4j 中借鉴了 Cypher SQL 方言，可以用作较为复杂的查询。让我们继续使用 friendGraphFrame，来看看使用一条简明的查询语言找出所有长度为 2 的路径，这些路径以顶点“Chris”为终点，或经过“trust”这条边：

```
friendGraphFrame.find("(v1)-[e1]->(v2); (v2)-[e2]->(v3)").filter(
  "e1.attr = 'trusts' OR v3.attr = 'Chris'"
).collect.foreach(println)
```

可以看到，它提供了一种以图的实际思考方式来指定查询结构这样一种写法，也就是说，我们有两条边 *e*1 和 *e*2，它们通过公共顶点 *v*2 相互连接。上述操作的结果如下面的截图所示，它给出了满足上述条件的三条路径：

```
[[4,Don],[4,1,dislikes],[1,Anne],[1,3,loves],[3,Chris]]
[[1,Anne],[1,2,likes],[2,Bernie],[2,3,trusts],[3,Chris]]
[[2,Bernie],[2,3,trusts],[3,Chris],[3,4,believes],[4,Don]]
```

不幸的是，我们无法在这里介绍更多关于 GraphFrame 的细节，但是读者如果有兴趣的话，可以参考 https://graphframes.github.io/ 上提供的文档。接下来我们将转向 GraphX 中所提供的算法，并将其应用到大规模的演员数据图中。

7.3　图算法及其应用

在本章的应用部分，我们会介绍三角形计数、(强) 连通分量、PageRank 和 GraphX 中所提供的一些其他算法，为此让我们从 http://networkrepository.com/ 下载另一个有意思的数据集。首先请从 http://networkrepository.com/ca-hollywood-2009.php 下载该数据集，它是由无向图组成的，其中顶点表示了在电影中出演的演员。该文件的每一行代表了一条边上的两个顶点 ID，它的意思是这两个演员同时出现在一部电影中。

该数据集大约有 110 万个顶点，5630 万条边。尽管文件的大小即使在解压后也不是特别大，但是这种大小的图对于图计算引擎来说也是一个真正的挑战。假定你是在本机使用 standalone 模式运行 Spark，那么很有可能本机的内存无法容纳该图，并导致 Spark 应用程序崩溃。为了避免内存不够的问题，我们需要稍微控制输入数据的量，同时这也使我们有机会清理文件的头信息。假定你已经解压了 ca-hollywood-2009.mtx 文件并存储在当前工作目录下。我们可以使用 unix 工具 tail 和 head 删除文件的前两行，并且只取该文件中的前 100 万条边：

```
tail -n+3 ca-hollywood-2009.mtx | head -1000000 > ca-hollywood-2009.txt
```

如果你的环境中没有这两个工具，可以使用任何其他的工具，包括手动修改文件。根据上面描述的文件结构，我们可以简单地使用 edgeListFile 方法将图文件加载到 Spark 中，并确认它是否有 100 万条边：

```
val actorGraph = GraphLoader.edgeListFile(sc, "./ca-hollywood-2009.txt")
actorGraph.edges.count()
```

接下来，来看看如何使用 GraphX 分析该图。

7.3.1　聚类

对于一个图，一个自然的问题是：这个图中是否存在任何子图，它们能够自然地归结在一起，即能够以某种方式将图进行聚类。这个问题可以采用许多方法解决，其中的一种方法我们已经在前面实现了，那就是连通分量。这次使用 GraphX 的内置实现，而不是之前所实现的版本。为此，我们可以直接在图上调用 connectedComponents 方法：

```
val actorComponents = actorGraph.connectedComponents().cache
actorComponents.vertices.map(_._2).distinct().count
```

在我们的代码中，图的顶点数据包含了类簇 ID，对应于该类簇中最小顶点的 ID。这使得我们可以直接通过计算类簇 ID 的数量来求出连通分量的个数。对于上图，求得的结果是 173。在计算连通分量时，我们可以将图进行缓存以便后续用作其他计算。例如，我们可能会问连通分量有多大，或者通过顶点来计算最大和最小类簇的大小。为此，我们可以使用类簇 ID 作为键值，并通过计算来归约每一组类簇：

```
val clusterSizes =actorComponents.vertices.map(
  v => (v._2, 1)).reduceByKey(_ + _)
clusterSizes.map(_._2).max
clusterSizes.map(_._2).min
```

从结果中可知，一个最大的类簇是包含了 193 518 个演员的群体，而最小的类簇仅仅只有 3 个演员。接下来，让我们忽略所讨论的图实际上没有方向性的事实，因为演员一起出现在电影中是相互的，所以可以把无向边当作一对有向的边对。在这不必施加任何东西，因为在 Spark GraphX 中的边始终具有源和目标。这使得我们同样也可以计算强连通分量。我们可以认为该算法与计算连通分量类似，但是在该算法中必须指定迭代次数。这是因为与以同样的方式计算连通分量相比，“追踪”有向边需要更多的计算，它的收敛更慢。

让我们将迭代设置为 1 来进行计算，因为这非常的耗时：

```
val strongComponents = actorGraph.stronglyConnectedComponents(numIter = 1)
strongComponents.vertices.map(_._2).distinct().count
```

此计算可能需要几分钟才能完成。如果在你的机器上运行该例子出现问题，请考虑进一步减小 actorGraph 的规模。

接下来，我们来计算演员图中三角形个数，它是另一种聚类方式。为此，需要对原图进行一定的调整，将图中的边规范化并指定图的分区策略（graph partition strategy）。规范化图结构的意思是去掉图中的循环和重复边，并确保对于所有的边，源 ID 始终小于目标目标 ID：

```
val canonicalGraph = actorGraph.mapEdges(
  e => 1).removeSelfEdges().convertToCanonicalEdges()
```

图的分区策略，如同已经遇到的 RDD 分区策略一样，所关心的问题是如何在集群中有效地分布图数据。当然，什么是有效的通常很大程度上依赖于我们用图来做什么。粗略来说，有两种基本的图分区策略，分别是*顶点切割*（vertext cut）和*边切割*（edge cut）。顶点切割策略的意思是通过切割顶点将边强制分开，也就是说，在必要的情况下跨过分区的一部分顶点会重复。边切割策略则正好相反，所有的顶点在整个集群中是唯一的，但是边有可能重复。基于顶点切割，GraphX 提供了四种不同的分区策略。在这里我们不再详细展开讨论，只选择 RandomVertexCut 使用，它通过散列顶点 ID 以确保顶点之间所有同方向的边位于相同的分区中。

注： 请注意，如果在创建图的时候没有指定分区策略，那么 GraphX 会简单地使用图底层的 EdgeRDD 的分区策略来分布图数据。取决于你的使用场景，这种分区方式可能并不十分理想，比如边分区之间数据可能可能会非常不平衡。

为了将 canonicalGraph 分区以便继续计算三角形个数，现在使用上述的策略对图进行分区，如下所示：

```
val partitionedGraph =
canonicalGraph.partitionBy(PartitionStrategy.RandomVertexCut)
```

计算三角形在概念上很简单。首先收集每个顶点的所有相邻顶点作为一个集合，然后对每条边计算这些集合的交集。逻辑上来说，如果源顶点和目标顶点都包含相同的第三个顶点，则这三者构成了一个三角形。最后一步，将计算所得的交集的个数同时发送到源顶点和目标顶点，这样对每个三角形都统计了两次，简单地除以 2 就可以获得每个顶点的三角形计数。三角形计数归结为下面的代码：

```
import org.apache.spark.graphx.lib.TriangleCount
val triangles = TriangleCount.runPreCanonicalized(partitionedGraph)
```

实际上相较于显式地规范化 actorGraph，我们可以直接在原图上调用 triangleCount 进行计算，如下所示：

```
actorGraph.triangleCount()
```

同样，也可以通过加载 TriangleCount 类在演员图上调用相应的方法：

```
import org.apache.spark.graphx.lib.TriangleCount
TriangleCount.run(actorGraph)
```

请注意，实际上后面介绍的两种操作也会以同样的方式将图规范化，而规范化是一个非常消耗计算的操作。因此，尽可能以规范化的方式加载图数据，那样直接使用所示的第一种方法计算三角形计数会更有效率。

7.3.2 顶点重要性

在好友之间相互连接的图中，一个非常有意思的问题是，谁是这个群体中最有影响力的人。是那个有最多连接的人吗，换句话说，是拥有最高的度的那个顶点吗？对于有向图来说，入度可能是一个很好的第一猜测。又或是这个人认识一些人，这些人本身有很多的连接吗？总之有许多的方法来描述顶点的重要性或是权威性，具体的答案取决于问题所涉及的领域，以及在图中所能给到的额外数据。此外，在我们所给出的例子中，对于图中特定的一个人，可能出于某些主观的原因，认为另一个人对他最有影响。

然而，在给定图中计算顶点的重要性是一个具有挑战性的问题，在历史上该算法的一个重要的例子是 PageRank，它在 1998 年所发表的原创性论文《 The Anatomy of a Large-Scale Hypertextual Web Search Engine 》中有详尽的描述，该论文可以通过网址 http://ilpubs.stanford.edu:8090/361/1/1998-8.pdf 下载到。这篇论文奠定了 Sergey Brin 和 Larry Page 创建 Google 时所使用的搜索引擎的基础。对于相互链接的网页所构成的庞大的图结构，虽然 PageRank 对于找出相关的搜索结果具有重大的影响，但是近几年来在 Google 内逐渐被其他的方法所取代。然而，对于如何对网页或一般的图进行排名，PageRank 仍是一个极好的例子。GraphX 提供了 PageRank 的实现，在描述完算法本身后，我们再来看一看它是如何使用的。

PageRank 算法是一个基于有向图的迭代算法，其初始化过程将每个顶点设置为相同的值——1/N，这里 N 代表了图的阶，也就是图中顶点的数量。然后该算法以相同的方式重复更新顶点的值，将该值称为 PageRank 值，直到我们主动选择停止或者满足某些收敛条件时算法才算完成。更具体地说，在每一次迭代中，顶点将当前的 PageRank 值除以顶点的出度作为消息发送给有出边相连的顶点，换句话说，PageRank 值在所有的出边上平均分配。接下来，顶点将所接收到的所有消息数据加在一起作为该顶点新的 PageRank 值。如果所有的 PageRank 值在上一次迭代中没有明显的变化，我们就应该停止进一步的迭代。以上就是该算法最基本的描述，在讨论 GraphX 的实现时，我们会进一步学习如何指定停止标准。

然而，我们仍需要引入阻尼因子 d 对基线算法进行一定的扩展。阻尼因子的使用是为了防止所谓的排名下沉（rank sink）。想象一下，一个强连通分量它只含有从图的其余部分指向它的入边，那么如果使用前面的方法，就会使该连通分量随着每次迭代通过入边积累越来越多的 PageRank 值，但是因为没有出边，这些 PageRank 值无法得以“释放”。这个场景被称为排名下沉，为了解决这个问题，我们需要引入阻尼来增加排名的随机性。阻尼变化的想法来源于用户访问网页的随机性，假定用户沿着当前网页继续访问的可能性是 d，而转向其他完全不同的网页的可能性则为 $1-d$。

在上面的排名下沉的例子中，用户可以跳出强连通分量，终止于图的其他部分，由此增加图的其他部分的相关性，也就是 PageRank 值。把该解释施加到算法上，具有阻尼因子的 PageRank 算法更新规则以如下所示：

$$PR(v)=(1-d)+d\cdot\sum_{w\to v}\frac{PR(w)}{out(w)}$$

也就是说，为了更新顶点 v 的 PageRank 值 PR，我们将顶点 w 的所有入边的 PageRank 值相加，并除以该顶点的出度 $out(w)$。

Spark GraphX 对于 PageRank 算法有两个实现：一个是静态版本，另一个是动态版本。在静态版本中，通过指定固定的迭代次数 numIter 来执行上述的更新规则。在动态版本中，需要指定收敛容差 tol，即一个顶点在上一次迭代中如果更新的 PageRank 值小于 tol，就将该顶点移出计算，这意味着该顶点既不会再发送新的 PageRank 值，也不会更新自身的值。让我们使用两个版本的实现来对 friendGraph 计算 PageRank。具有 10 次迭代的静态版本代码如下所示：

```
friendGraph.staticPageRank(numIter = 10).vertices.collect.foreach(println)
```

在运行完算法后，将所有顶点的数据收集起来并打印，其结果如下所示：

```
(1,0.42988729103845036)
(2,0.3308390977362031)
(3,0.6102873825386869)
(4,0.6650182732476072)
(5,0.42988729103845036)
```

有意思的是，可以看到 PageRank 随着迭代次数的变化而改变，详见表 7-1：

表 7-1 PageRank 随迭代次数的变化情况

numIter/vertex	Anne	Bernie	Chris	Don	Edgar
1	0.213	0.213	0.341	0.277	0.213
2	0.267	0.240	0.422	0.440	0.267
3	0.337	0.263	0.468	0.509	0.337
4	0.366	0.293	0.517	0.548	0.366
5	0.383	0.305	0.554	0.589	0.383
10	0.429	0.330	0.610	0.665	0.429
20	0.438	0.336	0.622	0.678	0.438
100	0.438	0.336	0.622	0.678	0.483

虽然大体上哪个顶点比其他的顶点更重要这样的一般趋势，或者说顶点之间的相对排名在两个迭代后就已经形成了，但是要注意的是，即使对于这样的小图，PageRank 也需要大约 20 次迭代才能将数值稳定下来。所以，如果你关心顶点之间的大致排名，或者运行动态版本非常耗时，这个时候静态版本的算法就可以派上用场了。要使用动态版本的算法，我们需要指定容差 tol 为 0.00 01，并将所谓的 resetProb 设为 0.15。后面的参数代表了 $1-d$，它的意思是离开当前路径并随机选择图中顶点的概率。实际上，将 resetProb 的默认值设为 0.15 是原始论文中所建议的：

```
friendGraph.pageRank(tol = 0.0001, resetProb = 0.15)
```

运行上面的代码会得到如图 7-15 所示的 PageRank 值。这些数字应该看起来很熟悉，因为它与静态版本迭代 20 次以上所得的结果相同。

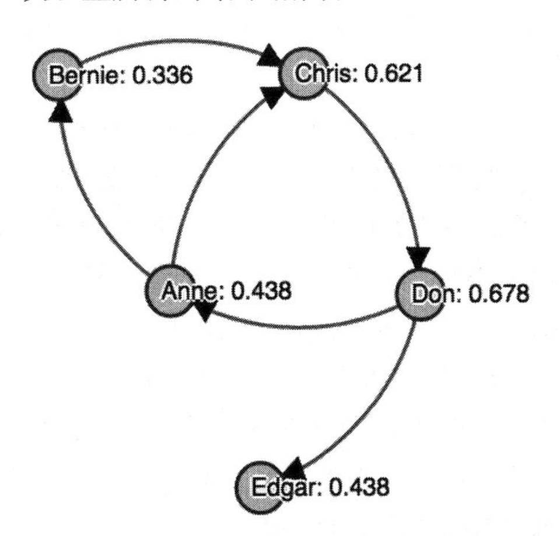

图 7-15 好友关系图计算 PageRank，使用 GraphX 动态版本

作为一个更有趣的例子，让我们再一次看看演员图。使用与上面例子相同的容差参数，我们可以快速地计算出具有最高 PageRank 的顶点 ID：

```
val actorPrGraph: Graph[Double, Double] = actorGraph.pageRank(0.0001)
actorPrGraph.vertices.reduce((v1, v2) => {
  if (v1._2 > v2._2) v1 else v2
})
```

它返回的 ID 是 33 024，其 PageRank 值为 7.82。为了强调 PageRank 算法与简单地把入度作为顶点重要性的想法之间的不同，我们考虑以下的分析：

```
actorPrGraph.inDegrees.filter(v => v._1 == 33024L).collect.foreach(println)
```

过滤出 ID 为 33 024 的顶点并打印其入度，可以看到该顶点含有 62 条入边。接着再看看图中前 10 位的入度分别是多少：

```
actorPrGraph.inDegrees.map(_._2).collect().sorted.takeRight(10)
```

它的结果是 Array(704, 733, 746, 756, 762, 793, 819, 842, 982, 1007)，这意味着具有最高 PageRank 的顶点其入度与最高值相差甚远。实际上，在该图中一共有 2167 个顶点含有至少 62 条入边，可以通过运下面的代码看到：

```
actorPrGraph.inDegrees.map(_._2).filter(_ >= 62).count
```

因此，虽然这意味着该顶点在入度上仍在所有顶点的前 2%，但是我们看到 PageRank 算法与其他方法得到了完全不一样的答案。

7.4 GraphX 在上下文中

在本章中，我们已经看到了许多图分析的应用，接下来的一个问题是，如何将 GraphX 与 Spark 生态圈中的其他组件相结合，以及如何将其与我们前面所见的 MLlib 等系统相结合用于机器学习的应用。

一个快速的答案是，虽然图的概念仅限于 Spark GraphX，但是由于图的底层实现结构是顶点和边构成的 RDD，因此我们可以无缝地使用 Spark 的其他模块来操作其数据。实际上，在本章中已经涉及了很多 RDD 的核心操作，但是并不仅限于此。MLlib 在一些特定的地方使用到了 Graph 的功能，比如隐含狄利克雷分析（Latent Dirichlet Analysis）或是幂迭代聚类（Power Iteration Clustering），不幸的是，这超出了本章的解释范围。虽然在本章中我们更多的是解释 GraphX 的基础知识，但是我们仍鼓励读者将本章学到的知识与之前的内容相结合，并对上述提到的算法进行实践。为了完整起见，在 Spark 中有一种机器学习算法称为 SVD++，它完全是由 GraphX 实现的，你可以从 http://public.research.att.com/~volinsky/netflix/kdd08koren.pdf 了解更多的内容，这是一个基于图的推荐算法。

7.5 小结

在本章中，我们已经看到了如何使用 Spark GraphX 来实践大规模图分析。将实体关系建模为具有顶点和边的图结构，是评估许多有趣问题的一种强有力的范式。

在 GraphX 中，图是由有限的顶点和边组成的、有向的，并包含多重的边和循环。GraphX 中图是构建在高度优化的顶点和边 RDD 上并进行计算的，它能够使你同时实现数据并行和图并行的应用程序。我们已经看到了图是如何通过 edgeListFile 方法加载的，或者通过其他的 RDD 构造而成的。更重要的是，由 GraphX 生成随机或确定性的图数据是非常容易的，它能帮助我们进行快速的实验。同时也看到了如何使用 Graph 模型所提供的丰富的内置方法来计算图的一些核心属性。为了可视化复杂的图结构，我们引入了 Gephi 可视化工具，它能够帮助我们获得图结构的直观感受。

在 Spark GraphX 所提供的许多其他可能性中，我们介绍了两个强大的图分析工具：aggregateMessage 和 Pregel API。GraphX 中大部分的内置算法都是使用两者之一来实现的。我们已经看到了如何使用这些 API 编写我们自己的算法。我们还简要介绍了 GraphFrame 软件包，它构建在 DataFrame 之上，并配备了 GraphX 中所不具有的优雅的查询语言，能更好地被用于分析。

在实际应用方面，我们已经看到了有意思的推文转发图，就像好莱坞电影演员图。我们详细地解释并应用了 Google 的 PageRank 算法，也学习了（强）连通分量的计算、三角形统计这样的聚类方式。最后对于高级机器学习，我们讨论了 Spark MLlib 与 GraphX 之间的关系并以此作为结束。

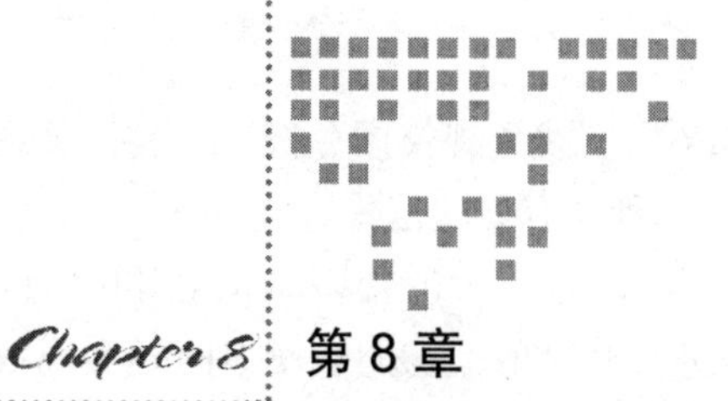

Chapter 8 第8章

Lending Club 借贷预测

差不多已经到了本书的尾声，在最后一章中，我们会使用前面章节所涉及的所有技巧和知识。我们已经向你展示了如何使用 Spark 进行数据处理和转换，也展示了不同的数据建模方法，包括线性模型、树模型和模型集成。基本上本章将是所有章节的汇总，在这里，我们将一次性地处理许多不同的问题，包括数据采集、操作、预处理、异常处理和建模，一直到模型部署。

我们的一个主要目的是想向你展示数据科学家日常工作——从几乎原始的数据开始，探索数据，构建几个模型并进行比较，找出最佳模型并部署到生产中。在最后一章中，我们将借用提供 P2P 贷款的公司 Lending Club 的真实场景。应用我们所学到的所有技能，来看看能否可以建立一个模型以评估贷款的风险。此外，我们还会将该模型的结果与 Lending Club 的实际数据进行比较，来评估我们的流程。

8.1 动机

Lending Club 的目标是尽量减少不良贷款带来的投资风险，包括较高可能性的贷款违约以及贷款延期，但也需避免丢失良好的贷款，从而造成利润损失。在这里，主要的标准是由可接受的风险所驱动的——Lending Club 可以接受多少的风险仍然有利可图。

并且对于潜在的贷款，Lending Club 需要提供适当的贷款利率或是贷款调整以反映该笔贷款的风险和所能产生的收益。因此可以这么说，如果该笔贷款有较高的贷款利率，则可以推断出其相比于较低利率的贷款，内在风险更大。

在本书中，我们可以从 Lending Club 的经验中获取先验知识，因为他们不仅提供了良好贷款的历史记录，还给出了不良贷款的相关信息。此外，所有的历史数据都可以获得，包括最终的贷款状态，这给了我们一个绝佳的机会来尝试 Lending Club 数据科学家的角色，试图匹配甚至击败他们的预测模型。

甚至我们可以更进一步，来想象一种“自动驾驶模式”。对于每一笔所提交的贷款，我们可以定义一个投资策略（我们想接受多少的风险）。“自动驾驶”会自动接受或拒绝该笔贷款，并给出机器生成的利率以计算预期收益。唯一的条件是，如果你使用我们的模型赚了一些钱，我们希望能分得其中的一部分！

8.1.1　目标

我们总体的目标是创建一个机器学习的应用，它能够针对给定的投资策略来训练模型，并将该模型部署为可调用服务、处理输入的贷款申请。该服务能够针对每一笔贷款决定是接受还是拒绝，并计算出相应的利率。我们可以从业务需求开始，自上而下地定义我们的意图。记住，一名好的数据科学家需要对所问的问题有一个很好的理解，这往往取决于他对业务的熟悉程度，具体如下：

1）我们需要定义出投资策略，以及它如何优化或影响我们机器学习模型的创建和评估。然后，根据模型的发现，将其应用到我们的贷款组合上，根据所指定的投资策略最大限度地优化利润。

2）我们需要根据投资策略定义出如何计算预期回报，并且应用程序需要给出贷方的预期回报。这是投资者非常看重的一个指标，因为它直接关系到贷款申请、投资策略（风险）和可能的利润。我们应牢记这个事实：在现实生活中使用模型流水线（modeling pipeline）的往往并不是数据科学或者统计学的专家，而是更关心对于模型输出具体解释的人。

3）此外，我们需要考虑如何设计以及实现整个贷款预测的流水线，其中包括：

- 一个是基于贷款申请数据和投资策略的模型，它能决定贷款的状态——该笔贷款是否应该被接受或拒绝。

  ①该模型需要足够健壮以拒绝所有的不良贷款（有可能导致投资损失的贷款），另一方面，也不能丢失任何良好贷款（不能丢失任何的投资机会）。

  ②该模型应该是可解释的——它应该提供一个理由来解释为什么该笔贷款会被拒绝。有趣的是，关于这个问题有很多的研究；模型的可解释性对于利益相关者尤为重要，而不仅仅是模型说什么就是什么。

提示：对于有兴趣进一步了解模型可解释性的读者，Zachary Lipton（UCSD）有一篇题为《The Mythos of Model Interpretability》的非常优秀的论文，读者可以访问 https://arxiv.org/abs/1606.03490 获得此文。这篇论文对于那些急于解释模型所包含的意义的数据科学家有非常大的帮助。

- 另一个是用来建议接受贷款的利率的模型。根据指定的贷款申请，该模型需要给出最合适的利率——既不能太高而失去借款人，也不能太低而损失利润。
- 最后，我们需要决定如何部署这个复杂的、多面的机器学习流水线。如同前面章节那样，不同的模型将结合到单一的流水线中，加载数据集中所有的输入——我们会看到这些数据的类型非常的不同，并进行处理、特征提取、模型预测和基于我们的投资策略推荐：一整套复杂的流水线都将在本章中完成！

8.1.2 数据

Lending Club 公开了所有的贷款申请和结果。其中 2007 ～ 2012 年和 2013 ～ 2014 年的数据可以从 https://www.lendingclub.com/info/download-data.action 直接下载。

下载 DECLINED LOAN DATA，如下面的截图所示：

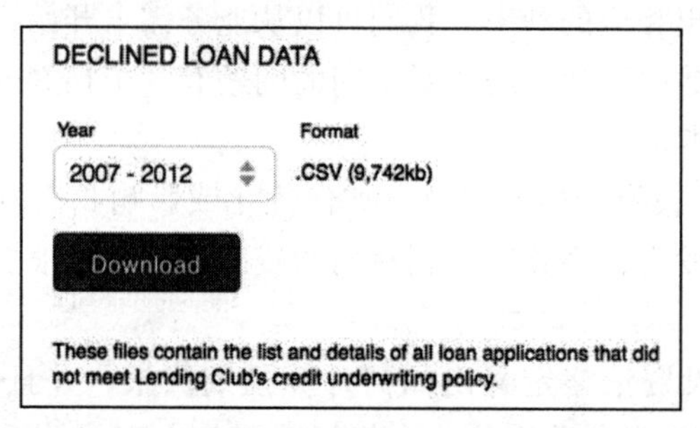

下载的文件包括 filesLoanStats3a.CSV 和 LoanStats3b.CSV。

该文件大约有 23 万行数据，可以将其分为两类：

- 符合信贷要求的贷款：16.8 万行；
- 不符合信贷要求的贷款：6.2 万行（请注意这是一个不均衡的数据集）。

一如既往，建议你通过采样或者打印前 10 行来看看数据的构成；鉴于我们手头数据集的规模，可以使用 Excel 来看看每一行是什么样的，如下图所示：

id	member_id	loan_amnt	funded_amn	funded_amn	term	int_rate	installment	grade	sub_grade	emp_title	emp_length	home_owne	annual_inc	verification_	issue_d	loan_status	pymnt_plan
1077501	1296599	5000	5000	4975	36 months	10.65%	162.87	B	B2		10+ years	RENT	24000	Verified	Dec-11	Fully Paid	n
1077430	1314167	2500	2500	2500	60 months	15.27%	59.83	C	C4	Ryder	< 1 year	RENT	30000	Source Verifi	Dec-11	Charged Off	n

---

注：请注意下载文件的第一行包含了 Lending Club 下载系统的注释，所以最好在加载进 Spark 之前手动删除这一行。

8.1.3 数据字典

Lending Club 下载页面还提供了数据字典，其中包括每个列的说明。具体来说，该数据集包含了 115 列有具体含义的列，收集了有关借款人的资料，包括他们的银行历史记录、信用记录和贷款申请。此外，对于接受的贷款，数据集还包括了支付进度或贷款的最终状态——是否完全支付或违约。为什么研究数据字典至关重要？一个理由是防止使用那些可能会提示你预测结果的列，从而导致模型的不准确。总而言之，学习并了解你的数据！

8.2 环境准备

在本章中，我们不再使用 Spark shell，而将选择使用 Scala API 来构建两个独立的 Spark 应用程序：一个用于模型准备，另一个用于模型部署。对于 Spark 来说，一个 Spark 应用程序就是一个包含 main 函数作为执行入口的普通 Scala 应用程序。举例来说，下面的代码就是模型训练应用程序的框架：

```
object Chapter8 extends App {

val spark = SparkSession.builder()
     .master("local[*]")
     .appName("Chapter8")
     .getOrCreate()

val sc = spark.sparkContext
sc.setLogLevel("WARN")
script(spark, sc, spark.sqlContext)


def script(spark: SparkSession, sc: SparkContext, sqlContext: SQLContext):
Unit = {
      // ...code of application
}
}
```

此外，我们会遵循 DRY（do-not-repeat-yourself）原则把两个程序都需要使用的代码抽取到公共库中：

```
object Chapter8Library {
    // ...code of library
  }
```

8.3 数据加载

与往常一样，第一步是将数据加载进内存。在这里，我们可以选择 Spark 或 H2O 的数据加载功能。由于数据是以 CSV 格式存储的，因此我们选择使用 H2O 解析器对数据进行一个快速的处理：

```
val DATASET_DIR = s"${sys.env.get("DATADIR").getOrElse("data")}"
val DATASETS = Array("LoanStats3a.CSV", "LoanStats3b.CSV")
import java.net.URI

import water.fvec.H2OFrame
val loanDataHf = new H2OFrame(DATASETS.map(name =>
```

```
URI.create(s"${DATASET_DIR}/${name}")):_*)
```

加载后的数据集可以在 H2O Flow UI 上直接进行探索。我们可以直接验证数据的行数、列数以及占用内存的大小，如下图所示：

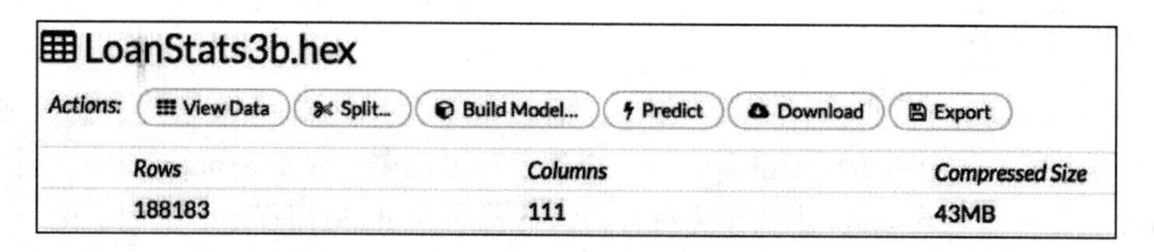

8.4 探索——数据分析

现在到了探索数据的时候了。这里有许多的问题可以问，比如：

- 需要选择什么样的目标特征来建模以达到我们的目的？
- 对于每一个目标特征，哪些是有用的训练特征？
- 哪些特征不适合于建模，因为它透露了关于目标特征的信息（请看上文）？
- 哪些特征是没有用的（比如，常量特征或是包含了大量缺失值的特征）？
- 如何清理数据？对于缺失的值怎么办？我们可以设计新的特征吗？

8.4.1 基本清理

在数据探索过程中，我们将执行基本的清理步骤。在本例中，我们可以结合两种工具的力量：使用 H2O Flow UI 来探索数据，发现数据的可疑部分，并利用 H2O 直接进行转换，或者更好的方式是直接使用 Spark 进行转换。

1. 无用的列

首先是删除每行中包含唯一值的列。典型的例子如用户 ID 或事务 ID。在本例中，我们会根据数据的描述手动识别这些列：

```
import com.packtpub.mmlwspark.utils.Tabulizer.table
val idColumns = Seq("id", "member_id")
println(s"Columns with Ids: ${table(idColumns, 4, None)}")
```

它的输出如下所示：

下一步是确定无用的列，比如：

- 常量列；

- 坏列（只包含缺失值的列）。

下面的代码能帮助我们来确定这些无用的列：

```
val constantColumns = loanDataHf.names().indices
   .filter(idx => loanDataHf.vec(idx).isConst || loanDataHf.vec(idx).isBad)
   .map(idx => loanDataHf.name(idx))
println(s"Constant and bad columns: ${table(constantColumns, 4, None)}")
```

它的输出如下所示：

```
Constant and bad columns:
+-----------------------+-----------------+---------------+----------+
|            policy_code| application_type|annual_inc_joint| dti_joint|
|verification_status_joint|      open_acc_6m|    open_il_6m|open_il_12m|
|            open_il_24m|mths_since_rcnt_il|   total_bal_il|   il_util|
|            open_rv_12m|      open_rv_24m|     max_bal_bc|  all_util|
|                 inq_fi|      total_cu_tl|   inq_last_12m|         -|
+-----------------------+-----------------+---------------+----------+
```

2. 字符串列

现在该是探索数据集中不同类型的列的时候了。首先，一个简单方法是确定字符串列——这些列看起来和 ID 列非常类似，因为其往往包含着唯一的值：

```
val stringColumns = loanDataHf.names().indices
   .filter(idx => loanDataHf.vec(idx).isString)
   .map(idx => loanDataHf.name(idx))
println(s"String columns:${table(stringColumns, 4, None)}")
```

它的输出如下所示：

```
String columns:
+---+
|url|
+---+
```

这里的问题是 url 特征是否包含了任何值得提取的有用信息。我们可以直接在 H2O Flow UI 中探索数据，查看特征列中的一些样本数据，如下面的截图所示：

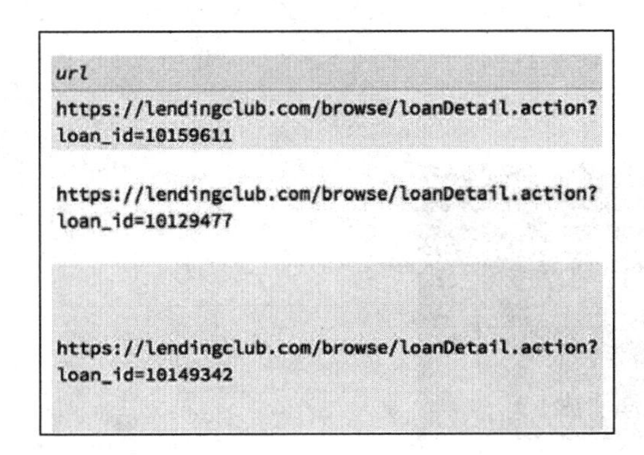

url
https://lendingclub.com/browse/loanDetail.action?loan_id=10159611
https://lendingclub.com/browse/loanDetail.action?loan_id=10129477
https://lendingclub.com/browse/loanDetail.action?loan_id=10149342

可以看到 url 特征只包含了贷款申请 ID 所构成的 Lending Club 网址，然而我们已经删除了贷款申请 ID 列，因此这里 url 列也就没什么用了。

3. 贷款进度列

我们的目标是根据贷款申请的数据对内在风险做出预测，但其中包含了一些表示贷款支付进度的列，或是由 Lending Club 自己分配的列。在本例中，为了简单起见，我们将删除这些列，只保留作为贷款申请进度那一部分的列。重要的是要知道在现实生活中，即使这些列也往往带有有意思的可用于预测的信息（如支付进度）。然而，在这里我们更希望根据初始的贷款申请来构建我们的模型，而不是当贷款已经被接受了，或者在收到贷款申请时有不知道的历史支付记录。基于数据字典，我们检测到以下列：

```
val loanProgressColumns = Seq("funded_amnt", "funded_amnt_inv", "grade",
"initial_list_status",
"issue_d", "last_credit_pull_d", "last_pymnt_amnt", "last_pymnt_d",
"next_pymnt_d", "out_prncp", "out_prncp_inv", "pymnt_plan",
"recoveries", "sub_grade", "total_pymnt", "total_pymnt_inv",
"total_rec_int", "total_rec_late_fee", "total_rec_prncp")
```

现在我们可以记录下所有需要删除的列，因为它们不会对建模产生任何的价值：

```
val columnsToRemove = (idColumns ++ constantColumns ++ stringColumns ++
loanProgressColumns)
```

4. 类别列

下一步我们将探索类别列。H2O 解析器会将那些仅包含有限的字符串集合的列标记为类别列。这是它与字符串列最主要的区别。字符串列 90% 以上的值为唯一值（例如，上一节中所提到的 url 列）。让我们将数据集中所有的类别列以及其各自特征的稀疏性汇总到一起：

```
val categoricalColumns = loanDataHf.names().indices
  .filter(idx => loanDataHf.vec(idx).isCategorical)
  .map(idx => (loanDataHf.name(idx), loanDataHf.vec(idx).cardinality()))
  .sortBy(-_._2)

println(s"Categorical columns:${table(tblize(categoricalColumns, true,
2))}")
```

它的输出为：

```
Categorical columns:
+-----------------------------+------+
|                    emp_title|138269|
|                         desc|109621|
|                        title| 62199|
|                   revol_util|  1171|
|                     zip_code|   863|
|                     int_rate|   477|
|              mo_sin_old_il_acct|   424|
```

```
|   mths_since_last_major_derog|   136|
|          mths_since_last_delinq|   133|
|mths_since_recent_revol_delinq|   132|
|         mths_since_last_record|   124|
|        mths_since_recent_bc_dlq|   113|
|                     addr_state|    50|
|                      sub_grade|    35|
|          mths_since_recent_inq|    26|
|                        purpose|    14|
|                     emp_length|    12|
|                    loan_status|     9|
```

现在来看看单独的一列。比如，purpose 列包含了 13 种不同的类别，其中最重要的是债务合并（debt consolidation），如下图所示：

```
grid inspect "domain", getColumnSummary "LoanStats3b.hex", "purpose"
```

label	count	percent
debt_consolidation	111451	59.22479713895517
credit_card	43170	22.940435639776176
home_improvement	10297	5.471801384822221
other	8896	4.727313306728026
major_purchase	3659	1.9443839241589305
small_business	2745	1.4586864913408757
car	1951	1.0367567739912744
medical	1519	0.8071929983048416
wedding	1331	0.707290244070931
house	1093	0.5808176083918314
moving	1038	0.5515907388021235
vacation	909	0.48304044467353585
renewable_energy	122	0.06483051072626114

可以看到 purpose 列是一个有效的类别列，但是现在我们应该把重点放在可疑的列上，也就是那些基数很高的列：emp_title、title、desc。可以看到：

- 每一列最多的值是空值。这可能意味着缺失值。但是，对于这些类型的列（表示值的集合的列），某种程度上缺失值是非常有意义的。它代表了另一种可能的状态——“缺失”。因此，我们可以保持其原样。
- title 列与 purpose 列的内容重合了，因此我们可以删除该列。
- emp_tile 列和 desc 列只是单纯的文本描述。在这种情况下，我们不将它们归为类别列，而会在后面使用自然语言处理技术提取重要的信息。

现在，我们将重点关注这些以 mths_ 开头的列，由列的名字可以推测出这些列应该包含数值，而我们的解析器却将这些列归为了类别列。这可能是由收集数据的不一致造成的。例如，当查看 mths_since_last_major_derog 列时，我们可以轻易地发现其中一个原因，如下图所示：

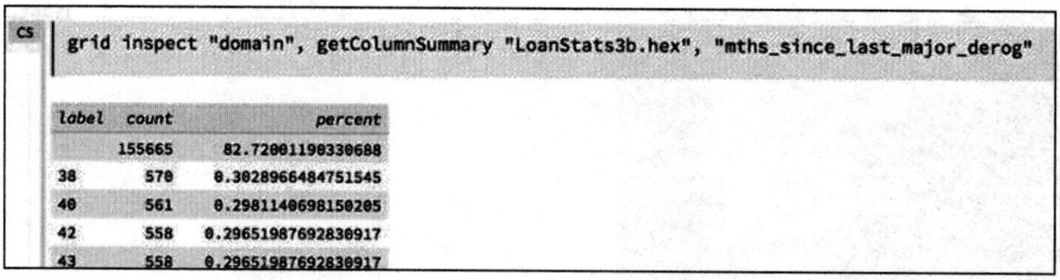

```
CS | grid inspect "domain", getColumnSummary "LoanStats3b.hex", "mths_since_last_major_derog"
```

label	count	percent
	155665	82.72001190330688
38	570	0.3028966484751545
40	561	0.2981140698150205
42	558	0.29651987692830917
43	558	0.29651987692830917

在这一列中最常见的值是空值（与之前看到的列有相同的问题）。在这种情况下，我们需要决定如何替换空值使该列能转换为数值列：是否应该由缺失值来替换？

如果我们想要实验不同的策略，对于这样的列最好定义灵活的转换方式。在这里我们不再继续使用 H2O API，转而使用 Spark 来定义我们自己的 Spark UDF。为此，像前面的章节那样，我们将定义一个函数。在这里该函数对于给定的替换值和字符串，如果字符串不为空，则将其转换为浮点数，若为空则返回给定的替换值。接着，将该函数包装为 Spark UDF：

```
import org.apache.spark.sql.functions._
val toNumericMnths = (replacementValue: Float) => (mnths: String) => {
if (mnths != null && !mnths.trim.isEmpty) mnths.trim.toFloat else
replacementValue
}
val toNumericMnthsUdf = udf(toNumericMnths(0.0f))
```

注： 一个好的做法是保持代码足够灵活以便进行实验，但是也不要过于复杂。在这里，为了方便探索更多不同的策略，我们简单地通过输入参数来选择不同的替换值。

还有两列值得我们关注：int_rate 列和 revol_util 列。两者应该都是表示百分比的数值列；但是通过进一步查看，我们可以轻易地发现一个问题——列中包含了“%”号，而不是一个数值。因此，我们需要对这两列进行转换，如下图所示：

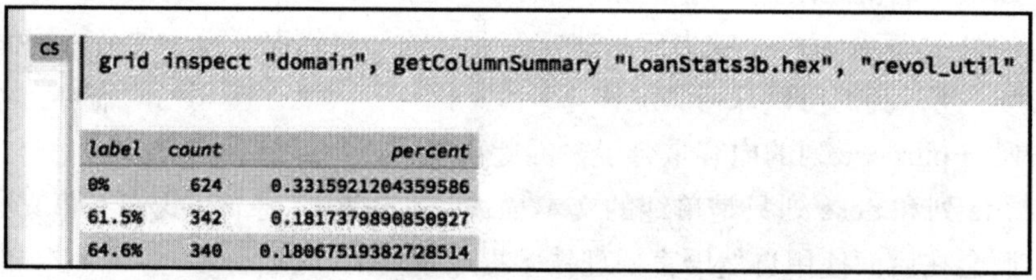

```
CS | grid inspect "domain", getColumnSummary "LoanStats3b.hex", "revol_util"
```

label	count	percent
0%	624	0.3315921204359586
61.5%	342	0.1817379890850927
64.6%	340	0.18067519382728514

在这里我们并不直接处理数据，而是通过定义 Spark UDF 来转换，它会将字符串类型的百分比转换为数值类型。在 UDF 的定义中，我们会简单地使用 H2O 所提供的信息，以确认这两列所包含的内容只可能是以百分号为后缀的数据：

```
import org.apache.spark.sql.functions._
val toNumericRate = (rate: String) => {
val num = if (rate != null) rate.stripSuffix("%").trim else ""
```

```
if (!num.isEmpty) num.toFloat else Float.NaN
}
val toNumericRateUdf = udf(toNumericRate)
```

定义好的 UDF 会在随后与其他的 Spark 转换一起使用。此外我们需要认识到这些转换不仅在训练时会被用到，在评分阶段同样也会用到。因而我们需要将它们封装在共享库中。

5. 文本列

在上一节中，我们将 emp_tile 列和 desc 列标识为文本列以做进一步的文本转换。我们所给出的理由是，这些列可能包含了有助于区分良好贷款和不良贷款的有用信息。

6. 缺失数据

数据探索的最后一步是探索缺失的数据。我们已经观察到有些列包含了代表缺失值的值；然而，在本节中，我们将关注纯粹的缺失值。首先需要收集这些缺失值：

```
val naColumns = loanDataHf.names().indices
   .filter(idx => loanDataHf.vec(idx).naCnt() >0)
   .map(idx =>
          (loanDataHf.name(idx),
            loanDataHf.vec(idx).naCnt(),
f"${100*loanDataHf.vec(idx).naCnt()/loanDataHf.numRows().toFloat}%2.1f%%")
   ).sortBy(-_._2)
println(s"Columns with NAs (#${naColumns.length}):${table(naColumns)}")
```

该列表包含了 111 列，缺失值的占比从 0.2% ～ 86%：

```
Columns with NAs (#111):
+---------------------------+------+-----+
|              next_pymnt_d|198807|86.2%|
|            pct_tl_nvr_dlq| 70434|30.5%|
|               avg_cur_bal| 70287|30.5%|
|      mo_sin_old_rev_tl_op| 70282|30.5%|
|     mo_sin_rcnt_rev_tl_op| 70282|30.5%|
|              tot_coll_amt| 70281|30.5%|
|               tot_cur_bal| 70281|30.5%|
|          total_rev_hi_lim| 70281|30.5%|
|            mo_sin_rcnt_tl| 70281|30.5%|
|     num_accts_ever_120_pd| 70281|30.5%|
|            num_actv_bc_tl| 70281|30.5%|
|           num_actv_rev_tl| 70281|30.5%|
|                 num_bc_tl| 70281|30.5%|
|                 num_il_tl| 70281|30.5%|
|             num_op_rev_tl| 70281|30.5%|
|             num_rev_accts| 70281|30.5%|
|       num_rev_tl_bal_gt_0| 70281|30.5%|
|              num_tl_30dpd| 70281|30.5%|
|        num_tl_90g_dpd_24m| 70281|30.5%|
|        num_tl_op_past_12m| 70281|30.5%|
|          tot_hi_cred_lim| 70281|30.5%|
|  total_il_high_credit_limit| 70281|30.5%|
|               num_bc_sats| 58595|25.4%|
|                  num_sats| 58595|25.4%|
```

这里有很多的列只有 5 个缺失值，这可能是由数据收集中的出错引起的。如果它们表现出了一种特别的模式，我们可以轻松地将其过滤出来。对于更多的“被污染的列”（比如有许多缺失值的列），需要根据数据字典中所描述的列的语义对每列选择正确的策略。

注： 在所有这些例子中，我们都可以使用 H2O Flow UI 来轻松快速地探索数据的基本特性，甚至执行基本数据清理。但是，对于更高级的数据操作，Spark 则更为合适，它提供了预定义的转换操作和 SQL 支持的库。

我们可以看到，数据清理工作虽然非常费力，但是对于数据科学家来说，这又是非常重要的任务，希望通过这一过程能够对精心设计的问题给出较好的回答。在解决每个新问题之前，必须仔细考虑这个过程。正如老广告说的那样，“垃圾进垃圾出”——如果输入是不正确的，我们的模型也将受到影响。

到了这里，我们就可以将所有的转换操作组合在一起，并作为共享的库函数：

```
def basicDataCleanup(loanDf: DataFrame, colsToDrop: Seq[String] = Seq()) =
{
   (
     (if (loanDf.columns.contains("int_rate"))
       loanDf.withColumn("int_rate", toNumericRateUdf(col("int_rate")))
else
loanDf)
       .withColumn("revol_util", toNumericRateUdf(col("revol_util")))
       .withColumn("mo_sin_old_il_acct",
toNumericMnthsUdf(col("mo_sin_old_il_acct")))
       .withColumn("mths_since_last_delinq",
toNumericMnthsUdf(col("mths_since_last_delinq")))
       .withColumn("mths_since_last_record",
toNumericMnthsUdf(col("mths_since_last_record")))
       .withColumn("mths_since_last_major_derog",
toNumericMnthsUdf(col("mths_since_last_major_derog")))
       .withColumn("mths_since_recent_bc",
toNumericMnthsUdf(col("mths_since_recent_bc")))
       .withColumn("mths_since_recent_bc_dlq",
toNumericMnthsUdf(col("mths_since_recent_bc_dlq")))
       .withColumn("mths_since_recent_inq",
toNumericMnthsUdf(col("mths_since_recent_inq")))
       .withColumn("mths_since_recent_revol_delinq",
toNumericMnthsUdf(col("mths_since_recent_revol_delinq")))
   ).drop(colsToDrop.toArray :_*)
 }
```

该方法以 Spark DataFrame 作为输入参数，并在其上进行所有的清理转换操作。现在该是构建模型的时候了！

8.4.2 预测目标

执行数据清理后，现在是时候检查我们的预测目标了。我们理想中的模型流水线包括两个模型：一个模型控制是否接受贷款，另一个模型估计贷款利率。你应该已经想到了第一个模型就是二分类问题（接受或拒绝贷款），而第二个模型则是回归问题，其结果是数值。

1. 贷款状态模型

第一个模型需要区分不良贷款和良好贷款。在我们的数据集中已经提供了 loan_status 列，这一列最适合于表示建模目标。让我们详细地看看该列：

- 全额支付：借款人支付了贷款和所有的利息。
- 正在进行：贷款正按计划积极的支付中。
- 宽限期：预期付款 1 ～ 15 天。
- 逾期（16 ～ 30 天）：逾期付款。
- 逾期（31 ～ 120 天）：逾期付款。
- 冲销：贷款逾期 150 天。
- 违约：贷款丢失。

对于第一个建模的目标，我们需要区分良好贷款和不良贷款。良好贷款可以是完全支付的贷款。而其余的贷款状态可被视为不良贷款，但是正在进行的贷款作为例外需要更多的关注（比如幸存分析），或者简单地将这些状态为“正在进行”的相关行删掉。为了将 loan_status 特征转换为二元特征，我们将定义一个 Spark UDF：

```
val toBinaryLoanStatus = (status: String) => status.trim.toLowerCase()
match {
case "fully paid" =>"good loan"
case _ =>"bad loan"
}
val toBinaryLoanStatusUdf = udf(toBinaryLoanStatus)
```

我们可以进一步探索每一个类别的分布。在图 8-1 中可以看到良好贷款和不良贷款之间的比例是非常不平均的。在模型训练和评价过程中需要记住这一事实，因为我们需要优化不良贷款的召回概率。

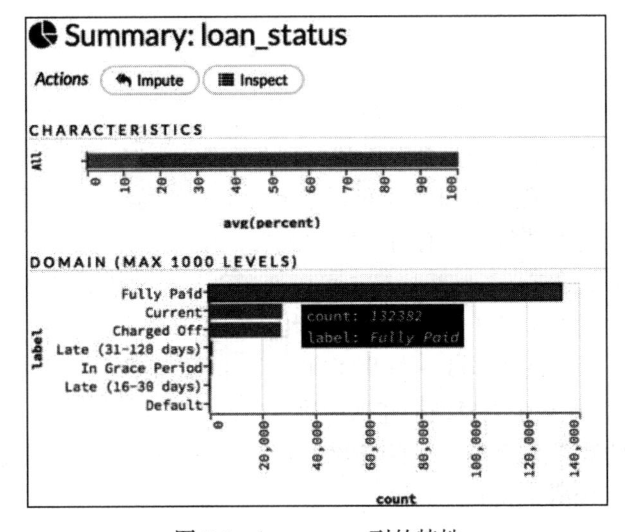

图 8-1 loan_status 列的特性

（1）基础模型

到了这里，我们已经准备好了作为预测目标的数据列，并清理了输入数据，现在可以建立一个基础模型了。基础模型会给我们关于数据的直观感受。为此，我们会用到除了检测出来的无用列之外的所有列，同时也会跳过缺失值的处理，因为 H2O 和随机森林算法会处理这些缺失值。但是，第一步需要利用 Spark 转换操作准备好数据集：

```
import com.packtpub.mmlwspark.chapter8.Chapter8Library._
val loanDataDf = h2oContext.asDataFrame(loanDataHf)(sqlContext)
val loanStatusBaseModelDf = basicDataCleanup(
   loanDataDf
     .where("loan_status is not null")
     .withColumn("loan_status", toBinaryLoanStatusUdf($"loan_status")),
   colsToDrop = Seq("title") ++ columnsToRemove)
```

我们会简单地剔除所有与预测目标相关的已知列，所有包含文本描述相关的高基数类别列（title 列和 desc 列除外，在后面会用到），并且应用前面小节中所定义的所有清理转换操作。

下一步需要将数据分成两部分。像往常一样，大部分数据会用作模型训练，而剩余的数据则会用作模型验证，这些数据会转换成 H2O 模型构建所接受的格式：

```
val loanStatusDfSplits = loanStatusBaseModelDf.randomSplit(Array(0.7, 0.3),
seed = 42)

val trainLSBaseModelHf = toHf(loanStatusDfSplits(0).drop("emp_title",
"desc"), "trainLSBaseModelHf")(h2oContext)
val validLSBaseModelHf = toHf(loanStatusDfSplits(1).drop("emp_title",
"desc"), "validLSBaseModelHf")(h2oContext)
def toHf(df: DataFrame, name: String)(h2oContext: H2OContext): H2OFrame = {
val hf = h2oContext.asH2OFrame(df, name)
val allStringColumns = hf.names().filter(name => hf.vec(name).isString)
     hf.colToEnum(allStringColumns)
     hf
 }
```

有了清理后的数据就可以简单地构建一个模型了。在这里我们会“盲目”地选择使用随机森林算法，因为它给了我们一个对于数据和各个特征重要性的直观了解。这里说到的“盲目”是因为在第 2 章中随机森林模型可以以多种不同的类型作为输入，使用不同的特征构建许多不同的树，鉴于其包含所有特征时的表现，使我们有信心使用该算法作为开箱即用的模型。此外，该模型定义了基线标准，可以通过创建新的特征来改进模型质量。

这里选择默认的配置。基于 out-of-bag 样本，随机森林算法带来了开箱即用的验证模式，因此可以跳过交叉验证的步骤。与此同时，我们将增加所构造的树的数量，但却通过基于 Logloss 的停止标准来限制模型构建器的执行。此外，由于我们已经知道预测目标是不均衡的，良好贷款的数量远远多于不良贷款，因此我们会通过开启 balance_classes 选项对少数类别进行上采样（upsampling）：

```
import _root_.hex.tree.drf.DRFModel.DRFParameters
import _root_.hex.tree.drf.{DRF, DRFModel}
import _root_.hex.ScoreKeeper.StoppingMetric
import com.packtpub.mmlwspark.utils.Utils.let
val loanStatusBaseModelParams = let(new DRFParameters) { p =>
   p._response_column = "loan_status"
p._train = trainLSBaseModelHf._key
p._ignored_columns = Array("int_rate")
   p._stopping_metric = StoppingMetric.logloss
p._stopping_rounds = 1
p._stopping_tolerance = 0.1
p._ntrees = 100
p._balance_classes = true
p._score_tree_interval = 20
}
val loanStatusBaseModel1 = new DRF(loanStatusBaseModelParams,
water.Key.make[DRFModel]("loanStatusBaseModel1"))
   .trainModel()
   .get()
```

模型建立好以后，我们同样可以分析模型的质量，但是首先看一下特征的重要性，如图 8-2 所示。

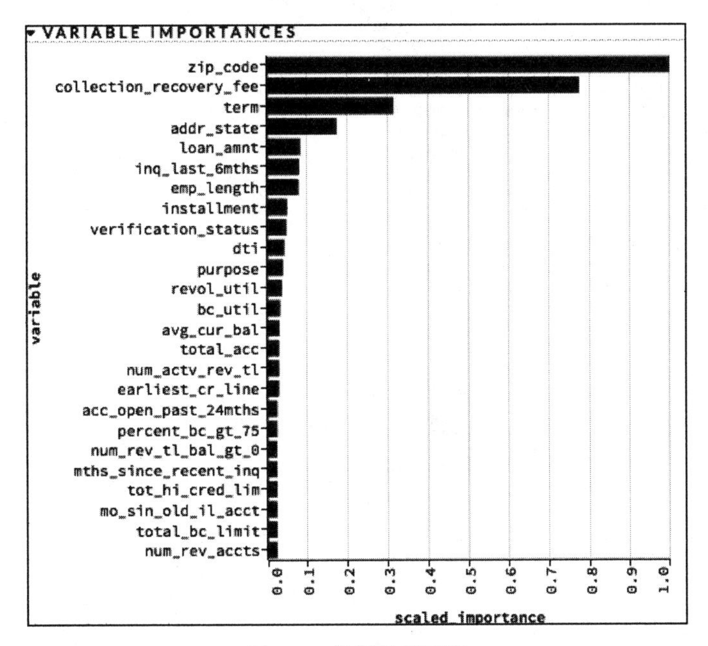

图 8-2 特征的重要性

最令人吃惊的是，zip_code 和 collection_recovery_fee 这两个特征的重要性远高于其他的列。这是令人怀疑的，可能暗示着这两列与目标变量之间有着直接的相关性。

我们可以回顾一下数据字典，它将 zip_code 列描述为“借款人在贷款申请中所提供的邮政编码的前三位数字”，而第二列描述为“注销后产生费用”。后者与预测目标列有直接的关系，因为该值在“良好贷款”的情况下为零。我们也可以通过探索数据来验证这一事实。而对于 zip_code 列，它与预测目标没有直接的联系。

因此我们需要再一次运行模型，但是在这里我们将尝试忽略 zip_code 和 collection_recovery_fee 这两列：

```
loanStatusBaseModelParams._ignored_columns = Array("int_rate",
"collection_recovery_fee", "zip_code")
val loanStatusBaseModel2 = new DRF(loanStatusBaseModelParams,
water.Key.make[DRFModel]("loanStatusBaseModel2"))
    .trainModel()
    .get()
```

模型建立之后，再次看看特征的重要性，现在特征重要性的分布更有意义了，如图 8-3 所示。基于图 8-3，可以决定仅使用前 10 个输入特征来简化模型的复杂度并减少建模时间。重要的是，我们仍然需要考虑去掉的列作为相关的输入特征。

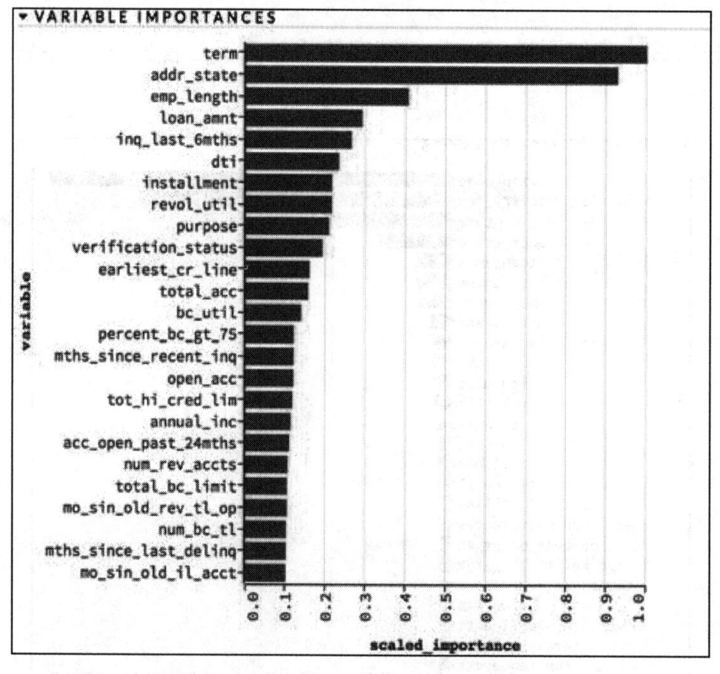

图 8-3　特征重要性的分布更有意义了

基础模型的性能

现在看一下所建立的模型的性能，如图 8-4 所示。需要记住，在这里模型的性能由下面的描述所决定：

- 模型的性能是基于 out-of-bag 样本，而非不可见数据。
- 我们使用固定参数作为最佳猜测；然而，更好的选择是通过执行随机参数搜索以了解输入参数对于模型性能的影响。

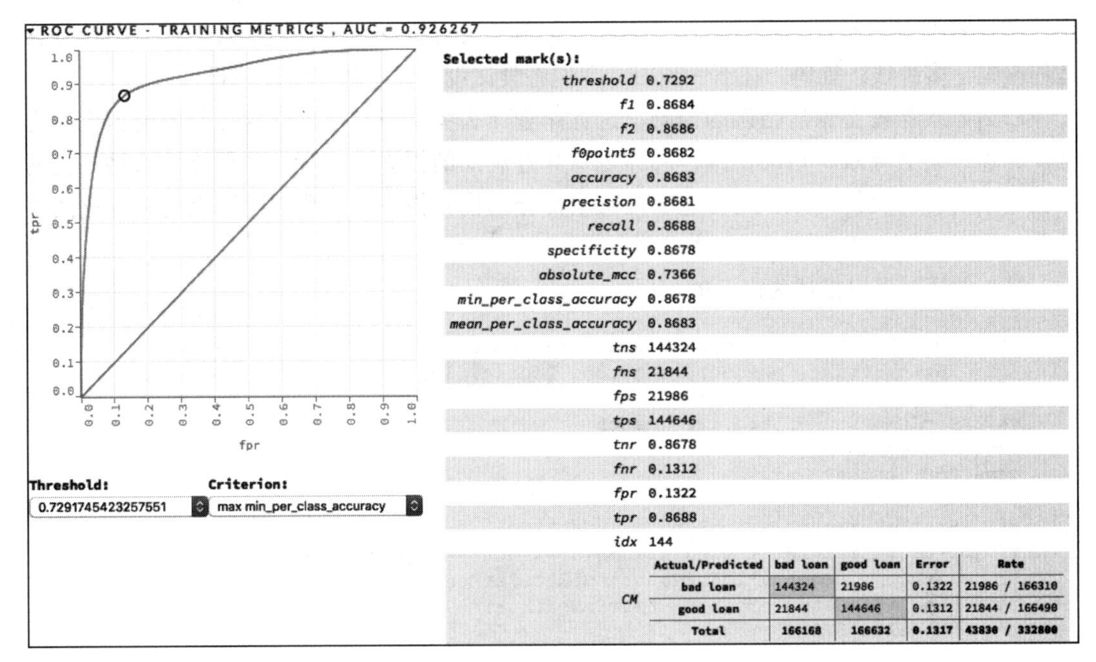

图 8-4 基础模型的性能

在图 8-4 中，可以看到对于 out-of-bag 采样数据所测得的 AUC 相当得高，尽管在选定的阈值下单个类别的错误已经相当低了。其中阈值的选择尽可能最小化单个类别的精度。然后，看一下对于不可见数据模型的性能。我们使用准备好的部分数据进行验证：

```
import _root_.hex.ModelMetrics
val lsBaseModelPredHf = loanStatusBaseModel2.score(validLSBaseModelHf)
println(ModelMetrics.getFromDKV(loanStatusBaseModel2, validLSBaseModelHf))
```

它的输出为：

```
Model Metrics Type: Binomial
 Description: N/A
 model id: loanStatusBaseModel2
 frame id: validLSBaseModelHf
 MSE: 0.17421468
 RMSE: 0.41739032
 AUC: 0.730328
 logloss: 0.5278169
 mean_per_class_error: 0.365515
 default threshold: 0.6057690978050232
 CM: Confusion Matrix (Row labels: Actual class; Column labels: Predicted class):
           bad loan  good loan   Error              Rate
 bad loan      6628      12678  0.6567   12,678 / 19,306
good loan      3697      46032  0.0743    3,697 / 49,729
   Totals     10325      58710  0.2372   16,375 / 69,035
```

计算后的模型指标同样也可以在 Flow UI 中看到。

可以看到，AUC 降低了，而单个类别的错误上升了但仍然相当好。但是，这里所有的统计特性指标并没有反映出任何与“商业”价值相关的概念——多少钱被借出，因为贷款违约损失了多少钱，等等。在下一步中，我们将尝试设计模型的即席评估指标。

那么如果该模型做出错误的预测，这意味着什么呢？当它将良好的贷款申请当作不良贷款，那么它会导致申请的拒绝，同样也意味着利润的损失。或者，如果该模型将不良的贷款申请推荐为良好贷款，则会造成全部或部分的借款损失。让我们更详细地来看这两种情况。

第一种情况可以描述为以下的代码：

```
def profitMoneyLoss = (predThreshold: Double) =>
     (act: String, predGoodLoanProb: Double, loanAmount: Int, intRate:
Double, term: String) => {
val termInMonths = term.trim match {
case "36 months" =>36
case "60 months" =>60
}
val intRatePerMonth = intRate / 12 / 100
if (predGoodLoanProb < predThreshold && act == "good loan") {
         termInMonths*loanAmount*intRatePerMonth / (1 -
Math.pow(1+intRatePerMonth, -termInMonths)) - loanAmount
       } else 0.0
}
```

当模型预测该笔贷款为不良贷款，但实际数据却表示该贷款是良好的，此时该函数就会返回损失的金额。回报金额的计算需要考虑预计利率和贷款期限。在这里相关的重要变量是 predGoodLoanProb，它表示模型将该笔贷款预测为良好贷款的概率；predThreshold 允许我们设置概率的下限阈值，以表示预测为良好贷款的概率对于我们来说是足够好的。

同样，我们可以将第二种情况描述为：

```
val loanMoneyLoss = (act: String, predGoodLoanProb: Double, predThreshold:
Double, loanAmount: Int) => {
if (predGoodLoanProb > predThreshold /* good loan predicted */
&& act == "bad loan" /* actual is bad loan */) loanAmount else 0
}
```

可以看到，这里遵循了混淆矩阵对于假阳和假阴的定义，并应用输入数据的领域知识来定义即席模型评价指标。

现在，该是使用这两个函数来定义 totalLoss 的时候了——如果遵循模型的建议，那么在接受不良贷款和丢失良好贷款时我们会损失多少钱：

```
import org.apache.spark.sql.Row
def totalLoss(actPredDf: DataFrame, threshold: Double): (Double, Double,
Long, Double, Long, Double) = {

val profitMoneyLossUdf = udf(profitMoneyLoss(threshold))
val loanMoneyLossUdf = udf(loanMoneyLoss(threshold))

val lostMoneyDf = actPredDf
    .where("loan_status is not null and loan_amnt is not null")
```

```
      .withColumn("profitMoneyLoss", profitMoneyLossUdf($"loan_status",
$"good loan", $"loan_amnt", $"int_rate", $"term"))
      .withColumn("loanMoneyLoss", loanMoneyLossUdf($"loan_status", $"good
loan", $"loan_amnt"))

    lostMoneyDf
      .agg("profitMoneyLoss" ->"sum", "loanMoneyLoss" ->"sum")
      .collect.apply(0) match {
case Row(profitMoneyLossSum: Double, loanMoneyLossSum: Double) =>
        (threshold,
          profitMoneyLossSum, lostMoneyDf.where("profitMoneyLoss >
0").count,
          loanMoneyLossSum, lostMoneyDf.where("loanMoneyLoss > 0").count,
        profitMoneyLossSum + loanMoneyLossSum
      )
    }
}
```

totalLoss函数由输入的Spark DataFrame和阈值所定义。其中Spark DataFrame包括真实的验证数据和三列预测数据：对于默认阈值的实际预测值、良好贷款的概率，以及不良贷款的概率。阈值能帮助我们确定良好贷款概率的合理下限；也就是说，如果良好贷款的概率高于该阈值，就可以认为模型建议接受这笔贷款。

如果使用不同的阈值来运行该函数，包括最小化单个类别的错误，将得到下表：

```
import _root_.hex.AUC2.ThresholdCriterion
val predVActHf: Frame = lsBaseModel2PredHf.add(validLSBaseModelHf)
 water.DKV.put(predVActHf)
val predVActDf = h2oContext.asDataFrame(predVActHf)(sqlContext)
val DEFAULT_THRESHOLDS = Array(0.4, 0.45, 0.5, 0.55, 0.6, 0.65, 0.7, 0.75,
0.8, 0.85, 0.9, 0.95)

println(
table(Array("Threshold", "Profit Loss", "Count", "Loan loss", "Count",
"Total loss"),
         (DEFAULT_THRESHOLDS :+
ThresholdCriterion.min_per_class_accuracy.max_criterion(lsBaseModel2PredMod
elMetrics.auc_obj()))
          .map(threshold =>totalLoss(predVActDf, threshold)),
Map(1 ->"%,.2f", 3 ->"%,.2f", 5 ->"%,.2f")))
```

它的输出如下所示：

Threshold	Profit Loss	Count	Loan loss	Count	Total loss
0.4	7,650,192.46	679	266,770,025.00	17383	274,420,217.46
0.45	14,680,715.31	1345	244,860,275.00	16287	259,540,990.31
0.5	23,080,809.55	2109	219,695,475.00	15037	242,776,284.55
0.55	31,431,709.19	2891	193,740,850.00	13788	225,172,559.19
0.6	39,323,940.36	3648	172,997,075.00	12763	212,321,015.36
0.65	47,554,045.80	4453	156,048,425.00	11916	203,602,470.80
0.7	55,335,760.25	5460	140,604,175.00	11040	195,939,935.25
0.75	67,478,722.66	7994	121,433,725.00	9690	188,912,447.66

```
|              0.8| 91,174,983.19|14610| 89,563,100.00| 7254|180,738,083.19|
|             0.85|126,258,672.73|26481| 45,659,950.00| 3732|171,918,622.73|
|              0.9|161,805,504.11|41048| 10,482,500.00|  854|172,288,004.11|
|             0.95|177,174,633.32|48980|    360,650.00|   30|177,535,283.32|
|0.662028192805003|  49,413,721.90| 4653|152,191,525.00|11704|201,605,246.90|
+-----------------+--------------+-----+--------------+-----+--------------+
```

从表中可以看出，对于指标最低的总损失是基于阈值 0.85，它代表了一种相当保守的投资策略，重点是避免不良贷款。

我们甚至可以定义一个函数来寻找最小的总损失以及相应的阈值：

```
// @Snippet
def findMinLoss(model: DRFModel,
                validHf: H2OFrame,
                defaultThresholds: Array[Double]): (Double, Double,
Double, Double) = {
import _root_.hex.ModelMetrics
import _root_.hex.AUC2.ThresholdCriterion
// Score model
val modelPredHf = model.score(validHf)
val modelMetrics = ModelMetrics.getFromDKV(model, validHf)
val predVActHf: Frame = modelPredHf.add(validHf)
   water.DKV.put(predVActHf)
//
val predVActDf = h2oContext.asDataFrame(predVActHf)(sqlContext)
val min = (DEFAULT_THRESHOLDS :+
ThresholdCriterion.min_per_class_accuracy.max_criterion(modelMetrics.auc_ob
j()))
     .map(threshold =>totalLoss(predVActDf, threshold)).minBy(_._6)
   ( /* Threshold */ min._1, /* Total loss */ min._6, /* Profit loss */
min._2, /* Loan loss */ min._4)
 }
val minLossModel2 = findMinLoss(loanStatusBaseModel2, validLSBaseModelHf,
DEFAULT_THRESHOLDS)
println(f"Min total loss for model 2: ${minLossModel2._2}%,.2f (threshold =
${minLossModel2._1})")
```

它的输出为：

```
Min total loss for model 3: 172,569,355.39 (threshold = 0.85)
```

从结果中可以看到，模型在阈值 0.85 的时候最小化总损失，这高于模型所确定的默认阈值（F1 = 0.66）。然而，我们仍须认识到这只是一个基础的朴素模型；我们并没有进行任何的调优以及搜索正确的训练参数。我们仍然有两列数据可供使用：title 列和 desc 列。现在是时候改进模型了！

（2）转换 emp_title 列

第一列 emp_title 描述了借款人的职位。对于职位的描述往往是不统一的——多个不同的版本具有相同的含义（“Bank of America”和“bank of america”）或类似的含义（“AT&T”和“AT&T Mobility”）。我们的目标是将标签统一为基本的形式，检测类似的标签并用常用名替代。因为理论上借款人的职位直接影响了贷款偿还的能力。

最基本的标签统一相对简单——将所有的标签转换为小写字母，并删除其中非字母数字的字符（“&” 或 “.”）。在这一步中，使用 Spark API 来定义一个 UDF：

```
val unifyTextColumn = (in: String) => {
if (in != null) in.toLowerCase.replaceAll("[^\\w ]|", "") else null
}
val unifyTextColumnUdf = udf(unifyTextColumn)
```

下一步是定义一个分词器，这个函数会将句子分割成单独的词并丢弃无用的词和停用词（比如，太短的词或连词）。在这里，我们将约定词的最小长度以及提供停用词列表作为输入参数：

```
val ALL_NUM_REGEXP = java.util.regex.Pattern.compile("\\d*")
val tokenizeTextColumn = (minLen: Int) => (stopWords: Array[String]) => (w:
String) => {
if (w != null)
     w.split(" ").map(_.trim).filter(_.length >=
minLen).filter(!ALL_NUM_REGEXP.matcher(_).matches()).filter(!stopWords.cont
ains(_)).toSeq
else
Seq.empty[String]
 }
import org.apache.spark.ml.feature.StopWordsRemover
val tokenizeUdf =
udf(tokenizeTextColumn(3)(StopWordsRemover.loadDefaultStopWords("english"))
)
```

注： 值得一提的是，Spark API 已经提供了一组停用词作为 StopWordsRemover 转换的一部分。在 tokenizeUdf 的定义中，我们可以直接使用 Spark 所提供的英语停用词列表。

现在来详细看看 emp_title 列。将从已经创建好的 DataFrame loanStatusBaseModelDf 中选出 emp_title 列，并应用先前定义的两个函数：

```
val empTitleColumnDf = loanStatusBaseModelDf
   .withColumn("emp_title", unifyTextColumnUdf($"emp_title"))
   .withColumn("emp_title_tokens", tokenizeUdf($"emp_title"))
```

现在得到了一个新的 Spark DataFrame，它包含两列：第一列包含统一后的 emp_title，第二列则表示为词的列表。使用 Spark SQL API，可以轻松计算出 emp_title 列中唯一值的数量，或使用频率大于 100 的唯一词的数量（这个词在 emp_title 中出现次数多于 100）：

```
println("Number of unique values in emp_title column: " +
empTitleColumn.select("emp_title").groupBy("emp_title").count().count())
println("Number of unique tokens with freq > 100 in emp_title column: " +
        empTitleColumn.rdd.flatMap(row => row.getSeq[String](1).map(w =>
(w, 1)))
            .reduceByKey(_ + _).filter(_._2 >100).count)
```

输出如下：

```
Number of unique values in emp_title column: 125888
Number of unique tokens with freq > 100 in emp_title column: 717
```

可以看到emp_title列包含了大量的唯一值。另一方面，只有717个词反复出现。我们的目标是压缩列中唯一值的数量，并将类似的值组合在一起。为此我们可以尝试不同的方法。比如，使用表示性的词对每一个emp_title进行编码，或者使用基于Word2Vec算法的更先进的技术。

注：在上面的代码中，我们结合了DataFrame的查询能力和原始RDD的计算能力。许多查询可以用强大的基于SQL的DataFrame API来表达；然而当需要处理结构化数据时（比如上例中的词的列表），通常RDD API是一种更为便捷的方式。

让我们来看第二种选择。Word2Vec算法将文本特征转化为向量空间，其中对于相似的词，其对应向量的余弦距离非常的接近。这是一个非常不错的特性，然而，我们仍需检测"类似的词所组成的组"。为此，我们可以简单使用KMeans算法。

首先，第一步是创建Word2Vec模型。因为数据已经是以Spark DataFrame表示的了，因此可以简单地使用ml包中的Spark实现：

```
import org.apache.spark.ml.feature.Word2Vec
val empTitleW2VModel = new Word2Vec()
  .setInputCol("emp_title_tokens")
  .setOutputCol("emp_title_w2vVector")
  .setMinCount(1)
  .fit(empTitleColumn)
```

算法的输入由存储在emp_title_tokens列中的表示句子的词序列所定义。outputCol参数则定义了转换操作中模型的输出。

```
val empTitleColumnWithW2V =   w2vModel.transform(empTitleW2VModel)
empTitleColumnWithW2V.printSchema()
```

它的输出如下所示：

```
|-- total_bc_limit: integer (nullable = true)
|-- total_il_high_credit_limit: integer (nullable = true)
|-- emp_title_tokens: array (nullable = true)
|    |-- element: string (containsNull = true)
|-- emp_title_w2vVector: vector (nullable = true)
```

从转换操作的输出可以看到，DataFrame的输出不仅包含了emp_tile和emp_title_tokens输入列，同时还包括了emp_title_w2vVector列，它代表了w2vModel转换操作的输出。

注：值得注意的是，Word2Vec算法只针对词进行定义，但是Spark的实现将句子（即词序列）转换为向量，同时也对该句子中所有的词向量进行了平均。

接下来，我们将构建一个 Kmeans 模型，它将代表个人职位的向量空间分成预定义数量的类簇。在做这之前，首先要考虑的是这样做的好处是什么。考虑一下你所知道的“软件工程师”的许多不同的称谓：程序分析师、SE、资深软件工程师等。鉴于这些不同的称谓其本质上意味着相同的事物，并由类似的向量来表示，因此聚类能帮助我们将类似的职位归在一起。然而，我们需要指定有多少个簇——这通常需要更多的实验，但是为了简单起见，我们将指定 500 个类簇进行尝试：

```
import org.apache.spark.ml.clustering.KMeans
val K = 500
val empTitleKmeansModel = new KMeans()
  .setFeaturesCol("emp_title_w2vVector")
  .setK(K)
  .setPredictionCol("emp_title_cluster")
  .fit(empTitleColumnWithW2V)
```

该模型允许我们转换输入数据并探索类簇。每一个类簇的编号存储在名为 emp_title_cluster 的新列中。

注： 由于我们所处理的是无监督的机器学习问题，因此指定类簇的数量往往是棘手的。通常业界所采用的方法是简单的启发式方法，称为肘部法则（Elbow Method）（可以参见 https://en.wikipedia.org/wiki/Determining_the_number_of_clusters_in_a_data_set），它基本上贯穿于许多 *k*-means 模型中，将 *k* 值反映为每个类簇的异构性（唯一性）的函数。通常随着 *k* 值的增加函数的增益会越来越小，诀窍在于找到一个临界的 *k* 值使得函数的增益达到了边际。同样，还有一些信息量准则统计，比如 AIC（Akaike Information Criteria）（https://en.wikipedia.org/wiki/Akaike_information_criterion）和 BIC（Bayesian Information Criteria）（https://en.wikipedia.org/wiki/Bayesian_information_criterion）可供使用，对此有兴趣的读者可以进一步研究。请注意，在本书撰写时，Spark 尚未实现这些信息量准则，因此我们不再详细介绍。

请看下面的代码片段：

```
val clustered = empTitleKmeansModel.transform(empTitleColumnWithW2V)
clustered.printSchema()
```

它的输出为：

```
 |-- total_bc_limit: integer (nullable = true)
 |-- total_il_high_credit_limit: integer (nullable = true)
 |-- emp_title_tokens: array (nullable = true)
 |    |-- element: string (containsNull = true)
 |-- emp_title_w2vVector: vector (nullable = true)
 |-- emp_title_cluster: integer (nullable = true)
```

另外，我们可以查看任意一个类簇中相关的词：

```
println(
s"""Words in cluster '133':
    |${clustered.select("emp_title").where("emp_title_cluster =
133").take(10).mkString(", ")}
    |""".stripMargin)
```

它的输出为：

```
Words in cluster '133':
[lead business analyst], [data analyst], [sr  benefits analyst], [senior policy analyst], [data analyst],
[reimbursement analyst], [sr purchasing analyst], [sr  business analyst ], [computer analyst], [meas    rep
orting analyst]
```

看看上面的类簇，试着问自己“这些职位看起来属于同一类吗”，或许需要更多的训练，或许我们需要考虑进一步的特征变换，比如运行 n-grammer 算法，它可以识别出高频出现的词序列。有兴趣的读者可以参考 Spark 中 n-grammer 部分。

此外，emp_title_cluster 列定义了新的特征，可以用它来替换原先的 emp_title 列。同时还要记住在列准备过程中所使用的所有步骤和模型，因为我们需要再次使用它以丰富新的数据。为此，Spark 流水线可以定义为：

```
import org.apache.spark.ml.Pipeline
import org.apache.spark.sql.types._

val empTitleTransformationPipeline = new Pipeline()
   .setStages(Array(
new UDFTransformer("unifier", unifyTextColumn, StringType, StringType)
      .setInputCol("emp_title").setOutputCol("emp_title_unified"),
new UDFTransformer("tokenizer",
tokenizeTextColumn(3)(StopWordsRemover.loadDefaultStopWords("english")),
                      StringType, ArrayType(StringType, true))
      .setInputCol("emp_title_unified").setOutputCol("emp_title_tokens"),
    empTitleW2VModel,
    empTitleKmeansModel,
new ColRemover().setKeep(false).setColumns(Array("emp_title",
"emp_title_unified", "emp_title_tokens", "emp_title_w2vVector"))
   ))
```

流水线中的前两步表示了所使用的用户定义函数 UDF。在这我们使用与第 4 章中相同的技巧，使用给定的帮助类 UDFTransformer 将 UDF 包装为 Spark 流水线中的转换器。剩余的步骤表示了我们所构建的模型。

注： 预定义的 UDFTransformer 类为用户将 UDF 包装到 Spark 流水线的转换器提供了一种很好的方式，但是对于 Spark 来说，它是一种黑盒的方式，不能实现所有的强大转换。因此，可以使用已有的 Spark SQLTransfomer 概念来替代它，这样就可以被 Spark 优化器所理解了；但是另一方面，相较前者这样的用法并不是那么直接的。

所定义的流水线仍然需要拟合；然而，因为这里只用到了 Spark 的转换器，所以拟合操

作会将所有定义的阶段包含到流水线模型中：

```
val empTitleTransformer =
empTitleTransformationPipeline.fit(loanStatusBaseModelDf)
```

现在是时候评估新特征对于模型质量的影响了。在评估基础模型质量的过程中，我们将重复之前所做的相同步骤：

1）准备训练以及验证数据，并使用新的特征（emp_title_cluster）来丰富其数据。

2）构建模型。

3）计算总体利润损失以及寻找最小损失。

对于第一步，我们将复用准备好的训练以及验证数据；但是需要使用上述的流水线转换它们并舍弃“原始”列——desc：

```
val trainLSBaseModel3Df =
empTitleTransformer.transform(loanStatusDfSplits(0))
val validLSBaseModel3Df =
empTitleTransformer.transform(loanStatusDfSplits(1))
val trainLSBaseModel3Hf = toHf(trainLSBaseModel3Df.drop("desc"),
"trainLSBaseModel3Hf")(h2oContext)
val validLSBaseModel3Hf = toHf(validLSBaseModel3Df.drop("desc"),
"validLSBaseModel3Hf")(h2oContext)
```

准备好数据时，就可以使用与基础模型训练时相同的参数来重复此模型的训练，不同之处是训练所使用的输入数据：

```
loanStatusBaseModelParams._train = trainLSBaseModel3Hf._key
val loanStatusBaseModel3 = new DRF(loanStatusBaseModelParams,
water.Key.make[DRFModel]("loanStatusBaseModel3"))
   .trainModel()
   .get()
```

最后，可以根据验证数据来评价模型，并且基于总体利润损失来计算评价指标：

```
val minLossModel3 = findMinLoss(loanStatusBaseModel3, validLSBaseModel3Hf,
DEFAULT_THRESHOLDS)
println(f"Min total loss for model 3: ${minLossModel3._2}%,.2f (threshold =
${minLossModel3._1})")
```

它的输出如下所示：

```
Min total loss for model 2: 171,918,622.73 (threshold = 0.85)
```

可以看到，使用自然语言处理技术来检测类似的职位略微改善了模型的质量，从而基于不可见数据所计算出的总利润损失得以减少。接下来的问题是，是否可以根据 desc 列进一步优化模型，因为该列可能也包含有用的信息。

（3）转换 desc 列

下面所要探索的是 desc 列。我们的目的仍然是挖掘任何可能的信息以提高模型的质量。

desc 列包含了文字性的描述，描述为什么贷款人希望借出贷款。由于每个贷款人的描述各不相同，因此这里不将其视为类别值。然而我们仍希望能够使用自然语言处理技术提取出重要的信息。与 emp_title 列相反的是，这里不再采用 Word2Vec 算法，而会试图寻找区分不良贷款和良好贷款的词。

为此，我们简单地将描述分解成单个单词（即词语切分），并使用 tf-idf 为每个词分配权重，同时查找哪些词最有可能代表良好或是不良贷款。除了 tf-idf，实际上我们可以简单地使用单词计数，但是往往 tf-idf 能够更好地区分信息性词语（如“信用”）和常用词语（如“贷款”）。

让我们使用与前面处理 emp_title 列相同的步骤 – 定义转换将 desc 列转换为统一的词列表：

```
import org.apache.spark.sql.types._
val descColUnifier = new UDFTransformer("unifier", unifyTextColumn,
StringType, StringType)
   .setInputCol("desc")
.setOutputCol("desc_unified")

val descColTokenizer = new UDFTransformer("tokenizer",
tokenizeTextColumn(3)(StopWordsRemover.loadDefaultStopWords("english")),
                                             StringType,
ArrayType(StringType, true))
.setInputCol("desc_unified")
.setOutputCol("desc_tokens")
```

该转换定义了 desc_tokens 输出列，其中包含了每个输入 desc 值转换后的词列表。现在需要将字符串形式的词转换为数值形式，从而构建 tf-idf 模型。为此将使用 CountVectorizer 方法，它会将所有用到的词构建为词表，并且对每一行生成数值向量。数值向量中的位置对应于词表中单个的词，值则代表了该词出现的次数。与 Spark HashingTF 相反，CountVectorizer 保证了词和其在数值向量中的出现次数的双向映射。后面我们还会用到此方法：

```
import org.apache.spark.ml.feature.CountVectorizer
val descCountVectorizer = new CountVectorizer()
   .setInputCol("desc_tokens")
   .setOutputCol("desc_vector")
   .setMinDF(1)
   .setMinTF(1)
```

定义 IDF 模型：

```
import org.apache.spark.ml.feature.IDF
val descIdf = new IDF()

   .setInputCol("desc_vector")
   .setOutputCol("desc_idf_vector")
   .setMinDocFreq(1)
```

将所有定义好的转换放入流水线后，就能使用输入数据直接进行训练：

```
import org.apache.spark.ml.Pipeline
val descFreqPipeModel = new Pipeline()
   .setStages(
Array(descColUnifier,
           descColTokenizer,
           descCountVectorizer,
           descIdf)
   ).fit(loanStatusBaseModelDf)
```

现在有了一个流水线模型，它可以将每个输入的 desc 值转换为数值向量。此外，我们可以查看流水线模型的内部细节，并从计算所得的 CountVectorizerModel 中提取词表，从 IDFModel 中提取单个词的权重：

```
val descFreqDf = descFreqPipeModel.transform(loanStatusBaseModelDf)
import org.apache.spark.ml.feature.IDFModel
import org.apache.spark.ml.feature.CountVectorizerModel
val descCountVectorizerModel =
descFreqPipeModel.stages(2).asInstanceOf[CountVectorizerModel]
val descIdfModel = descFreqPipeModel.stages(3).asInstanceOf[IDFModel]
val descIdfScores = descIdfModel.idf.toArray
val descVocabulary = descCountVectorizerModel.vocabulary
println(
s"""
     ~Size of 'desc' column vocabulary: ${descVocabulary.length}
     ~Top ten highest scores:
     ~${table(descVocabulary.zip(descIdfScores).sortBy(-_._2).take(10))}
""".stripMargin('~'))
```

它的输出为：

```
Size of 'desc' column vocabulary: 30243
Top ten highest scores:

+-----------------+-----------------+
|         moviebox|11.655799949660315|
|          liveing|11.655799949660315|
|         ablation|11.655799949660315|
|      startupsnax|11.655799949660315|
|          paladin|11.655799949660315|
|collegeclassifieds|11.655799949660315|
|            corix|11.655799949660315|
|            xxxxx|11.655799949660315|
|        databases|11.655799949660315|
|          00int19|11.655799949660315|
+-----------------+-----------------+
```

到此为止，我们已经知道了单个词的权重；然而，仍需计算哪些词能够用来标识“良好贷款”和“不良贷款”。为此，需要使用准备好的流水线模型所计算出的词频，它存储在 desc_vector 列中（事实上这是 CountVectorizer 的输出）。我们将所有表示良好贷款和不良贷款的向量各自相加：

```
import org.apache.spark.ml.linalg.{Vector, Vectors}
val rowAdder = (toVector: Row => Vector) => (r1: Row, r2: Row) => {
Row(Vectors.dense((toVector(r1).toArray,
toVector(r2).toArray).zipped.map((a, b) => a + b)))
 }

val descTargetGoodLoan = descFreqDf
   .where("loan_status == 'good loan'")
   .select("desc_vector")
   .reduce(rowAdder((row:Row) =>
row.getAs[Vector](0))).getAs[Vector](0).toArray

val descTargetBadLoan = descFreqDf
   .where("loan_status == 'bad loan'")
   .select("desc_vector")
   .reduce(rowAdder((row:Row) =>
row.getAs[Vector](0))).getAs[Vector](0).toArray
```

有了计算后的值，可以简单地找出那些只用于良好 / 不良贷款的词，并找出它们的 IDF 权重：

```
val descTargetsWords = descTargetGoodLoan.zip(descTargetBadLoan)
   .zip(descVocabulary.zip(descIdfScores)).map(t => (t._1._1, t._1._2,
t._2._1, t._2._2))
println(
s"""
      ~Words used only in description of good loans:
      ~${table(descTargetsWords.filter(t => t._1 >0 && t._2 == 0).sortBy(-
_._1).take(10))}
      ~
      ~Words used only in description of bad loans:
      ~${table(descTargetsWords.filter(t => t._1 == 0 && t._2 >0).sortBy(-
_._1).take(10))}
""".stripMargin('~'))
```

它的输出如下所示：

```
Words used only in description of good loans:

+----+---+--------------+-----------------+
|43.0|0.0|         rifle|8.660067676106323|
|25.0|0.0|   spreadsheet|9.170893299872313|
|23.0|0.0|simultaneously| 9.21345291429111|
|23.0|0.0|        daniel|9.170893299872313|
|22.0|0.0|       spender|9.257904676861944|
|21.0|0.0|       affords|9.304424692496836|
|20.0|0.0|        boards|9.404508151053818|
|20.0|0.0|      mattress|9.709889800605001|
|19.0|0.0|       adopted|9.404508151053818|
|18.0|0.0|           sod|9.458575372324095|
+----+---+--------------+-----------------+


Words used only in description of bad loans:
```

```
+---+---+------------------+-----------------+
|0.0|9.0|          _ablation|11.655799949660315|
|0.0|8.0|             tavern| 10.96265276910037|
|0.0|7.0|collegeclassifieds|11.655799949660315|
|0.0|6.0|               cqf|11.655799949660315|
|0.0|6.0|          vinyasamt|11.655799949660315|
|0.0|6.0|             aerial| 11.25033484155215|
|0.0|6.0|           atricure|11.655799949660315|
|0.0|6.0|          paintball|11.655799949660315|
|0.0|6.0|        inventories|10.557187660992204|
|0.0|5.0|             nikoli|11.655799949660315|
+---+---+------------------+-----------------+
```

从上面可以看到所产生的信息似乎并没有很大的帮助，那是因为我们拿到的只有出现次数非常少的词，使用这些词只能检出有限数量的高度具体的贷款描述。因此，我们希望将其更为通用，能找出用于判断两种贷款类型的更常用的词，但仍需区分不良贷款和良好贷款。

为此，我们需要设计一种词评分的方法，用以评分在好的（或坏的）贷款中出现频率较高词，同时对于较少出现的词进行罚分。例如，我们可以定义如下：

```
def descWordScore = (freqGoodLoan: Double, freqBadLoan: Double,
wordIdfScore: Double) =>
   Math.abs(freqGoodLoan - freqBadLoan) * wordIdfScore * wordIdfScore
```

如果将词评分的方法应用到词表中的每一个词，会得到一个按评分降序排列的词列表：

```
val numOfGoodLoans = loanStatusBaseModelDf.where("loan_status == 'good
loan'").count()
val numOfBadLoans = loanStatusBaseModelDf.where("loan_status == 'bad
loan'").count()

val descDiscriminatingWords = descTargetsWords.filter(t => t._1 >0 && t. _2
>0).map(t => {
val freqGoodLoan = t._1 / numOfGoodLoans
val freqBadLoan = t._2 / numOfBadLoans
val word = t._3
val idfScore = t._4
        (word, freqGoodLoan*100, freqBadLoan*100, idfScore,
descWordScore(freqGoodLoan, freqBadLoan, idfScore))
     })
println(
table(Seq("Word", "Freq Good Loan", "Freq Bad Loan", "Idf Score", "Score"),
     descDiscriminatingWords.sortBy(-_._5).take(100),
Map(1 ->"%.2f", 2 ->"%.2f")))
```

它的输出为：

```
+-----------+--------------+-------------+------------------+--------------------+
|       Word|Freq Good Loan|Freq Bad Loan|         Idf Score|               Score|
+-----------+--------------+-------------+------------------+--------------------+
|       rate|          8.73|         5.31|2.7381541919594565| 0.25675842056003344|
```

```
|     interest|      16.64|      11.15|2.1241372376883954| 0.2479009169920759|
|        years|      11.19|       7.53|2.5629489064765987|0.24039719511686833|
|          job|       6.49|       4.20| 3.020379376879427| 0.2083008668912326|
|         loan|      33.66|      25.55|1.5756526716235382|0.20137229509924753|
|      lending|       3.08|       1.86| 3.802777830567505| 0.1768315182063665|
|         card|      16.97|      12.87| 2.067434185334749| 0.1749266688124269|
|       paying|       7.25|       5.18| 2.878784182671375|0.17211749717235683|
|       stable|       3.49|       2.13|3.5535163251802406|0.17171241306738122|
|        never|       3.69|       2.35|3.5313530939444666|0.16742805858829812|
|          apr|       1.60|       0.80| 4.522105032061966|0.16473217688951075|
|         club|       2.85|       1.75|3.8690405235900385|0.16359800525597654|
|        lower|       5.45|       3.77| 3.106042767370814| 0.1615294368668545|
|         year|       3.85|       2.58|3.5673916716738576|0.16148734315737961|
|         paid|       4.76|       3.29| 3.311176023595353|0.16110217845204663|
|        rates|       3.52|       2.31|3.5620321917292337|0.15404032854519037|
|      balance|       2.34|       1.44| 4.115443989986265|0.15173652504398522|
|         time|       8.03|       6.20|2.8295057184189956| 0.1471401157973573|
```

根据生成的列表，我们可以定义感兴趣的词。比如可以取前 10 个或 100 个。但是，仍然需要搞清楚如何使用它们。解决方案非常简单：对于每一个词，我们可以生成一个新的二值特征：-1 表示该词存在于 desc 值中，否则为 0。

```
val descWordEncoder = (denominatingWords: Array[String]) => (desc: String)
=> {
if (desc != null) {
val unifiedDesc = unifyTextColumn(desc)
       Vectors.dense(denominatingWords.map(w =>if (unifiedDesc.contains(w))
1.0 else 0.0))
     } else null
}
```

我们可以在准备好的训练和验证样本上测试我们的想法，并评估模型的质量。一如前者，第一步是使用新的特征增强数据。在这里，新的特征表示为一组向量，它包含了由 descWordEncoder 所产生的二值特征：

```
val trainLSBaseModel4Df =
trainLSBaseModel3Df.withColumn("desc_denominating_words",
descWordEncoderUdf($"desc")).drop("desc")
val validLSBaseModel4Df =
validLSBaseModel3Df.withColumn("desc_denominating_words",
descWordEncoderUdf($"desc")).drop("desc")
val trainLSBaseModel4Hf = toHf(trainLSBaseModel4Df, "trainLSBaseModel4Hf")
val validLSBaseModel4Hf = toHf(validLSBaseModel4Df, "validLSBaseModel4Hf")
 loanStatusBaseModelParams._train = trainLSBaseModel4Hf._key
val loanStatusBaseModel4 = new DRF(loanStatusBaseModelParams,
water.Key.make[DRFModel]("loanStatusBaseModel4"))
   .trainModel()
   .get()
```

现在，计算模型的质量：

```
val minLossModel4 = findMinLoss(loanStatusBaseModel4, validLSBaseModel4Hf,
DEFAULT_THRESHOLDS)
```

```
println(f"Min total loss for model 4: ${minLossModel4._2}%,.2f (threshold = ${minLossModel4._1})")
```

它的输出为：

```
Min total loss for model 4: 171,637,932.10 (threshold = 0.9)
```

我们可以看到新的特征有助于提高模型的精度。另一方面，它也为进一步的实验提供了很大的空间——我们可以选择不同的词，甚至可以使用 IDF 权重来代替该词是否是 desc 列的一部分这样的二值特征。

总结一下所进行的各种实验，我们对生成的三个模型比较计算结果：（1）基础模型；（2）对由 emp_title 特征增强的数据训练所得到的模型；（3）对由 desc 特征丰富后的数据训练所得的模型。

```
println(
s"""
      ~Results:
      ~${table(Seq("Threshold", "Total loss", "Profit loss", "Loan loss"),
Seq(minLossModel2, minLossModel3, minLossModel4),
Map(1 ->"%,.2f", 2 ->"%,.2f", 3 ->"%,.2f"))}
""".stripMargin('~'))
```

它的输出为：

```
+---------+--------------+--------------+-------------+
|Threshold|    Total loss|   Profit loss|    Loan loss|
+---------+--------------+--------------+-------------+
|     0.85|171,918,622.73|126,258,672.73|45,659,950.00|
|     0.85|172,569,355.39|123,947,980.39|48,621,375.00|
|      0.9|171,637,932.10|161,017,157.10|10,620,775.00|
+---------+--------------+--------------+-------------+
```

我们的小实验展示了特征生成的强大概念。就模型评价标准而言，每一个新生成的特征都能改进基础模型的质量。

到了这里，我们可以结束对第一个检测好坏贷款的模型的探索和训练了。我们会采用所准备的最后一个模型，因为它给出了最好的质量。当然仍然有许多的方法能够探索数据和提高模型质量；然而，现在该是构建第二个模型的时候了。

2. 利率模型

第二个模型用来预测被接受的贷款的利率。在这里我们只会选用对应于良好贷款的那部分训练数据，因为它们已经被分配了适当的利率。但是仍要知道，剩余的关于不良贷款的数据仍然可能包含了与利率预测有关的有用信息。

在这里，我们会从准备训练数据开始。使用初始数据，过滤掉不良贷款相关的数据，并丢弃字符串列：

```
val intRateDfSplits = loanStatusDfSplits.map(df => {
```

```
    df
      .where("loan_status == 'good loan'")
      .drop("emp_title", "desc", "loan_status")
      .withColumn("int_rate", toNumericRateUdf(col("int_rate")))
  })
val trainIRHf = toHf(intRateDfSplits(0), "trainIRHf")(h2oContext)
val validIRHf = toHf(intRateDfSplits(1), "validIRHf")(h2oContext)
```

下一步我们会采用 H2O 所提供的随机超空间搜索（random hyperspace search）功能，在定义的超参空间中搜索最佳的 GBM 模型。根据所要求的模型精度以及总体搜索时间，我们还提供了额外的停止条件。

第一步是定义构建 GBM 模型的常用参数，比如训练数据、验证数据和响应列：

```
import _root_.hex.tree.gbm.GBMModel.GBMParameters
val intRateModelParam = let(new GBMParameters()) { p =>
    p._train = trainIRHf._key
p._valid = validIRHf._key
p._response_column = "int_rate"
p._score_tree_interval  = 20
}
```

下一步就是定义所要搜索的超参空间。我们可以将任意感兴趣的值进行编码，但是需要记住，搜索可能会用到任意的参数组合，甚至是那些没有用处的组合：

```
import _root_.hex.grid.{GridSearch}
import water.Key
import scala.collection.JavaConversions._
val intRateHyperSpace: java.util.Map[String, Array[Object]] = Map[String,
Array[AnyRef]](
"_ntrees" -> (1 to 10).map(v => Int.box(100*v)).toArray,
"_max_depth" -> (2 to 7).map(Int.box).toArray,
"_learn_rate" ->Array(0.1, 0.01).map(Double.box),
"_col_sample_rate" ->Array(0.3, 0.7, 1.0).map(Double.box),
"_learn_rate_annealing" ->Array(0.8, 0.9, 0.95, 1.0).map(Double.box)
 )
```

现在，我们需要定义如何遍历超参空间。H2O 提供了两种策略：一是简单的笛卡儿搜索，它会逐步构建每个参数的组合模型；二是随机搜索，从定义的超空间中随机选取参数。令人惊讶的是，随机搜索具有非常好的性能，尤其是用于探索巨大的参数空间：

```
import
_root_.hex.grid.HyperSpaceSearchCriteria.RandomDiscreteValueSearchCriteria
val intRateHyperSpaceCriteria = let(new RandomDiscreteValueSearchCriteria)
{ c =>
    c.set_stopping_metric(StoppingMetric.RMSE)
    c.set_stopping_tolerance(0.1)
    c.set_stopping_rounds(1)
    c.set_max_runtime_secs(4 * 60 /* seconds */)
 }
```

在这里，我们仍然会通过两个停止条件来限制搜索：基于均方根误差（RMSE）的模型性能，以及整个网格搜索的最大运行时间。到此为止，我们已经定义了所有的必要输入，该是启动搜索的时候了：

```
val intRateGrid = GridSearch.startGridSearch(Key.make("intRateGridModel"),
                                             intRateModelParam,
                                             intRateHyperSpace,
new GridSearch.SimpleParametersBuilderFactory[GBMParameters],
intRateHyperSpaceCriteria).get()
```

搜索的结果是一组模型，称为 grid。我们可以从中找出最低均方根误差的那个：

```
val intRateModel =
intRateGrid.getModels.minBy(_._output._validation_metrics.rmse())
println(intRateModel._output._validation_metrics)
```

它的输出为：

```
Model Metrics Type: Regression
 Description: N/A
 model id: intRateGridModel_model_7
 frame id: validIRHf
 MSE: 7.4822593
 RMSE: 2.7353718
 mean residual deviance: 7.4822593
 mean absolute error: 2.2029567
 root mean squared log error: 0.20714988
```

在这里，可以定义我们的评价标准，不仅要根据选定的模型评价指标选择正确的模型，还要考虑预测值和实际值之间的差异，并优化利润。这里并不展开详细讨论，取而代之相信我们所选用的搜索策略能找到最佳的模型，并直接跳到如何部署我们的解决方案。

8.4.3 使用模型评分

在前面的小节中，我们探讨了不同的数据处理步骤，并建立和评估了多个用来预测贷款状况和所接收贷款利率的模型，现在，是时候将所有的模块组合起来用以对新的贷款评分了。

这里有许多的步骤需要考虑：

1）数据清理；

2）准备 emp_titile 列的流水线；

3）将 desc 列转换为表示重要性词的向量；

4）用于预测贷款接受状态的二项式模型；

5）用于预测贷款利率的回归模型。

为了复用这些步骤，我们需要把它们在一个函数中串联起来，这个函数接收输入数据并产生包含贷款接受状态以及利率的预测。

评分函数非常简单，它将前面小节中出现过的所有步骤在这里重复一遍：

```
import _root_.hex.tree.drf.DRFModel
def scoreLoan(df: DataFrame,
                     empTitleTransformer: PipelineModel,
                     loanStatusModel: DRFModel,
                     goodLoanProbThreshold: Double,
                     intRateModel: GBMModel)(h2oContext: H2OContext):
DataFrame = {
val inputDf = empTitleTransformer.transform(basicDataCleanup(df))
     .withColumn("desc_denominating_words",
descWordEncoderUdf(col("desc")))
     .drop("desc")
val inputHf = toHf(inputDf, "input_df_" + df.hashCode())(h2oContext)
// Predict loan status and int rate
val loanStatusPrediction = loanStatusModel.score(inputHf)
val intRatePrediction = intRateModel.score(inputHf)
val probGoodLoanColName = "good loan"
val inputAndPredictionsHf =
loanStatusPrediction.add(intRatePrediction).add(inputHf)
   inputAndPredictionsHf.update()
// Prepare field loan_status based on threshold
val loanStatus = (threshold: Double) => (predGoodLoanProb: Double) =>if
(predGoodLoanProb < threshold) "bad loan" else "good loan"
val loanStatusUdf = udf(loanStatus(goodLoanProbThreshold))
h2oContext.asDataFrame(inputAndPredictionsHf)(df.sqlContext).withColumn("lo
an_status", loanStatusUdf(col(probGoodLoanColName)))
 }
```

我们使用前面准备好的所有定义：basicDataCleanup 方法、empTitleTransformer、loan-StatusModel、intRateModel，并且以相应的顺序使用它们。

注：请注意在 scoreLoan 函数的定义中，我们不需要删除任何的列。所有已定义的 Spark 流水线和模型只会使用定义好的特征，并保持其他不变。

该函数用到了所有生成的模块。举个例子，我们可以使用以下的方式对输入数据进行评分：

```
val prediction = scoreLoan(loanStatusDfSplits(0),
                           empTitleTransformer,
                           loanStatusBaseModel4,
                           minLossModel4._4,
                           intRateModel)(h2oContext)
 prediction.show(10)
```

它的输出为：

predict	bad loan	good loan	predict0	loan_amnt	term	int_rate	installment	emp_length
good loan	0.09943606972988155	0.9005639302701184	9.60615000208223	1000	36 months	6.03000020980835	30.44	2 years
good loan	0.07055716243979132	0.9294428375602087	9.512018911166848	1000	36 months	7.510000228881836	31.12	6 years
good loan	0.15596976410490054	0.8440302358950994	10.946047494508555	1000	36 months	7.900000095367432	31.3	10+ years
good loan	0.09938968402172647	0.9006103159782735	10.528133837653808	1000	36 months	7.900000095367432	31.3	3 years
good loan	0.059446572113209833	0.9405534278867901	9.024843191106648	1000	36 months	8.899999618530273	31.76	5 years
good loan	0.10989649036497645	0.8901035096350235	9.684546958706619	1000	36 months	8.899999618530273	31.76	n/a
good loan	0.12613249339911026	0.8738675066008896	11.949588603059706	1000	36 months	9.90999984741211	32.230000000000004	10+ years
good loan	0.12296800006807436	0.8770319999319257	12.493609517379527	1000	36 months	9.90999984741211	32.230000000000004	10+ years
bad loan	0.42791739302679566	0.5720826069732043	13.279324036059698	1000	36 months	10.649999618530273	32.58	< 1 year

然而，对新的贷款申请进行评分往往独立于训练代码，为此仍然需要以一种可复用的形式导出训练后的模型以及流水线。对于Spark模型和流水线，我们可以直接使用Spark的序列化方式。例如，定义好的empTitleTransformer可以这样导出：

```
val MODELS_DIR = s"${sys.env.get("MODELSDIR").getOrElse("models")}"
val destDir = new File(MODELS_DIR)
 empTitleTransformer.write.overwrite.save(new File(destDir,
"empTitleTransformer").getAbsolutePath)
```

注：我们将desc列转换也定义为一个UDF函数——descWordEncoderUdf。然而我们并不需要将其导出，因为它已经是共享库中的一个函数了。

对于H2O模型，它的情况则更为复杂，因为它有多种模型导出方式：二进制、POJO和MOJO。二进制的导出方式类似于Spark；但是为了复用导出的二进制模型，必须有一个运行的H2O集群实例。剩余的两种导出方式去掉了该限制。POJO方式将模型导出为Java代码，它可以独立与H2O集群编译和运行。最后，MOJO方式所导出的模型是二进制的，它能在非H2O集群中编译和使用。在本章中，我们将会采用MOJO的导出方式，因为它非常的直白，并且是推荐的模型复用方式：

```
loanStatusBaseModel4.getMojo.writeTo(new FileOutputStream(new File(destDir,
"loanStatusModel.mojo")))
 intRateModel.getMojo.writeTo(new FileOutputStream(new File(destDir,
"intRateModel.mojo")))
```

同样，还可以导出输入数据的Spark Schema。它有助于定义新数据的解析器：

```
def saveSchema(schema: StructType, destFile: File, saveWithMetadata:
Boolean = false) = {
import java.nio.file.{Files, Paths, StandardOpenOption}

import org.apache.spark.sql.types._
val processedSchema = StructType(schema.map {
case StructField(name, dtype, nullable, metadata) =>StructField(name,
dtype, nullable, if (saveWithMetadata) metadata else Metadata.empty)
case rec => rec
    })

   Files.write(Paths.get(destFile.toURI),
processedSchema.json.getBytes(java.nio.charset.StandardCharsets.UTF_8),
               StandardOpenOption.TRUNCATE_EXISTING,
StandardOpenOption.CREATE)
 }

saveSchema(loanDataDf.schema, new File(destDir, "inputSchema.json"))
```

注：请注意，saveSchema方法处理给定的schema并删除所有的metadata。这不是一种常见的做法，但是在这里为了节省空间，我们将其删除了。

同样值得注意的是，来自 H2O 框架的数据创建过程隐式地将大量有用的统计附加到 Spark DataFrame 结果中了。

8.4.4 模型部署

模型部署是模型生命周期中最重要的一环。在这个阶段，提供给模型的是真实的数据，并产生相应的结果以用来决策（比如，接受或拒绝贷款）。

在本节中，我们会构建一个简单的程序，它结合了 Spark Structured Streaming，我们之前所导出的模型和共享的代码库，其中代码库是我们在编写模型训练应用程序时所定义的。

最新的 Spark 2.1 引入了 Structured Streaming 模块，它构建在 Spark SQL 之上，并允许我们无缝地使用 SQL 接口处理流式数据。此外它还带来了“有且仅有一次”这样强大的语义特性，意味着任何的事件不会被丢弃或是传递多次。而且，Spark 流式应用程序的结构与“常规”应用程序是相同的：

```
object Chapter8StreamApp extends App {

val spark = SparkSession.builder()
     .master("local[*]")
     .appName("Chapter8StreamApp")
     .getOrCreate()


script(spark,
       sys.env.get("MODELSDIR").getOrElse("models"),
       sys.env.get("APPDATADIR").getOrElse("appdata"))

def script(ssc: SparkSession, modelDir: String, dataDir: String): Unit = {
// ...
val inputDataStream = spark.readStream/* (1) create stream */

val outputDataStream = /* (2) transform inputDataStream */
 /* (3) export stream */
outputDataStream.writeStream.format("console").start().awaitTermination()
   }
 }
```

这里包含了 3 个重要的部分：（1）输入流的创建；（2）基于所创建的流的转换；（3）输出结果流。

1. 流的创建

根据 Spark 文档（https://spark.apache.org/docs/2.1.1/structured-streaming-programming-guide.html）的介绍，有许多不同的方法来创建流，包括基于套接字的流、Kafka 流或者基于文件的流。在本小节中，我们会采用基于文件的流，该流会指向一个目录，并且将该目录中所出现的所有新文件传输给 Spark。

此外，由于应用所要读取的是 CSV 文件，因此我们需要将流的输入与 Spark CSV 解析器进行连接。我们还需要使用从模型训练应用中所导出的输入数据 schema 来配置该解析器。让我们先来加载 schema：

```
def loadSchema(srcFile: File): StructType = {
import org.apache.spark.sql.types.DataType
StructType(
DataType.fromJson(scala.io.Source.fromFile(srcFile).mkString).asInstanceOf[
StructType].map {
case StructField(name, dtype, nullable, metadata) =>StructField(name,
dtype, true, metadata)
case rec => rec
    }
  )
 }

val inputSchema = Chapter8Library.loadSchema(new File(modelDir,
"inputSchema.json"))
```

loadSchema 方法修改了加载后的 schema，将所有的字段标记为可空。这是一个必要的步骤，它允许输入数据的任意列包含缺失值，不仅仅是那些在模型训练期间包含缺失值的列：

```
val inputDataStream = spark.readStream
   .schema(inputSchema)
   .option("timestampFormat", "MMM-yyy")
.option("nullValue", null)
.CSV(s"${dataDir}/*.CSV")
```

CSV 解析器需要设置时间戳的格式和对于缺失值的表示。到此为止，我们就可以探索数据流的结构了：

```
inputDataStream.schema.printTreeString()
```

它的输出如下所示：

```
root
 |-- id: integer (nullable = true)
 |-- member_id: integer (nullable = true)
 |-- loan_amnt: integer (nullable = true)
 |-- funded_amnt: integer (nullable = true)
 |-- funded_amnt_inv: double (nullable = true)
 |-- term: string (nullable = true)
 |-- int_rate: string (nullable = true)
 |-- installment: double (nullable = true)
 |-- grade: string (nullable = true)
 |-- sub_grade: string (nullable = true)
 |-- emp_title: string (nullable = true)
 |-- emp_length: string (nullable = true)
 |-- home_ownership: string (nullable = true)
 |-- annual_inc: double (nullable = true)
 |-- verification_status: string (nullable = true)
 |-- issue_d: timestamp (nullable = true)
 |-- loan_status: string (nullable = true)
 |-- pymnt_plan: string (nullable = true)
 |-- url: string (nullable = true)
```

```
 |-- desc: string (nullable = true)
 |-- purpose: string (nullable = true)
 |-- title: string (nullable = true)
```

2. 流的转换

我们可以看到输入流所返回的对象类似于 Spark DataSet，因此可以使用常规的 SQL 接口或机器学习转换器对它进行转换。在这里，我们会复用前面小节中所保存的所有训练模型和转换。

首先，需要加载 empTitleTransfomer。它是一个常规的 Spark 流水线转换器，可以通过 Spark 的 PipelineModel 类进行加载：

```
val empTitleTransformer =
PipelineModel.load(s"${modelDir}/empTitleTransformer")
```

loanStatus 和 intRate 模型是以 H2O MOJO 格式保存的。为了加载它们，需要使用 MojoModel 类：

```
val loanStatusModel = MojoModel.load(new
File(s"${modelDir}/loanStatusModel.mojo").getAbsolutePath)
val intRateModel = MojoModel.load(new
File(s"${modelDir}/intRateModel.mojo").getAbsolutePath)
```

到此为止，我们已经准备好了所有必要的模块；但是却无法直接使用 H2O MOJO 模型来转换 Spark 输入流。然而，我们仍然可以将其包装到 Spark 的转换器中。在第 4 章中，我们已经定义了一个转换器，称为 UDFTransformer，因此这里也可以使用相同的方式来构造一个 MojoTransformer：

```
class MojoTransformer(override val uid: String,
                      mojoModel: MojoModel) extends Transformer {

case class BinomialPrediction(p0: Double, p1: Double)
case class RegressionPrediction(value: Double)

implicit def toBinomialPrediction(bmp: AbstractPrediction) =
BinomialPrediction(bmp.asInstanceOf[BinomialModelPrediction].classProbabili
ties(0),
bmp.asInstanceOf[BinomialModelPrediction].classProbabilities(1))
implicit def toRegressionPrediction(rmp: AbstractPrediction) =
RegressionPrediction(rmp.asInstanceOf[RegressionModelPrediction].value)

val modelUdf = {
val epmw = new EasyPredictModelWrapper(mojoModel)
    mojoModel._category match {
case ModelCategory.Binomial =>udf[BinomialPrediction, Row] { r: Row =>
epmw.predict(rowToRowData(r)) }
case ModelCategory.Regression =>udf[RegressionPrediction, Row] { r: Row =>
epmw.predict(rowToRowData(r)) }
    }
  }
```

```
val predictStruct = mojoModel._category match {
case ModelCategory.Binomial =>StructField("p0",
DoubleType)::StructField("p1", DoubleType)::Nil
case ModelCategory.Regression =>StructField("pred", DoubleType)::Nil
}
val outputCol = s"${uid}Prediction"

override def transform(dataset: Dataset[_]): DataFrame = {
val inputSchema = dataset.schema
val args = inputSchema.fields.map(f => dataset(f.name))
     dataset.select(col("*"), modelUdf(struct(args: _*)).as(outputCol))
   }

private def rowToRowData(row: Row): RowData = new RowData {
     row.schema.fields.foreach(f => {
       row.getAs[AnyRef](f.name) match {
case v: Number => put(f.name, v.doubleValue().asInstanceOf[Object])
case v: java.sql.Timestamp => put(f.name,
v.getTime.toDouble.asInstanceOf[Object])
case null =>// nop
case v => put(f.name, v)
        }
      })
   }

override def copy(extra: ParamMap): Transformer =  defaultCopy(extra)

override def transformSchema(schema: StructType): StructType =  {
val outputFields = schema.fields :+ StructField(outputCol,
StructType(predictStruct), false)
     StructType(outputFields)
   }
 }
```

所定义的MojoTransformer支持二项式以及回归MOJO模型。它接受一个Spark DataSet，并通过新的列将其丰富：代表了二项式模型真/假概率的两列，以及代表了回归模型预测值的一列。这反映在transform方法上，它使用MOJO包装了modelUdf来转换输入数据集：

dataset.select(*col*("*"), *modelUdf*(*struct*(args: _*)).as(*outputCol*))

modelUdf模型所实现的是：将Spark Row转换为可被MOJO接受的格式，调用MOJO，将MOJO预测结果转换为Spark Row格式。

所定义的MojoTransfomer允许我们将加载的MOJO模型包装到Spark的转换器API中：

```
val loanStatusTransformer = new MojoTransformer("loanStatus",
loanStatusModel)
val intRateTransformer = new MojoTransformer("intRate", intRateModel)
```

到此为止，我们已经准备好了所有的构建模块，可以将其应用到输入流上了：

```
val outputDataStream =
   intRateTransformer.transform(
     loanStatusTransformer.transform(
       empTitleTransformer.transform(
         Chapter8Library.basicDataCleanup(inputDataStream))
         .withColumn("desc_denominating_words",
descWordEncoderUdf(col("desc"))))
```

上面的代码片段首先调用共享库方法 basicDataCleanup，然后使用另一个方法 dsecWordEncoderUdf 转换 desc 列：两者都是根据 Spark DataSet SQL 接口所实现的。剩余的步骤会应用所定义的转换器。与之前一样，我们可以探索所转换的流的结构，并验证它是否包含了转换引入的字段：

```
outputDataStream.schema.printTreeString()
```

它的输出为：

```
|-- emp_title_cluster: integer (nullable = true)
|-- desc_denominating_words: vector (nullable = true)
|-- loanStatusPrediction: struct (nullable = true)
|    |-- p0: double (nullable = false)
|    |-- p1: double (nullable = false)
|-- intRatePrediction: struct (nullable = true)
|    |-- value: double (nullable = false)
```

可以看到在 schema 中包含了一些新的字段、表示 empTitle 类别的字段、描述特定词的向量以及预测模型。其中概率是来自贷款状况模型，而利率值则来自利率模型。

3. 流的输出

Spark 为流提供了所谓的“输出端”。输出端定义了流应该如何以及在哪里输出；例如，作为 parquet 文件输出，或以表的形式存储在内存中。在我们的应用程序中，只是简单地把流输出到控制台上：

```
outputDataStream.writeStream.format("console").start().awaitTermination()
```

上述的代码会直接启动流处理过程，并等待直到应用程序的终止。而应用程序会处理给定目录（在这里由环境变量“APPDATADIR”给出）下的每个新文件。例如，对于一个包含 5 笔贷款申请的新文件，流会生成一张表，其中包含了对于 5 笔申请的评分：

```
-------------------------------------------
Batch: 0
-------------------------------------------
+-------+---------+---------+-----------+---------------+---------+--------+-----------+-----+---------+
|     id|member_id|loan_amnt|funded_amnt|funded_amnt_inv|     term|int_rate|installment|grade|sub_grade|
+-------+---------+---------+-----------+---------------+---------+--------+-----------+-----+---------+
|1075358|  1311748|     3000|       3000|         3000.0|60 months|   12.69|      67.79|    B|       B5|
|1075269|  1311441|     5000|       5000|         5000.0|36 months|     7.9|     156.46|    A|       A4|
|1069639|  1304742|     7000|       7000|         7000.0|60 months|   15.96|     170.08|    C|       C5|
|1072053|  1288686|     3000|       3000|         3000.0|36 months|   18.64|     109.43|    E|       E1|
|1071795|  1306957|     5600|       5600|         5600.0|60 months|   21.28|     152.39|    F|       F2|
+-------+---------+---------+-----------+---------------+---------+--------+-----------+-----+---------+
```

对于每一笔申请，其最重要的部分是最后几行，它包含了所预测的值：

```
+----------------+-----------------------+--------------------+------------------+
|emp_title_cluster|desc_denominating_words|loanStatusPrediction|  intRatePrediction|
+----------------+-----------------------+--------------------+------------------+
|             451|   [0.0,1.0,0.0,1.0,...|[0.13233598490213...|[14.033310199150307]|
|             303|                   null|[0.11356223411821...|[10.206674059439298]|
|             420|   [1.0,1.0,0.0,0.0,...|[0.18897814052707...|[15.447762748422647]|
|              88|   [0.0,0.0,0.0,0.0,...|[0.17876877695816...|[12.885693488434374]|
|              46|   [0.0,0.0,1.0,0.0,...|[0.48679298373377...|[13.157484044429218]|
+----------------+-----------------------+--------------------+------------------+
```

当我们在该目录中再添加一个新文件，其中只包含了一笔贷款申请，那么应用程序会在下一个批次中展示该笔申请的预测评分：

```
-------------------------------------------
Batch: 1
-------------------------------------------
+-------+---------+---------+-----------+---------------+----------+--------+-----------+-----+-
|     id|member_id|loan_amnt|funded_amnt|funded_amnt_inv|      term|int_rate|installment|grade|s
+-------+---------+---------+-----------+---------------+----------+--------+-----------+-----+-
|1077501|  1296599|     5000|       5000|         4975.0| 36 months|   10.65|     162.87|    B|
+-------+---------+---------+-----------+---------------+----------+--------+-----------+-----+-
```

这样，我们可以部署训练好的模型以及进行相应的数据处理操作，并让它们对真实数据进行评分。当然，我们所展示的只是一个简单的用例；实际的场景显然要比这复杂得多，包括适当的模型验证，对当前使用的模型进行 A/B 测试，对模型进行存储以及版本控制。

8.5　小结

本章利用贷款预测这样一个端到端的例子总结了本书中所学到的所有内容。我们分析了数据的构成，并将其进行转换，同时也进行几个不同的实验，来了解如何建立模型训练流水线并构建模型。同时，本章也试图强调良好的代码设计的必要性，它可以被不同的项目所复用。在我们的例子中，我们创建了一个共享库，它既可以在训练的时候使用，也可以在评分阶段用到。在“模型部署”阶段——使用训练后的模型以及相应的模块来对不可见数据进行评分，我们展示了该共享库的便利之处。

本章也将我们带到本书的最后。我们的目标是向你展示使用 Spark 解决机器学习的主要挑战：对数据、参数、模型进行实验，调试数据 / 模型相关的问题，编写可以测试和重用的代码，以及在发现数据的过程中获得乐趣。

推荐阅读

Python机器学习

作者：Sebastian Raschka，Vahid Mirjalili ISBN：978-7-111-55880-4 定价：79.00元

机器学习：实用案例解析

作者：Drew Conway，John Myles White ISBN：978-7-111-41731-6 定价：69.00元

面向机器学习的自然语言标注

作者：James Pustejovsky，Amber Stubbs ISBN：978-7-111-55515-5 定价：79.00元

机器学习系统设计：Python语言实现

作者：David Julian ISBN：978-7-111-56945-9 定价：59.00元

Scala机器学习

作者：Alexander Kozlov ISBN：978-7-111-57215-2 定价：59.00元

R语言机器学习：实用案例分析

作者：Dipanjan Sarkar，Raghav Bali ISBN：978-7-111-56590-1 定价：59.00元

推荐阅读

Python数据可视化

R语言数据分析

R语言数据挖掘

机器学习与R语言实战

R语言
实用数据分析和可视化技术

实用数据分析

Decision Analytics: Microsoft Excel
决策分析
以Excel为分析工具

The Art of Game Analytics
游戏数据分析的艺术

Data Mining Core Technical Reference
数据挖掘核心技术揭秘

推荐阅读

大数据与机器学习
实践方法与行业案例

Big Data
大数据系统构建

BIGDATA
企业大数据系统构建实战
技术、架构、实施与应用

大数据挖掘
系统方法与实例分析

Data Mining Core Technical Reference
数据挖掘核心
技术揭秘

M
MATLAB数据分析
与挖掘实战

H
Hadoop大数据分析
与挖掘实战

P
Python数据分析
与挖掘实战

数据实践
之美
31位大数据专家的
方法、技术与思想